JN271844

すぐわかる よくわかる

株式・特例有限・合同会社のための
[全訂版]
建設業財務諸表の作り方

決算報告から経営事項審査申請までの手続を詳解

元 行政書士賠償責任保険審査会会長
後藤紘和 編著

大成出版社

全訂版はしがき

　本書は、小会社＊、有限会社及び持分会社等の中小企業並びに個人事業の建設業者のための、事業年度終了報告から経営事項審査申請までの一連の手続に必要とされる建設業の財務諸表の作り方などのすべてにわたり、計算書類及び添付書類等の記載例を掲げ、わかりやすく実務的に解説したものとして広く利用され、好評をいただいております。

　　　＊　会社法による「小会社」とは、最終事業年度に係る貸借対照表の資本金の額が5億円以上または負債の総額が200億円以上でない株式会社をいい、他方、建設業法による「小会社」とは、資本金の額が1億円以下であり、かつ、最終事業年度に係る貸借対照表の負債の部に計上した額の合計額が200億円以上でない株式会社をいいます。
　　　　このように会社法と建設業法では、「小会社」の定義が異なりますので、建設業の財務諸表等の作成に当たっては、特に注意が必要です。

　平成6年の初版刊行後、建設業法等の改正に伴い随時改訂を加えてきましたが、平成16年8月に2訂版を刊行後、平成20年7月26日に会社法が公布され、平成18年5月1日に施行されました。会社法の施行によって、その施行前における商法第二編会社の規定と有限会社法が統合されると同時に、有限会社法と株式会社の監査等に関する商法の特例に関する法律等が廃止されました。

　また、会社法の施行に併せて、会社法の施行に伴う関係法律の整備等に関する法律、会社法施行規則、会社計算規則等が施行されており、これによって、会社の会計帳簿（貸借対照表等の計算書類を作成する際の基礎となる帳簿をいい、仕訳帳、総勘定元帳等がこれに該当します。）、計算書類（貸借対照表、損益計算書、株主（社員）資本等変動計算書及び注記表を指します。）、事業報告及び附属明細書の作成の実務における取扱いが大幅に変更されています。

　この改正を踏まえて、建設業法における許可申請書の添付書類、毎事業年度経過後に届出を必要とする書類及び経営状況分析申請書の添付書類として定めていた建設業法施行規則の計算書類に係る規定及び様式並びに関係告示等について、所要の改正が行われ、平成18年5月1日以後に決算期の到来した事業年度に係る書類について適用されています。

　その後、平成20年1月31日の建設業法施行規則の一部改正により、工事経歴書が二様式から一様式に統一され、財務諸表及び附属明細表（ただし、平成20年3月31日までに決算期の到来した事業年度に係るものについては、なお従前の例によることができます。）等についても所要の改正がなされ、平成20年4月以降の申請等から適用されています。さらに、同改正により、経営事項審査の客観的事項、経営状況分析申請書及びその添付書類並びに経営規模等評価申請書等及びその添付書類についても所要の改正がなされ、同日から適用されています。

　そして、平成20年1月31日の国土交通省告示85号により「建設業法第27条の23第3項の経

営事項審査の項目及び基準を定める件」が全面的に改められ、同日同省告示86号により「経営規模等評価の申請及び総合評定値の請求の時期及び方法等を定めた件」の一部が改正され、さらに、同日同省告示87号により「建設業法施行規則別記様式第15号（貸借対照表）及び第16号（損益計算書）の国土交通大臣の定める勘定科目の分類を定める件」の一部も改正されました。

　そこで、これを機会に全編にわたり改訂を行い、実務的な解説を加えました。

　本全訂版が、従来のものと同様全国60万の建設業者及び行政書士、税理士等多くの関係の方々の座右にあり、誤りのない建設業の財務諸表作成手続のための手引書として広く活用されることを願ってやみません。

　最後になりましたが、本書の「第3編Ⅰ法人税等の確定申告用決算書類の記載例、Ⅲ所得税の確定申告用決算書類の記載例」については、前回の第3版同様税理士の橋本一哉氏から懇切なるご指導とご協力を賜りました。記して感謝の意を表します。

　2008年6月

元行政書士賠償責任保険審査会　会長　後　藤　紘　和

はじめに

　平成15年8月1日、法律第138号として建設業法の経営事項審査手続等の改正が公布されました。その後、平成15年7月25日には商法施行規則の改正に伴う建設業財務諸表の勘定科目の改正、平成16年1月29日には経営事項審査手続等に係る申請用紙等のA4判化に伴う別記様式の全面改正、平成16年3月16日には建設業財務諸表の勘定科目の改正、平成16年4月9日には建設業許可申請書等及び建設業財務諸表の用紙のA4判化に伴う別記様式の全面改正、平成16年3月16日には建設業財務諸表の勘定科目の改正、さらには、平成16年4月1日に建設業財務諸表の勘定科目の分類の改正を最後に僅か8か月の間に建設業者の監督官庁に対する各種手続の改正が矢継ぎ早に続きました。
　本書では平成16年5月31日現在の法令を採用しておりますので、このような改正点はすべて網羅して解説してあります。

　株式会社の監査等に関する商法の特例に関する法律（以下「商法特例法」と称します。）では、資本の額が5億円以上又は負債の額が200億円以上の株式会社を「大会社」、定款に同法第2節の監査等に関する特例の適用を受ける旨を定める資本の額が1億円を超える株式会社を「みなし大会社」、資本の額が1億円以下で、かつ負債の額が200億円未満の株式会社を「小会社」と定義しています。
　他方建設業法では、建設業者を、商法特例法による株式会社の区分に加えて、「株式会社以外の有限会社等」及び「個人事業」についても個別に区分しています（建設業法施行規則第4条及び第10条等）。本書でもそれにならい、建設業者を順に、「大会社」及び「みなし大会社」を「大株式会社等」、「小会社」を「小株式会社」、「株式会社以外の有限会社等」を「有限会社等」、「個人事業」を「個人」と称することにします。
　本書は、「大株式会社等」以外の「小株式会社」、「有限会社等」及び「個人」の建設業者を対象にした解説書です。「大株式会社等」向けの解説書としては、大成出版社の『［平成16年改訂］建設業会計提要』等がありますので、そちらを参照してください。

　従来、この種の解説書は、いずれも「営業年度終了報告」手続と「経営事項審査申請」手続をそれぞれ個別に編集したものばかりでしたので、これらの手続の相互関係がわかりにくく実務上かなりの負担を強いられてきました。そこで本書は、これらの欠点を補うために、「営業年度終了報告」手続と「経営事項審査申請」手続を一体化して解説することに努めました。

　公共工事の受注を希望する建設業者は、次の4段階の手続を踏まなければ、国、地方公共団体等が発注する建設工事の指名競争入札参加資格を得ることができません。

第1段階　受注したい建設工事と同じ業種の「建設業許可」を取得していること。
第2段階　許可取得後、最初の営業年度が終了してから4か月を経過している建設業者にあっては、原則として、その年度の「営業年度終了報告書」を所管行政庁に提出していること。
第3段階　主たる営業所の所在地を管轄する登録経営状況分析機関（(財)建設業情報管理センター東日本支部及び西日本支部）が行なう「経営状況分析」の申請後、「経営状況分析結果通知書」を受領していること。
第4段階　大臣許可業者は主たる営業所の所在地を管轄する都道府県知事を経由して地方整備局長の、知事許可業者はその都道府県知事の「経営事項審査（経営規模等評価の申請及び総合評定値の請求）」の受審後、「経営規模等評価結果通知書及び総合評定値通知書」を受領していること。
第5段階　公共工事の受注を希望する国、地方公共団体等に対して、「建設工事の指名競争入札参加資格審査申請書」を提出し、それが受理されていること。

　本書は、これら一連の手続のうち、第2段階の「営業年度終了報告書」を提出してから、第3段階の「経営状況分析申請」の手続を経て、第4段階の「経営事項審査申請」の手続が終了するまでの段階ごとに、初心者の方でも容易に手続が進められるように工夫されています。もちろんベテランの方にとっても充分お役に立つと思います。

　本書は、旧版『建設業財務諸表作り方の手引き』と同様に、確定申告用の「決算報告書」から、建設業法上の「財務諸表」を作成するための解説を中心にして編集しました。
　本書を「営業年度終了報告」及び「経営事項審査申請」の手続に携わる建設業者、行政書士及び税理士の方々の便利な手引書としてご活用いただくことが、編者の願いです。
　最後に、本書の「Ⅳ　建設業財務諸表の記入例及び記載要領」の編集に当たっては、税理士の橋本一哉氏から懇切なるご指導とご協力を賜りました。記して感謝の意を表します。

2004年7月

元行政書士賠償責任保険審査会　会長　後　藤　紘　和

初版はしがき

　今までに出版された建設業の財務諸表に関する本は、許可申請用の財務諸表を作るために書かれたものではなく、建設業会計そのものを理解するために書かれたものでした。
　この本は、そうではなく、確定申告用の決算書を見ながら許可申請用の財務諸表が作れるように工夫されています。この財務諸表を作るには、作り手が建設業者またはその業者から作成を依頼された専門家などいずれであっても、確定申告用の決算書に従わなければならないのは当然のことであって、今までは、決算書を読む能力がなければ、許可申請用の財務諸表も作ることはできませんでした。
　この本は、ここに焦点を当てて、決算書が読めなくても、財務諸表が作れるように編集したものです。さらに、建設業許可申請書を作る時に、最もむずかしく時間もかかる作業は、財務諸表とその関係書類を作ることです。そういう意味からも、この本が、財務諸表の作成に従事する初心者からベテランまで、幅広い層に利用されることを願っております。
　この本が、建設業の許可についての手続や、公共事業の入札手続をしようとしている建設業者（資本金１億円以下の中小企業）の経理担当の方、その業者からこれらの手続を依頼された専門家の方々、さらには、これらの手続事務にたずさわる行政機関や審査機関の担当官のみなさまに少しでもお役に立てば幸いです。
　最後に、この本を執筆する過程において、実に多くの方々から貴重なアドバイスや惜しみないご協力をいただきました。さらに、㈱大成出版社にはこの本を刊行するにあたってひとかたならぬお世話をいただきました。記して感謝の意を表します。

　　1994年2月

　　　　　　　　　　　　　　　　　　　　　　　　　　　　　後　藤　紘　和

―― 要 約 目 次 ――

	目次ページ	本文ページ
第1編　建設業許可手続きのあらまし	ix	1
第2編　経営事項審査手続きのあらまし	x	51
第3編　建設業財務諸表の作り方	xii	119
第4編　建設業の諸手続きに係る法令等	xiii	195
第5編　付録	xiii	223

―― 一 覧 目 次 ――

第1編　建設業許可手続きのあらまし
表1　建設業許可申請書類・確認資料一覧表 …………………………………………… 5
表2　許可要件の確認書類一覧 ……………………………………………………………… 9
　Ⅰ　経営業務の管理責任者としての経験を有する者に関する確認書類の例 …………… 9
　Ⅱ　営業所の専任技術者に関する確認書類の例 ……………………………………… 10
　Ⅲ　令第3条に規定する使用人に関する確認書類の例 ……………………………… 11
　Ⅳ　営業所（主たる営業所も営業所となります）に関する確認書類の例 ……………… 11
　Ⅴ　請負契約を履行するに足りる財産的基礎又は金銭的信用を有していることの確認書類の例 …………………………………… 12
表3　建設工事の種類別にみたその内容と例示 ………………………………………… 15
表4　許可取得後の各種変更届出書類・確認資料一覧表 ……………………………… 26

第2編　経営事項審査手続きのあらまし
表1　登録経営状況分析機関一覧 ………………………………………………………… 54
表2　経営状況分析の申請に必要な提出書類 …………………………………………… 57
表3　経営規模等評価申請及び総合評定値請求に必要な書類（千葉県知事許可業者） …………………………… 79
表4　経営規模等評価申請及び総合評定値請求に必要な書類（国土交通大臣許可業者） …………………………… 92

第3編　建設業財務諸表の作り方
表1　建設業者の種類別及び建設業の手続き別財務諸表の要否一覧 ………………… 143
表2　会社の種類別・記載を要する注記項目一覧 ……………………………………… 144

第4編　建設業の諸手続きに係る法令等
第5編　付　　録
表1　建設業許可事務・経営事項審査事務都道府県主管課一覧 ……………………… 238
表2　建設業許可事務・経営事項審査事務地方整備局等担当課一覧 ………………… 239
表3　（許可申請用紙の販売所）都道府県建設業協会一覧 …………………………… 241
表4　全国都道府県行政書士会一覧 ……………………………………………………… 243

目　　次

全訂版はしがき

はじめに

初版はしがき

第1編　建設業許可手続きのあらまし

Ⅰ　建設業許可申請手続きの進め方

許可を受けるための手続き……………………………………………………………3
申請手数料等……………………………………………………………………………4
表1　建設業許可申請書類・確認資料一覧表………………………………………5
許可要件の確認書類……………………………………………………………………9
表2　許可要件の確認書類一覧
　Ⅰ　経営業務の管理責任者としての経験を有する者に関する確認書類の例…………9
　Ⅱ　営業所の専任技術者に関する確認書類の例……………………………………10
　Ⅲ　令第3条に規定する使用人に関する確認書類の例……………………………11
　Ⅳ　営業所（主たる営業所も営業所となります）に関する確認書類の例…………11
　Ⅴ　請負契約を履行するに足りる財産的基礎又は金銭的信用を有していることの確認書類の例……………………………………………………………12
建設業法第2条第2項に定める建設業者になれる者………………………………13
建設業法第2条第2項に定める建設業者になれない者……………………………13
別表の「役員の氏名及び役名」の欄に記載すべき者の範囲………………………13
建設工事の種類の判断基準……………………………………………………………14
表3　建設工事の種類別にみたその内容と例示……………………………………15

Ⅱ　許可取得後の各種変更届出手続きの進め方

　1　変更等の届出……………………………………………………………………24
　2　許可の要件に係る重要な変更届………………………………………………24
　3　誤解しやすい変更届と許可換え………………………………………………24
　表4　許可取得後の各種変更届出書類・確認資料一覧表………………………26
　廃業届……………………………………………………………………………………31

III 建設業の決算報告手続きの進め方

 1 事業年度終了後の決算報告……………………………………………………………32
 2 事業年度終了後の決算報告時の各種変更届…………………………………………32
 変更届出書（事業年度終了届）（知事許可業者用）……………………………………34
 変更届出書〔建設業許可事務ガイドライン別紙8〕（大臣許可業者用）……………35
 工事経歴書〔様式第2号〕…………………………………………………………………36
 工事現場に配置する技術者について………………………………………………………39
 改正・様式第2号（第2条、第19条の8関係）「工事経歴書」に係る主任技術
  者又は監理技術者が必要な建設工事の範囲の判断基準………………………………41
 直前3年の各事業年度における工事施工金額〔様式第3号〕…………………………46
 使用人数〔様式第4号〕……………………………………………………………………48

第2編　経営事項審査手続きのあらまし

I 経営状況分析申請手続きの進め方

 第1 **経営事項審査申請と経営状況分析申請の流れ**……………………………52
  表1 登録経営状況分析機関一覧………………………………………………54
 第2 **経営状況分析の申請**
  経営状況分析申請の概要………………………………………………………………55
  1 分析申請書用紙の入手方法………………………………………………………55
  2 分析申請書類の送付先……………………………………………………………55
  3 分析手数料…………………………………………………………………………56
  表2 経営状況分析の申請に必要な提出書類…………………………………57
 第3 **分析申請書類の記入例及び記載要領**
  1 経営状況分析申請書〔様式第25号の8〕………………………………………58
  2 経営状況分析申請書の記載要領…………………………………………………59
  3 兼業事業売上原価報告書〔様式第25号の9〕…………………………………64
  4 委任状………………………………………………………………………………65
  5 国土交通大臣・都道府県知事コード表…………………………………………66
  6 市区町村コード……………………………………………………………………66
 第4 **特殊事例について**
  1 合併（又は営業譲渡）があった場合……………………………………………67
  2 会社分割があった場合……………………………………………………………68
  3 経営再建（会社更生、民事再生、特定調停）があった場合…………………68
 第5 **財務諸表（損益計算書）の換算について**……………………………………69
 第6 **経営状況分析結果の読み方**
  1 経営状況分析結果通知書…………………………………………………………71
  2 経営状況分析指標の算式および意味……………………………………………72

II 経営事項審査申請手続きの進め方
経営規模等評価申請及び総合評定値請求に関する説明書（平成20年3月・千葉県）

第1 経営事項審査制度の概要
1. 経営事項審査とは……………………………………………………………73
2. 経営事項審査申請に必要な資格……………………………………………74
3. 審査基準日……………………………………………………………………74
4. 審査項目及び審査基準等……………………………………………………74
（参考）経営事項審査結果の有効期間（公共工事を請け負うことができる期間）……………………………………………………………………………75

第2 経営規模等評価申請及び総合評定値請求の方法（千葉県知事許可業者）
申請手続等
1. 手続き全体の流れ……………………………………………………………76
2. 経営規模等評価申請審査日・受付時間・審査会場等……………………77
3. 総合評定値請求審査日・受付時間・審査会場等…………………………79
4. 手数料及び納入方法…………………………………………………………79
5. 表3　経営規模等評価申請及び総合評定値請求に必要な書類（千葉県知事許可業者）……………………………………………………………………79
   (1) 申請書及びその別紙等……………………………………………………79
   (2) 申請書の添付書類等………………………………………………………80
   (3) 提示書類……………………………………………………………………83
6. 全般的な注意事項等…………………………………………………………87
7. 個別説明会……………………………………………………………………88

第3 経営規模等評価申請及び総合評定値請求の方法（国土交通大臣許可業者）
1. 審査日・受付時間・審査会場・申請書類等………………………………89
2. 申請方法について……………………………………………………………90
   表4　経営規模等評価申請及び総合評定値請求に必要な書類（国土交通大臣許可業者）……………………………………………………………………92
   国土交通大臣許可業者提出書類チェックリスト……………………………94
3. 平成21・22年度　建設工事の競争参加資格審査における経営事項審査の取扱いについてのお知らせ（国土交通省直轄工事の場合）……………96

第4 添付書類の記入例及び記載要領……………………………………………98
○工事経歴書〔様式第2号〕……………………………………………………99
○技術職員の重複評価の制限について…………………………………………104
○（登録基幹技能者講習の種目）講習修了証〔様式第30号〕………………105
○経理処理の適正を確認した旨の書類〔別記様式第2号〕…………………106
○独立監査人の監査報告書〔監査証明の例〕…………………………………113
○会計参与報告〔会計参与報告書の文例〕……………………………………115

第5 経営規模等評価結果及び総合評定値の読み方
経営規模等評価結果通知・総合評定値通知書〔様式第25号の12〕…………117

第3編　建設業財務諸表の作り方

I　建設業者の法人税等確定申告用決算書類

消費税及び地方消費税の確定申告書 ……………………………………………121
付表2　課税売上割合・控除対象仕入税額等の計算表 ……………………………122
法人税の確定申告書〔別表1(1)〕 …………………………………………………123
法人税申告書〔別表11（1の2）・16(1)・16(2)・16(4)・16(6)・16(7)・16(8)〕の
　解説 ……………………………………………………………………………124
○法人税申告書〔別表11（1の2）〕一括評価金銭債権に係る貸倒引当金の損
　金算入に関する明細書（決算報告・経営状況分析申請兼用） ………………126
○法人税申告書〔別表16(1)〕旧定額法又は定額法による減価償却資産の償却額
　の計算に関する明細書（決算報告・経営状況分析申請兼用） ………………127
○法人税申告書〔別表16(2)〕旧定率法又は定率法による減価償却資産の償却額
　の計算に関する明細書（決算報告・経営状況分析申請兼用） ………………128
○法人税申告書〔別表16(4)〕旧国外リース期間定額法若しくは旧リース期間定
　額法又はリース期間定額法による償却額の計算に関する明細書（経営状況分
　析申請専用） …………………………………………………………………129
○法人税申告書〔別表16(6)〕繰延資産の償却額の計算に関する明細書（経営状
　況分析申請専用） ……………………………………………………………131
○法人税申告書〔別表16(7)〕少額減価償却資産の取得価額の損金算入の特例に
　関する明細書（経営状況分析申請専用） ……………………………………132
○法人税申告書〔別表16(8)〕一括償却資産の損金算入に関する明細書（経営状
　況分析申請専用） ……………………………………………………………133
○役員報酬手当等の内訳書（決算報告・経営状況分析申請兼用） ………………134
決算報告書（表紙） ………………………………………………………………135
貸借対照表 ………………………………………………………………………136
損益計算書 ………………………………………………………………………137
販売費及び一般管理費 ……………………………………………………………138
完成工事原価報告書 ………………………………………………………………139
株主資本等変動計算書 ……………………………………………………………140
個別注記表 ………………………………………………………………………141

II　建設業財務諸表（法人用）の記入例及び記載要領

表1　建設業者の種類別及び建設業の手続き別財務諸表の要否一覧 ……………143
表2　会社の種類別・記載を要する注記項目一覧 …………………………………144
建設業財務諸表の作成上の注意点 …………………………………………………144
最初の事業年度が終了していない法人の開始貸借対照表 …………………………146
財務諸表（法人用）表紙 ……………………………………………………………147
貸借対照表〔様式第15号〕 …………………………………………………………148

記載要領 ……………………………………………………………………… 151
　　　損益計算書〔様式第16号〕 …………………………………………………… 153
　　　記載要領 ……………………………………………………………………… 154
　　　完成工事原価報告書 …………………………………………………………… 156
　　　〔記載上の注意〕 ……………………………………………………………… 157
　　　株主資本等変動計算書〔様式第17号〕 ……………………………………… 158
　　　記載要領 ……………………………………………………………………… 159
　　　注記表〔様式第17号の2〕 …………………………………………………… 162
　　　記載要領 ……………………………………………………………………… 164
　　　小会社の「事業報告書」の根拠条文等と記載例 …………………………… 166
　　　事業報告書（小会社用） ……………………………………………………… 167

Ⅲ　建設業者の所得税確定申告用決算書類

　　　消費税及び地方消費税の確定申告書 ………………………………………… 178
　　　付表5　控除対象仕入税額の計算表 ………………………………………… 179
　　　所得税の確定申告書B ………………………………………………………… 180
　　　所得税青色申告決算書（一般用） …………………………………………… 182
　　　平成□□年分（所得税白色申告）収支内訳書（一般用） ………………… 186

Ⅳ　建設業財務諸表（個人用）の記入例及び記載要領

　　　財務諸表（個人用）表紙 ……………………………………………………… 188
　　　貸借対照表〔様式第18号〕 …………………………………………………… 189
　　　記載要領 ……………………………………………………………………… 191
　　　損益計算書〔様式第19号〕 …………………………………………………… 192
　　　記載要領 ……………………………………………………………………… 193

第4編　建設業の諸手続きに係る法令等

○建設業許可申請、事業年度終了報告、経営事項審査申請に係る法令 ……………… 197
○平成20年1月31日国土交通省令第3号による建設業法施行規則の一部改正後の建
　設業法施行規則（抄） ……………………………………………………………… 211
○建設業法施行規則別記様式第15号及び第16号の国土交通大臣の定める勘定科目の
　分類を定める件〔昭和57年10月12日建設省告示第1660号〕 ……………………… 214

第5編　付　　　録

○建設業許可更新のお知らせと更新準備についてのご依頼（法人用） ……………… 225
○建設業許可更新のお知らせと更新準備についてのご依頼（個人用） ……………… 226
○建設業法の事業年度終了報告書の提出についてのお願い（法人用） ……………… 227
○建設業法の事業年度終了報告書の提出についてのお願い（個人用） ……………… 228
○建設業経審・入札参加資格審査申請手続作業進行表 ………………………………… 229

- ○建設業経営事項審査申請手続準備ご依頼書兼申請書類等チェックリスト（個人・法人共通） ……………………………………………………………………………230
- ○建設業決算報告手続等の行政書士報酬等 ………………………………………233
- ○本書執筆にあたり参照した参考図書と文献 ……………………………………237
- 表1　建設業許可事務・経営事項審査事務都道府県主管課一覧 ………………238
- 表2　建設業許可事務・経営事項審査事務地方整備局等担当課一覧 …………239
- 表3　（許可申請用紙の販売所）都道府県建設業協会一覧 ……………………241
- 表4　全国都道府県行政書士会一覧 ………………………………………………243

第1編　建設業許可手続きのあらまし

Ⅰ　建設業許可申請手続きの進め方

許可を受けるための手続き

　次の申請区分に従い、表1の建設業許可申請書類・確認資料一覧表に掲げる書類を作成してください。

〈申請区分〉

	申　請　区　分	説　　　　　明
1	新　　　　　　規	現在「有効な許可」をどこの許可行政庁からも受けていない場合
2	許　可　換　え　新　規	現在「有効な許可を受けている行政庁」から「有効な許可を受けている許可行政庁以外の許可行政庁」に申請する場合 （例）都道府県知事許可←→他の都道府県知事許可 　　　　　　　　　　　　　→国土交通大臣許可
3	般　・　特　新　規	①　「一般建設業の許可のみを受けている者」が、新たに「特定建設業」を申請する場合 ②　「特定建設業の許可のみを受けている者」が、新たに「一般建設業」を申請する場合
4	業　　種　　追　　加	①　「一般建設業の許可を受けている者」が「他の一般建設業」の許可を申請する場合 ②　「特定建設業の許可を受けている者」が「他の特定建設業」の許可を申請する場合
5	更　　　　　　新	既に「許可を受けている建設業」をそのまま続けようとする場合
6	般・特新規＋業種追加	申請区分3と申請区分4を同時に申請する場合
7	般・特新規＋更新	申請区分3と申請区分5を同時に申請する場合
8	業種追加＋更新	申請区分4と申請区分5を同時に申請する場合
9	般・特新規＋業種追加＋更新	申請区分3と申請区分4と申請区分5を同時に申請する場合

申請手数料等

申請手数料は、申請区分及び大臣許可・知事許可の別に異なる額等が設定されています。具体的には下表を参照してください。

申請区分	大臣許可・知事許可の別	一般建設業許可又は特定建設業許可のいずれか一方のみを申請する場合にかかる費用	一般建設業許可及び特定建設業許可の両方を同時に申請する場合にかかる費用
新規 許可換え新規	大臣許可	15万円の登録免許税（注１）	30万円の登録免許税（注１）
	知事許可	９万円の許可手数料（注３）	18万円の許可手数料（注３）
般・特新規	大臣許可	15万円の登録免許税（注１）	―
	知事許可	９万円の許可手数料（注３）	―
業種追加	大臣許可	５万円の許可手数料（注２）	10万円の許可手数料（注２）
	知事許可	５万円の許可手数料（注３）	10万円の許可手数料（注３）
更新	大臣許可	５万円の許可手数料（注２）	10万円の許可手数料（注２）
	知事許可	５万円の許可手数料（注３）	10万円の許可手数料（注３）

（注１） 登録免許税：上記の額を申請先となる地方整備局等の所在地を管轄する税務署に直接納入、または日本銀行、日本銀行歳入代理店、郵便局の窓口から先の税務署あて納入した上で、その領収証書を許可申請書別表の所定欄に貼り付けて申請します。

（注２） 大臣許可に係る許可手数料：上記の額の収入印紙を許可申請書別表の所定欄に貼り付けて申請します（消印してはいけません）。

（注３） 知事許可に係る許可手数料：当該都道府県の発行する証紙により納入する場合と、現金により納入する場合とがありますが、おおむね証紙による場合が多いようです。証紙又は現金納入したときの領収証書を許可申請書別表の所定欄に貼り付けて申請します（証紙については消印してはいけません）。

表1　建設業許可申請書類・確認資料一覧表

建設業許可申請に当たり、提出する書類は次の一覧表のとおりです。

【申請区分】
1．新　　　規　　4．業種追加　　　　　　　7．般・特新規＋更新
2．許可換え新規　5．更　　新　　　　　　　8．業種追加＋更新
3．般・特新規　　6．般・特新規＋業種追加　9．般・特新規＋業種追加＋更新

No.	申請書及び添付書類	1・2	3・4・6	5	7・8・9	確認資料を要するもの	摘　要
(1)	建設業許可申請書（様式第一号）	○	○	○	○	○	
(2)	建設業許可申請書別表	○	○	○	○		
(3)	工事経歴書（様式第二号）	○	○		○		
(4)	直前3年の各事業年度における工事施工金額（様式第三号）	○	○		○		実績なしでも作成
(5)	使用人数（様式第四号）	○	○		○		
(6)	誓約書（様式第六号）	○	○	○	○		
(7)	経営業務の管理責任者証明書（様式第七号）	○	○	○	○	○	
(8)	専任技術者証明書（新規・変更）（様式第八号(1))	○	○		○	○	
(8)	専任技術者証明書（更新）（様式第八号(2))			○	○	○	
(9)	専任技術者としての資格を有することを証明する資料	○	○		○	△	卒業証明書、資格証明書等（写、監理技術者資格者証は不可）、実務経験証明書（様式第九号）、指導監督的実務経験証明書（様式第十号）のうち該当する書類
(10)	令第3条に規定する使用人の一覧表（様式第十一号）	△	△	△	△	△	(2)の「建設業許可申請書別表」の中の「その他の営業所」欄に記載した場合に提出
(11)	国家資格者等・監理技術者一覧表（様式第十一号の二）	△	△		△		専任技術者以外に国家資格者等がいる場合又は特定建設業の場合で監理技術者がいる場合に提出
(12)	国家資格者等・監理技術者としての資格を有することを証明する資料	△	△		△	△	卒業証明書、資格証明書等（写）、実務経験証明書、指導監督的実務経験証明書のうち該当する書類

No.	申請書及び添付書類	申請区分 1・2	申請区分 3・4・6	申請区分 5	申請区分 7・8・9	確認資料を要するもの	摘要
(13)	許可申請者の略歴書 （様式第十二号）	○	○	○	○		(2)の「建設業許可申請書別表」に記載された役員全員又は個人事業主について提出
(14)	令第3条に規定する使用人の略歴書　（様式第十三号）	△	△	△	△		(10)の「令第3条に規定する使用人の一覧表」（様式第11号）に記載した者について提出
(15)	成年被後見人及び被保佐人に該当しない旨の登記事項証明書 （法務局、地方法務局で発行したもの） (注)添付書類に綴じ込まず確認資料に綴じること。 （千葉県知事許可の場合）	○	○	○	○		(2)の「建設業許可申請書別表」に記載した役員全員又は個人事業主、(10)の「令第3条に規定する使用人一覧表」に記載した者について提出
(16)	身分証明書（外国籍の方は不要） （被証明者の本籍地の市町村で発行） (注)添付書類に綴じ込まず確認資料に綴じること。 （千葉県知事許可の場合）	○	○	○	○		(2)の「建設業許可申請書別表」に記載された役員全員又は個人事業主、(10)の「令第3条に規定する使用人一覧表」に記載した者について提出
(17)	株主（出資者）調書 （様式第十四号）	法		□	□		該当なしの場合も作成
(18) 財務諸表	貸借対照表 （法人用・様式第十五号）	法				△	新規設立で決算期が未到来の場合は開始貸借対照表を提出
	損益計算書 （法人用・様式第十六号）	法					
	株主資本等変動計算書 （法人用・様式第十七号）	法					
	注記表 （法人用：様式第十七号の二）	法					
	附属明細表 （株式会社用・様式第十七号の三）	法					資本金1億円を超える株式会社、又は直前の貸借対照表の負債の部に計上した金額の合計額が200億円以上の株式会社の場合に提出 （特例有限会社は提出不要）
	貸借対照表 （個人用・様式第十八号）	個				△	新規開業で決算期が未到来の場合は開始貸借対照表を提出
	損益計算書 （個人用・様式第十九号）	個					

No.	申請書及び添付書類	申請区分 1・2	申請区分 3・4・6	申請区分 5	申請区分 7・8・9	確認資料を要するもの	摘要
(19)	定款	法		□			
(20)	登記事項証明書（商業登記簿謄本） （申請時3月以内）	法		法	法		個人の場合で支配人登記しているものを含む。
(21)	営業の沿革　（様式第二十号）	○		○	○		
(22)	所属建設業者団体 （様式第二十号の二）	○		□	□		該当なしの場合も作成
(23)	主要取引金融機関名 （様式第二十号の三）	○		□	□		該当なしの場合も作成
(24)	納税証明書	○					県税事務所等が発行する以下の税に係る「納付すべき額及び納付済額を証する書面」 ・大臣許可：法人の場合は法人税、個人の場合は所得税 ・知事許可：法人の場合は法人事業税、個人の場合は個人事業税

○：必要書類　　法：法人申請の場合に提出　　個：個人申請の場合に提出
△：該当する場合に提出（摘要欄参照、確認資料については下記参照）
□：変更がある場合に提出

※確認資料　申請書類の他、審査に当たって許可要件（資格要件・常勤性・欠格要件等）を確認するための以下の資料の提出が必要です。
① 事業主・役員及び営業所の確認資料
② 経営業務の管理責任者の確認資料
③ 専任技術者の常勤性の確認資料
④ 実務経験証明書の確認資料
　（実務経験証明書を使用する場合に必要）
⑤ 指導監督的実務経験証明書の確認資料
　（指導監督的実務経験証明書を使用する場合に必要）
⑥ 令第3条に規定する使用人の確認資料
　（令第3条に規定する使用人がいる場合に必要）
⑦ 財産的要件の確認資料
　（一般建設業で自己資本が500万円未満の場合に必要）
(注) 別途、申請書類の記載内容を確認するため、他の確認資料の提出を求める場合があります。
(注) 添付書類の成年被後見人及び被保佐人に該当しない旨の登記事項証明書及び身分証明書については、申請書類には綴じ込まず、確認資料に綴じてください。
(注) 成年被後見人等の建設業許可の欠格条項に関して、官公署が発行する証明書の添付が平成20年4月1日から義務付けられました。

証明書の内容	発行する官公署
許可申請者等（略歴書を提出する法人の役員、本人、個人事業者の支配人及び令第3条に規定する使用人）が、成年被後見人及び被保佐人に該当しない旨の登記事項証明書 ＊外国籍の方にも発行されます。	法務局及び地方法務局
許可申請者等（略歴書を提出する法人の役員、本人、個人事業者の支配人及び令第3条に規定する使用人）が、成年被後見人又は被保佐人とみなされる者に該当せず、また、破産者で復権を得ない者に該当しない旨の市区町村の長の証明書（通称：身分証明書） ＊　外国籍の方には発行されないので、代わりに外国人登録原票記載事項証明書等が必要となる場合があります。なお、日本国に在住していない外国人については、本国の公的機関等が発行した住所を証する書面が必要となる場合があります。	被証明者の本籍地の市区町村の戸籍事務担当課等

許可要件の確認書類

　許可の申請にあたっては、許可行政庁より、①「経営業務の管理責任者証明書」及び「専任技術者証明書」に記載された役員、事業主、支配人、技術者等が、申請書の記載どおり、現にその企業に常勤していること、②営業所の実態や建物の所有状況、③「財産的基礎等」を有していること等を客観的に証明するための書類等、申請内容の事実確認を行うための書類の提示・提出を求められることになります。

　提示等を求められる書類の内容は、各許可行政庁ごとに異なりますが、基本的には次の書類の提示等を求める許可行政庁が多いようです。確認書類の詳細については、各許可行政庁のホームページ等を参照してください。

表2　許可要件の確認書類一覧

> I　経営業務の管理責任者としての経験を有する者に関する確認書類の例
> 1　現在の常勤性を証明する書類
> 　(1)　住民票等現住所が確認できる書類
> 　　　現住所が住民票と異なる場合は、現住所の賃貸契約書の写し、公共料金の領収書の写し等、現住所が確認できる書類が必要となります。
> 　(2)　健康保険被保険者証又は国民健康保険被保険者証の写し
> 　　※　上記に代えて、直近の健康保険・厚生年金被保険者標準報酬決定通知の写し又は健康保険・厚生年金被保険者資格取得確認及び報酬決定通知書の写しの提示等で可としているケースもあります。
> 　　※　国民健康保険など、申請会社で保険の適用を受けていない場合は、以下の順で更にいずれかの書類が必要となります。
> 　　ア　住民税特別徴収税額通知書の写し
> 　　イ　確定申告書（法人においては表紙と役員報酬明細の写し（受付印押印のもの））
> 　　ウ　その他、常勤が確認できるもの
> 2　経営業務の管理責任者としての経験を証明する書類
> 　(1)　経験期間を証明するもの
> 　　ア　法人の役員としての経験については商業登記簿謄本、履歴事項全部証明書又は閉鎖登記簿謄本
> 　　イ　令第3条に規定する使用人としての経験については、変更届出書（令第3条に規定する使用人着任時と退任時）の写し
> 　(2)　経験業種を証明するもの（(1)の期間分必要となります）
> 　　ア　法人の役員としての経験については建設業許可通知書の写し
> 　　イ　令第3条に規定する使用人としての経験については経験期間中の様式第1号別表の写し
> 　　ウ　許可のない期間中の軽微な工事での経験については工事請負契約書、工事請書、注文書、請求書等の写し

Ⅱ　営業所の専任技術者に関する確認書類の例
1　現在の常勤性を証明する書類
 (1)　住民票等現住所が確認できる書類
　　　現住所が住民票と異なる場合は、現住所の賃貸契約書の写し、公共料金の領収書の写し等、現住所が確認できる書類が必要となります。
 (2)　健康保険被保険者証又は国民健康保険被保険者証の写し
　　※　上記に代えて、直近の健康保険・厚生年金被保険者標準報酬決定通知の写し又は健康保険・厚生年金被保険者資格取得確認及び報酬決定通知書の写しの提示等を可としているケースもあります。
　　※　国民健康保険など、申請会社で保険の適用を受けていない場合は、以下の順で更にいずれかの書類が必要となります。
　　ア　住民税特別徴収税額通知書の写し
　　イ　確定申告書（法人においては表紙と役員報酬明細の写し（受付印押印のもの））
　　ウ　その他、常勤が確認できるもの
2　実務経験を証明する書類（技術者の要件が実務経験の場合）
 (1)　実務経験の内容を証明するもの
　　ア　証明者が建設業許可を有している期間については建設業許可通知書の写し
　　イ　証明者が建設業許可を有していない期間については工事請負契約書、工事請書、注文書、請求書等の写し
 (2)　実務経験証明期間の常勤（又は営業）を確認できるものとして次のいずれか
　　ア　健康保険被保険者証の写し（事業所名と資格取得年月日の記載されているもので、引き続き在職している場合に限られます。）
　　イ　厚生年金加入期間証明書又は被保険者記録照会回答票
　　ウ　住民税特別徴収税額通知書の写し（期間分）
　　エ　確定申告書（役員に限る…表紙と役員報酬明細の写し（受付印押印のものを期間分））
　　オ　その他、常勤が確認できるもの
3　指導監督的実務経験を証明する書類
　＊指導監督的実務経験が要件となる場合のみ必要となります。
 (1)　指導監督的実務経験証明期間の常勤を確認できるもの（上記2(2)参照）
 (2)　指導監督的実務経験証明書の内容欄に記入した工事全てについての契約書、工事請書、注文書等の写し

Ⅲ　令第3条に規定する使用人に関する確認書類の例

1　住民票等現住所が確認できる書類（上記Ⅱ1(1)参照）
2　健康保険被保険者証又は国民健康保険被保険者証の写し等（上記Ⅱ1(2)参照）
3　本人に代表権のない場合は委任状の写し（見積り・入札・契約締結等の権限を有していることを確認できるもの）

Ⅳ　営業所（主たる営業所も営業所となります）に関する確認書類の例

1　**営業所の実態が確認できるもの**
 (1)　営業所所在地付近の案内図（交通機関の最寄り駅等からの経路がわかるもの）
 (2)　営業所等の写真（明瞭なもので下記の全て、デジカメ等も可）
　ア　営業所の外部…建物の全景及び営業所の案内板を写したもの
　イ　営業所の内部…主な執務室の状況が確認できる程度のもの
　ウ　建設業の許可票…建設業の許可票建設業法施行規則第25条第2項前段に規定する標識の設置箇所、周辺状況を含み、標識の判読が可能なもの
　エ　その他…営業所の名称を明記した営業所の入口部分を写したもの、また、営業所がビル内に所在する場合は建物の入口又はエレベータホール等にある営業所の案内板を写したもの
2　**建物の所有状況が確認できるもの**
 (1)　自社所有の場合は次のいずれか
　・当該建物の登記簿謄本の写し（発行後3か月以内のもの）
　・当該建物の固定資産物件証明書又は固定資産評価額証明書の写し
 (2)　賃借している場合は当該営業所の賃貸借契約書
＊　記載されている賃貸借期間が自動継続等で終了している場合は、直近3か月分の賃借料の支払いを確認できる書面（領収書、振込明細等）等が必要となります。

| V | 請負契約を履行するに足りる財産的基礎又は金銭的信用を有していることの確認書類の例 |

既存の法人・個人企業にあっては、申請時直前の決算期における財務諸表において、また、新規設立の法人・個人企業にあっては、創業時における財務諸表において、それぞれ次の表の条件を満たしている必要があります（法7条4号、15条3号）。

一般建設業の許可を受ける場合	特定建設業の許可を受ける場合
次のいずれかに該当すること。 (イ) 自己資本の額が500万円以上であること。 (ロ) 500万円以上の資金を調達する能力を有すること。 (ハ) 許可申請直前の過去5年間許可を受けて継続して営業した実績を有すること。	次のすべてに該当すること。 (イ) 欠損の額が資本金の額の20パーセントを超えていないこと。 (ロ) 流動比率が75パーセント以上であること。 (ハ) 資本金の額が2,000万円以上であり、かつ、自己資本の額が4,000万円以上であること。

(注) 1 「自己資本」とは、
　　　　法人にあっては、貸借対照表における純資産合計の額を、
　　　　個人にあっては、期首資本金＋事業主借勘定＋事業主利益－事業主貸勘定＋（負債の部に計上されている）利益留保性の引当金＋準備金で算出した額をいいます。
　　2 「500万円以上の資金の調達能力」とは、担保とすべき不動産等を有していること等により、500万円以上の資金について取引金融機関等の預金残高証明書又は融資証明書等を得られることをいいます。
　　3 「欠損の額」とは、
　　　　法人にあっては、貸借対照表の繰越利益剰余金がマイナスである場合に、その額が資本剰余金、利益準備金及びその他の利益剰余金の合計額を上回る額を、
　　　　個人にあっては、事業主損失が、事業主借勘定－事業主貸勘定＋（負債の部に計上されている）利益留保性の引当金＋準備金で算出した額を上回る額をいいます。
　　4 「流動比率」とは、
　　　　流動資産を流動負債で除して得た数値に100を乗じた数をいいます。
　　5 「資本金」とは、
　　　　法人にあっては、株式会社の払込資本金、持分会社等の出資金の額を、個人にあっては、期首資本金をいいます。
　　6 法的な措置を講ずる等により経営再建中の建設業者が、特定建設業の許可の更新を行おうとする場合の取扱いについては、「経営再建中の建設業者に係る建設業法上の事務の取扱いについて（平成12年建設省経建発第111号）」を参照してください。

（『改訂19版建設業の許可の手びき』2007.9大成出版社より）

建設業法第2条第2項に定める建設業者になれる者

(1) 個人、
(2) 会社　株式会社、合名会社、合資会社又は合同会社（会社法2条1号）、特例有限会社（整備法1条3号、2条1項）及び外国会社（会社法2条2項）、
(3) 営利を目的とする社団で前記の会社以外のもの（民法35条1項）、
(4) 民法34条その他の特別法によって設立された公益法人（付随的に営利行為を行うことは認められているが、建設業における実際例は詳らかでない）、
(5) 中小企業等協同組合法（昭和24年6月1日法律第181号）による事業協同組合（中協法6条1項1号、9条の2）、同連合会（中協法9条の9）、企業組合（中協法9条の9）及び中小企業団体の組織に関する法律（昭和32年11月25日法律第185号）による協業組合（中団法5条の7）、
(6) 日傭労働者等の組織にする法人格を有する労働組合（従たる目的として建設工事を請け負うことが容認されている場合）、

などであり（内山尚三他著『新訂建設業法』1990.10第一法規34・52頁）、これらの業者が経営事項審査を受審し、さらに官公庁等の建設工事の入札参加資格審査も受審できることはいうまでもない。

建設業法第2条第2項に定める建設業者になれない者

　建設業を営むことができない者が、「建設業者」となることができないことはいうまでもない。

　したがって、法律上営業活動を禁止されている者、たとえば、①国とか地方公共団体とかいうような者は、建設業者となることができない。また、②民法上の組合であるとか、③法人格のない労働組合のようないわゆる権利能力なき社団とかは、法律上権利能力を認められていないから、右と同様に、建設業者となることができない。さらに、④平成17年8月1日から運用されている有限責任事業組合（有限責任事業組合契約に関する法律（平成17年5月6日法律第40号））―いわゆる日本版LLP、リミテッド・ライアビリティ・パートナーシップ（Limited Liability Partnership）の略称―も英国のLLPや日本の株式会社等の会社と異なり、今のところ法人格を付与された存在ではないので、建設業法第5条第3号により法人であることが取得要件となっている建設業の許可申請はできず、③と同様に建設業者となることができない。⑤一般的には営業活動をすることができる会社その他の法人であっても、定款に規定された目的の範囲内に建設業を営むことができることになっていない場合には、それらの会社等が建設業者となり得ないことはいうまでもない（前掲書28頁）。したがってこれらの業者が経営事項審査を受審し、さらに官公庁等の建設工事の入札参加資格審査も受審できないことはいうまでもない。

別表の「役員の氏名及び役名」の欄に記載すべき者の範囲

　別表の「役員の氏名及び役名」の欄の
　「業務を執行する社員」とは持分会社（合名会社、合資会社、合同会社）の業務を執行する社員（但し、業務執行社員を定款で定めていない合名会社及び合資会社にあっては社員（会社法590条、591条））を、

「取締役」とは株式会社及び特例有限会社の取締役（会社法326条）を、
　「執行役」とは委員会設置会社の執行役（会社法402条）を、
　「これらに準ずる者」とは法人格のある各種の組合（中小企業等協同組合法（昭和24年6月1日法律第181号）6条1項1号、9条の2の協同組合、同法9条の10の企業組合、中小企業団体の組織に関する法律（昭和32年11月25日法律第185号）5条の7の協業組合）等の理事（中協法35条の協同組合及び企業組合の理事、中団法5条の23第3項で準用する中協法35条の協業組合の理事）等をいい、
　執行役員、監査役、会計参与、監事及び事務局長等は本欄の役員には含まれない。（建設業事務ガイドライン［第5条及び第6条関係］二許可申請書類の審査要領について(1)建設業許可申請書（様式第1号）について⑥）。

建設工事の種類の判断基準

　建設業の許可は、表3に示す第1欄の28の建設工事の種類に対応する第2欄の業種ごとに、一般建設業又は特定建設業のいずれか一方の許可を受けることになります。
　同表の第3欄には、各建設工事の種類ごとに建設工事の内容を、第4欄には、建設工事の例示を、さらに第5欄には、建設工事の区分の考え方を示しています。
　従って、許可行政庁が、①経営業務の管理責任者としての経験を審査する場合の確認資料として、又は技術者の実務経験を審査する場合の確認資料として、工事請負契約書、工事請書、注文書、請求書等で建設工事の種類を判断する場合、あるいは、②工事経歴書［様式第2号］及び実務経験証明書［様式第9号］に記載された建設工事の種類を審査する場合は、概ねこの表によることになりますので、許可申請者、経営事項審査申請者等も、この表を事前にマスターしておく必要があります。

表3　建設工事の種類別にみたその内容と例示

	第1欄	第2欄	第　3　欄	第　4　欄	第　5　欄
	建設工事の種類 （法律別表）	業　種 （法律別表）	建設工事の内容 （昭和47年3月8日 建設省告示第350号） 最終改正 平成15年7月25日 国土交通省告示第1128号	建設工事の例示 （平成13年4月3日 国総建第97号） 最終改正 平成18年7月7日 国総建第125号	建設工事の区分の考え方 （平成13年4月3日 国総建第97号） 最終改正　平成18年7月7日 国総建第125号
1	土木一式工事	土木工事業	総合的な企画、指導、調整のもとに土木工作物を建設する工事（補修、改造又は解体する工事を含む。以下同じ。）		
2	建築一式工事	建築工事業	総合的な企画、指導、調整のもとに建築物を建設する工事		
3	大工工事	大工工事業	木材の加工又は取付けにより工作物を築造し、又は工作物に木製設備を取付ける工事	大工工事、型枠工事、造作工事	
4	左官工事	左官工事業	工作物に壁土、モルタル、漆くい、プラスター、繊維等をこて塗り、吹付け、又ははり付ける工事	左官工事、モルタル工事、モルタル防水工事、吹付け工事、とぎ出し工事、洗い出し工事	①　防水モルタルを用いた防水工事は左官工事業、防水工事業どちらの業種の許可でも施工可能である。 ②　「ラス張り工事」及び「乾式壁工事」については、通常、左官工事を行う際の準備作業として当然に含まれているものである。
5	とび・土工・コンクリート工事	とび・土工工事業	①　足場の組立て、機械器具・建設資材等の重量物の運搬配置、鉄骨等の組立て、工作物の解体等を行う工事 ②　くい打ち、くい抜き及び場所	①　とび工事、ひき工事、足場等仮設工事、重量物の揚重運搬配置工事、鉄骨組立て工事、コンクリートブロック据付け工事、工作物解体工事 ②　くい工事、く	①　『とび・土工・コンクリート工事』における「コンクリートブロック据付け工事」並びに『石工事』及び『タイル・れんが・ブロック工事』における「コンクリートブロック積み（張り）工事」間の区分の考え方は、根固めブロック、消波ブロックの据付け等土木

	第1欄	第2欄	第 3 欄	第 4 欄	第 5 欄
	建設工事の種類（法律別表）	業　種（法律別表）	建設工事の内容〔昭和47年3月8日 建設省告示第350号〕最終改正　平成15年7月25日　国土交通省告示第1128号	建設工事の例示〔平成13年4月3日 国総建第97号〕最終改正　平成18年7月7日　国総建第125号	建設工事の区分の考え方〔平成13年4月3日 国総建第97号〕最終改正　平成18年7月7日　国総建第125号
			打ぐいを行う工事 ③　土砂等の掘削、盛上げ、締固め等を行う工事 ④　コンクリートにより工作物を築造する工事 ⑤　その他基礎的ないしは準備的工事	い打ち工事、くい抜き工事、場所打ぐい工事 ③　土工事、掘削工事、根切り工事、発破工事、盛土工事 ④　コンクリート工事、コンクリート打設工事、コンクリート圧送工事、プレストレストコンクリート工事 ⑤　地すべり防止工事、地盤改良工事、ボーリンググラウト工事、土留め工事、仮締切り工事、吹付け工事、道路付属物設置工事、捨石工事、外構工事、はつり工事	工事において規模の大きいコンクリートブロックの据付けを行う工事等が『とび・土工・コンクリート工事』における「コンクリートブロック据付け工事」であり、建築物の内外装として擬石等をはり付ける工事や法面処理、又は擁壁としてコンクリートブロックを積み、又ははり付ける工事等が『石工事』における「コンクリートブロック積み（張り）工事」であり、コンクリートブロックにより建築物を建設する工事等が『タイル・れんが・ブロック工事』における「コンクリートブロック積み（張り）工事」である。 ②　「プレストレストコンクリート工事」のうち橋梁等の土木工作物を総合的に建設する工事は『土木一式工事』に該当する。 ③　「吹付け工事」とは、「モルタル吹付け工事」及び「種子吹付け工事」を総称したものであり、法面処理等のためにモルタル又は種子を吹付ける工事をいい、建築物に対するモルタル等の吹付けは『左官工事』における「吹付け工事」に該当する。 ④　「地盤改良工事」とは、薬液注入工事、ウェルポイント工事等各種の地盤の改

	第1欄	第2欄	第　3　欄	第　4　欄	第　5　欄
	建設工事の種類（法律別表）	業　種（法律別表）	建設工事の内容（昭和47年3月8日建設省告示第350号）最終改正　平成15年7月25日　国土交通省告示第1128号	建設工事の例示（平成13年4月3日国総建第97号）最終改正　平成18年7月7日　国総建第125号	建設工事の区分の考え方（平成13年4月3日国総建第97号）最終改正　平成18年7月7日　国総建第125号
					良を行う工事を総称したものである。
6	石工事	石工事業	石材（石材に類似のコンクリートブロック及び擬石を含む。）の加工又は積方により工作物を築造し、又は工作物に石材を取付ける工事	石積み（張り）工事、コンクリートブロック積み（張り）工事	
7	屋根工事	屋根工事業	瓦、スレート、金属薄板等により屋根をふく工事	屋根ふき工事	① 「瓦」、「スレート」及び「金属薄板」については、屋根をふく材料の別を示したものにすぎず、また、これら以外の材料による屋根ふき工事も多いことから、これらを包括して「屋根ふき工事」とする。したがって「板金屋根工事」も『板金工事』ではなく『屋根工事』に該当する。 ② 「屋根断熱工事」は、断熱処理を施した材料により屋根をふく工事であり「屋根ふき工事」の一類型である。
8	電気工事	電気工事業	発電設備、変電設備、送配電設備、構内電気設備等を設置する工事	発電設備工事、送配電線工事、引込線工事、変電設備工事、構内電気設備（非常用電気設備を含む。）工事、照明設備工事、電車線工事、信号設備工事、ネオン装置工事	
9	管工事	管工事業	冷暖房、空気調	冷暖房設備工事、	し尿処理施設に関する施設の

	第1欄	第2欄	第3欄	第4欄	第5欄
	建設工事の種類（法律別表）	業種（法律別表）	建設工事の内容（昭和47年3月8日建設省告示第350号）最終改正 平成15年7月25日 国土交通省告示第1128号	建設工事の例示（平成13年4月3日国総建第97号）最終改正 平成18年7月7日 国総建第125号	建設工事の区分の考え方（平成13年4月3日国総建第97号）最終改正 平成18年7月7日 国総建第125号
			和、給排水、衛生等のための設備を設置し、又は金属製等の管を使用して水、油、ガス、水蒸気等を送配するための設備を設置する工事	冷凍冷蔵設備工事、空気調和設備工事、給排水・給湯設備工事、厨房設備工事、衛生設備工事、浄化槽工事、水洗便所設備工事、ガス管配管工事、ダクト工事、管内更生工事	建設工事における『管工事』、『水道施設工事』及び『清掃施設工事』間の区分の考え方は、規模の大小を問わず浄化槽（合併浄化槽を含む。）によりし尿を処理する施設の建設工事が『管工事』に該当し、公共団体が設置するもので下水道により収集された汚水を処理する施設の建設工事が『水道施設工事』に該当し、公共団体が設置するもので汲取方式により収集されたし尿を処理する施設の建設工事が『清掃施設工事』に該当する。
10	タイル・れんが・ブロツク工事	タイル・れんが・ブロツク工事業	れんが、コンクリートブロック等により工作物を築造し、又は工作物にれんが、コンクリートブロック、タイル等を取付け、又ははり付ける工事	コンクリートブロック積み（張り）工事、レンガ積み（張り）工事、タイル張り工事、築炉工事、スレート張り工事	① 「スレート張り工事」とは、スレートを外壁等にはる工事を内容としており、スレートにより屋根をふく工事は「屋根ふき工事」として『屋根工事』に該当する。 ② 「コンクリートブロック」には、プレキャストコンクリートパネル及びオートクレイブ養生をした軽量気ほうコンクリートパネルも含まれる。
11	鋼構造物工事	鋼構造物工事業	形鋼、鋼板等の鋼材の加工又は組立てにより工作物を築造する工事	鉄骨工事、橋梁工事、鉄塔工事、石油・ガス等の貯蔵用タンク設置工事、屋外広告工事、閘門・水門等の門扉設置工事	『鋼構造物工事』における「鉄骨工事」と『とび・土工・コンクリート工事』における「鉄骨組立工事」との区分の考え方は、鉄骨の製作、加工から組立てまでを一貫して請け負うのが『鋼構造物工事』における「鉄骨工事」であり、既に加工された鉄骨を

	第1欄	第2欄	第 3 欄	第 4 欄	第 5 欄
	建設工事の種類（法律別表）	業　種（法律別表）	建設工事の内容（昭和47年3月8日 建設省告示第350号）最終改正 平成15年7月25日 国土交通省告示第1128号	建設工事の例示（平成13年4月3日 国総建第97号）最終改正 平成18年7月7日 国総建第125号	建設工事の区分の考え方（平成13年4月3日 国総建第97号）最終改正　平成18年7月7日 国総建第125号
					現場で組立てることのみを請け負うのが『とび・土工・コンクリート工事』における「鉄骨組立工事」である。
12	鉄筋工事	鉄筋工事業	棒鋼等の鋼材を加工し、接合し、又は組立てる工事	鉄筋加工組立て工事、ガス圧接工事	
13	ほ装工事	ほ装工事業	道路等の地盤面をアスファルト、コンクリート、砂、砂利、砕石等によりほ装する工事	アスファルト舗装工事、コンクリート舗装工事、ブロック舗装工事、路盤築造工事	①　舗装工事と併せて施工されることが多いガードレール設置工事については、工事の種類としては『ほ装工事』ではなく『とび・土工・コンクリート工事』に該当する。 ②　人工芝張付け工事については、地盤面をコンクリート等で舗装した上にはり付けるものは『ほ装工事』に該当する。
14	しゅんせつ工事	しゅんせつ工事業	河川、港湾等の水底をしゅんせつする工事	しゅんせつ工事	
15	板金工事	板金工事業	金属薄板等を加工して工作物に取付け、又は工作物に金属製等の付属物を取付ける工事	板金加工取付け工事、建築板金工事	「建築板金工事」とは、建築物の内外装として板金をはり付ける工事をいい、具体的には建築物の外壁へのカラー鉄板張付け工事や厨房の天井へのステンレス板張付け工事等である。
16	ガラス工事	ガラス工事業	工作物にガラスを加工して取付ける工事	ガラス加工取付け工事	
17	塗装工事	塗装工事業	塗料、塗材等を工作物に吹付け、塗付け、又ははり付ける工事	塗装工事、溶射工事、ライニング工事、布張り仕上工事、鋼構造物塗装	「下地調整工事」及び「ブラスト工事」については、通常、塗装工事を行う際の準備作業として当然に含まれてい

	第1欄	第2欄	第 3 欄	第 4 欄	第 5 欄
	建設工事の種類 (法律別表)	業種 (法律別表)	建設工事の内容 (昭和47年3月8日 建設省告示第350号) 最終改正 平成15年7月25日 国土交通省告示第1128号	建設工事の例示 (平成13年4月3日 国総建第97号) 最終改正 平成18年7月7日 国総建第125号	建設工事の区分の考え方 (平成13年4月3日 国総建第97号) 最終改正 平成18年7月7日 国総建第125号
				工事、路面標示工事	るものである。
18	防水工事	防水工事業	アスファルト、モルタル、シーリング材等によって防水を行う工事	アスファルト防水工事、モルタル防水工事、シーリング工事、塗膜防水工事、シート防水工事、注入防水工事	『防水工事』に含まれるものは、いわゆる建築系の防水工事のみであり、トンネル防水工事等の土木系の防水工事は『防水工事』ではなく『とび・土工・コンクリート工事』に該当する。
19	内装仕上工事	内装仕上工事業	木材、石膏ボード、吸音板、壁紙、たたみ、ビニール床タイル、カーペット、ふすま等を用いて建築物の内装仕上げを行う工事	インテリア工事、天井仕上工事、壁張り工事、内装間仕切り工事、床仕上工事、たたみ工事、ふすま工事、家具工事、防音工事	① 「家具工事」とは、建築物に家具を据付け又は家具の材料を現場にて加工若しくは組み立てて据付ける工事をいう。 ② 「防音工事」とは、建築物における通常の防音工事であり、ホール等の構造的に音響効果を目的とするような工事は含まれない。
20	機械器具設置工事	機械器具設置工事業	機械器具の組立て等により工作物を建設し、又は工作物に機械器具を取付ける工事	プラント設備工事、運搬機器設置工事、内燃力発電設備工事、集塵機器設置工事、給排気機器設置工事、揚排水機器設置工事、ダム用仮設備工事、遊技施設設置工事、舞台装置設置工事、サイロ設置工事、立体駐車設備工事	① 『機械器具設置工事』には広くすべての機械器具類の設置に関する工事が含まれるため、機械器具の種類によっては『電気工事』、『管工事』、『電気通信工事』、『消防施設工事』等と重複するものもあるが、これらについては原則として『電気工事』等それぞれの専門の工事の方に区分するものとし、これらいずれにも該当しない機械器具あるいは複合的な機械器具の設置が『機械器具設置工事』に該当する。 ② 「運搬機器設置工事」には「昇降機設置工事」も含

	第1欄	第2欄	第3欄	第4欄	第5欄
	建設工事の種類 (法律別表)	業　種 (法律別表)	建設工事の内容 (昭和47年3月8日 建設省告示第350号) 最終改正 平成15年7月25日 国土交通省告示第1128号	建設工事の例示 (平成13年4月3日 国総建第97号) 最終改正 平成18年7月7日 国総建第125号	建設工事の区分の考え方 (平成13年4月3日 国総建第97号) 最終改正　平成18年7月7日 国総建第125号
					まれる。 ③　「給排気機器設置工事」とはトンネル、地下道等の給排気用に設置される機械器具に関する工事であり、建築物の中に設置される通常の空調機器の設置工事は『機械器具設置工事』ではなく『管工事』に該当する。
21	熱絶縁工事	熱絶縁工事業	工作物又は工作物の設備を熱絶縁する工事	冷暖房設備、冷凍冷蔵設備、動力設備又は燃料工業、化学工業等の設備の熱絶縁工事	
22	電気通信工事	電気通信工事業	有線電気通信設備、無線電気通信設備、放送機械設備、データ通信設備等の電気通信設備を設置する工事	電気通信線路設備工事、電気通信機械設置工事、放送機械設置工事、空中線設備工事、データ通信設備工事、情報制御設備工事、ＴＶ電波障害防除設備工事	①　「情報制御設備工事」にはコンピューター等の情報処理設備の設置工事も含まれる。 ②　既に設置された電気通信設備の改修、修繕又は補修は『電気通信工事』に該当する。なお、保守（電気通信施設の機能性能及び耐久性の確保を図るために実施する点検、整備及び修理をいう。）に関する役務の提供等の業務は、『電気通信工事』に該当しない。
23	造園工事	造園工事業	整地、樹木の植栽、景石のすえ付け等により庭園、公園、緑地等の苑地を築造し、道路、建築物の屋上等を緑化し、又は植生を復元する工	植栽工事、地被工事、景石工事、地ごしらえ工事、公園設備工事、広場工事、園路工事、水景工事、屋上等緑化工事	①　「広場工事」とは、修景広場、芝生広場、運動広場その他の広場を築造する工事であり、「園路工事」とは、公園内の遊歩道、緑道等を建設する工事である。 ②　「公園設備工事」には、花壇、噴水その他の修景施

	第1欄	第2欄	第 3 欄	第 4 欄	第 5 欄
	建設工事の種類 (法律別表)	業　種 (法律別表)	建設工事の内容 (昭和47年3月8日 建設省告示第350号) 最終改正 平成15年7月25日 国土交通省告示第1128号	建設工事の例示 (平成13年4月3日 国総建第97号) 最終改正 平成18年7月7日 国総建第125号	建設工事の区分の考え方 (平成13年4月3日 国総建第97号) 最終改正　平成18年7月7日 国総建第125号
			事		設、休憩所その他の休養施設、遊戯施設、便益施設等の建設工事が含まれる。 ③　「屋上等緑化工事」とは、建築物の屋上、壁面等を緑化する建設工事である。 ④　「植栽工事」には、植生を復元する建設工事が含まれる。
24	さく井工事	さく井工事業	さく井機械等を用いてさく孔、さく井を行う工事又はこれらの工事に伴う揚水設備設置等を行う工事	さく井工事、観測井工事、還元井工事、温泉掘削工事、井戸築造工事、さく孔工事、石油掘削工事、天然ガス掘削工事、揚水設備工事	
25	建具工事	建具工事業	工作物に木製又は金属製の建具等を取付ける工事	金属製建具取付け工事、サッシ取付け工事、金属製カーテンウォール取付け工事、シャッター取付け工事、自動ドアー取付け工事、木製建具取付け工事、ふすま工事	
26	水道施設工事	水道施設工事業	上水道、工業用水道等のための取水、浄水、配水等の施設を築造する工事又は公共下水道若しくは流域下水道の処理設備を設置する工事	取水施設工事、浄水施設工事、配水施設工事、下水処理設備工事	上下水道に関する施設の建設工事における『水道施設工事』、『管工事』及び『土木一式工事』間の区分の考え方は、上水道等の取水、浄水、配水等の施設及び下水処理場内の処理設備を築造、設置する工事が『水道施設工事』であり、家屋その他の施設の敷

	第1欄	第2欄	第 3 欄	第 4 欄	第 5 欄
	建設工事の種類（法律別表）	業　種（法律別表）	建設工事の内容（昭和47年3月8日 建設省告示第350号）最終改正　平成15年7月25日 国土交通省告示第1128号	建設工事の例示（平成13年4月3日 国総建第97号）最終改正　平成18年7月7日 国総建第125号	建設工事の区分の考え方（平成13年4月3日 国総建第97号）最終改正　平成18年7月7日 国総建第125号
					地内の配管工事及び上水道等の配水小管を設置する工事が『管工事』であり、これらの敷地外の例えば公道下等の下水道の配管工事及び下水処理場自体の敷地造成工事が『土木一式工事』である。なお、農業用水道、かんがい用排水施設等の建設工事は『水道施設工事』ではなく『土木一式工事』に該当する。
27	消防施設工事	消防施設工事業	火災警報設備、消火設備、避難設備若しくは消火活動に必要な設備を設置し、又は工作物に取付ける工事	屋内消火栓設置工事、スプリンクラー設置工事、水噴霧、泡、不燃性ガス、蒸発性液体又は粉末による消火設備工事、屋外消火栓設置工事、動力消防ポンプ設置工事、火災報知設備工事、漏電火災警報器設置工事、非常警報設備工事、金属製避難はしご、救助袋、緩降機、避難橋又は排煙設備の設置工事	「金属製避難はしご」とは、火災時等にのみ使用する組立式のはしごであり、ビルの外壁に固定された避難階段等はこれに該当しない。したがって、このような固定された避難階段を設置する工事は『消防施設工事』ではなく、建築物の躯体の一部の工事として『建築一式工事』又は『鋼構造物工事』に該当する。
28	清掃施設工事	清掃施設工事業	し尿処理施設又はごみ処理施設を設置する工事	ごみ処理施設工事、し尿処理施設工事	公害防止施設を単体で設置する工事については、『清掃施設工事』ではなく、それぞれの公害防止施設ごとに、例えば排水処理設備であれば『管工事』、集塵設備であれば『機械器具設置工事』等に区分すべきものである。

II 許可取得後の各種変更届出手続きの進め方

1 変更等の届出

　許可を受けた建設業者は、後掲、「許可取得後の各種変更届出書類・確認資料一覧表」に記載された変更届を必要とする事由が生じたときは、それぞれの事由ごとに、定められた期間内に、定められた必要な書類を添付した変更届出書を、許可を受けた地方整備局長、北海道開発局長又は都道府県知事に提出しなければなりません（法第11条、第14条、第17条、規則第7条の2、第8条）。

2 許可の要件に係る重要な変更届

　以下の許可の要件に係る変更届は、その手続きを誤ると、許可を取消される場合がありますので、特に注意が必要です。

① 経営業務の管理責任者を変更するときは、新たにその管理責任者に就任する者が、経営業務の管理責任者としての資格要件を兼ね備えているかどうかを、事前に検討しておく必要があります。

　特に、代表取締役ではなく他の取締役を経営業務の管理責任者にしている法人にあっては、その取締役が辞任してしまうと、その取締役以外に経営業務の管理責任者としての資格要件を兼ね備えている役員（監査役を除く）がいない場合には、許可が取消されることがありますので、細心の注意が必要です。

② 営業所の専任技術者を変更するときは、新たに専任技術者に就任する者が、専任技術者としての資格要件を兼ね備えているかどうかを、事前に検討しておく必要があります。

　特に、事業主ではなく従業員を専任技術者にしている個人事業者にあっては、その従業員が退社してしまうと、その従業員以外に専任技術者としての資格要件を兼ね備えている技術職員がいない場合には、許可が取消されることがありますので、細心の注意が必要です。

3 誤解しやすい変更届と許可換え

① 建設業の許可は、大臣許可と知事許可及び、一般建設業と特定建設業にそれぞれ区分されており、さらに、許可業種も建設工事の種類ごとに28業種に区分されています。従って、建設業者は、各業種ごとに、かつ一般建設業と特定建設業に区分して許可を受けなければならないとされていますから、1つの業種について、一般建設業と特定建設業の両方の許可を受けることはできませんし、同一の建設業者が大臣許可と知事許可の両方の許可を受けることもできません。

　また、特定建設業の許可を受けようとする建設業については、特定建設業の要件を備えた営業所についてのみ許可を受けることになります。従って、その営業所以外の営業所においては、一般建設業の要件を備えているとしてもその建設業に関する営業はできないことになります（次ページの図参照）。

大臣・知事の許可と特定・一般の許可の関係

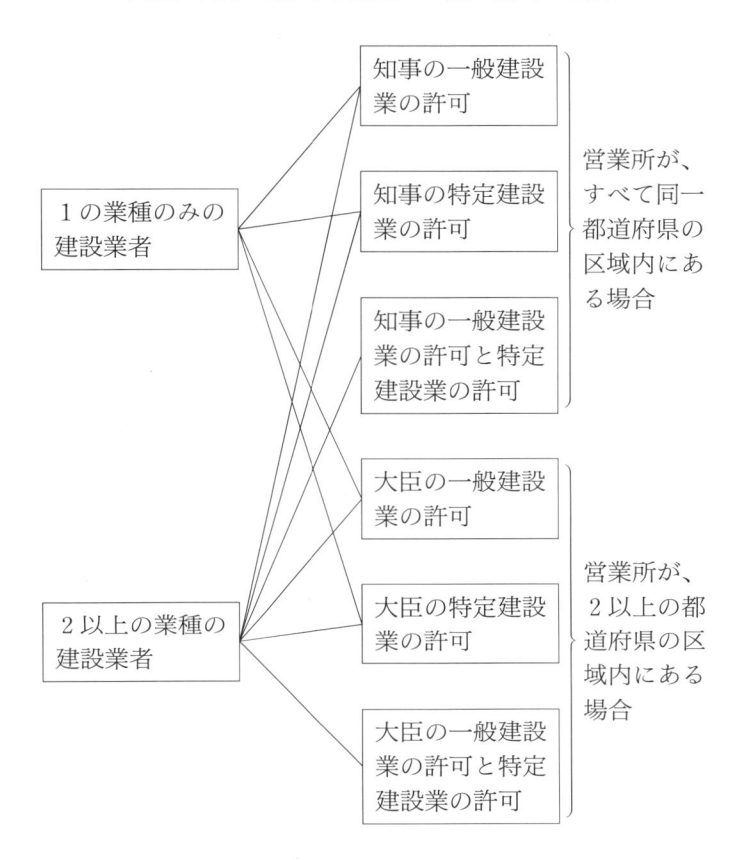

```
                    ┌─ 知事の一般建設
                    │  業の許可                ┐
                    │                          │
  ┌──────────┐      │  知事の特定建設           │ 営業所が、
  │ 1の業種のみの │──┼─ 業の許可                ├ すべて同一
  │ 建設業者     │    │                          │ 都道府県の
  └──────────┘      │  知事の一般建設           │ 区域内にあ
                    └─ 業の許可と特定          │ る場合
                       建設業の許可            ┘

                    ┌─ 大臣の一般建設
                    │  業の許可                ┐
                    │                          │
  ┌──────────┐      │  大臣の特定建設           │ 営業所が、
  │ 2以上の業種の │──┼─ 業の許可                ├ 2以上の都
  │ 建設業者     │    │                          │ 道府県の区
  └──────────┘      │  大臣の一般建設           │ 域内にある
                    └─ 業の許可と特定          │ 場合
                       建設業の許可            ┘
```

② 既に建設業の許可を受けている建設業者が、他の業種の建設業許可を受けるときは、変更届又は許可換え新規申請ではなく、業種の追加申請手続きが必要になります。

③ 下記(イ)(ロ)(ハ)の場合は、変更届ではなく、許可換え新規申請が必要になります。

(イ) 国土交通大臣の許可を受けた建設業者が、1つの都道府県の区域にのみ営業所を有することとなったとき。
「大臣許可から知事許可への許可換え」

(ロ) A県知事の許可を受けた建設業者が、その都道府県の区域内における営業所を廃止して、他のB県の区域内に営業所を設置することとなったとき。
「A県知事許可からB県知事許可への許可換え」

(ハ) 知事の許可を受けた建設業者が、2つ以上の都道府県の区域内に営業所を有することとなったとき。

なお、許可換えを受けようとするときは、全く新規に許可を受ける場合と同様の手続きにより、新たに許可を受けようとする許可行政庁に、(省略できる書類を除いた)申請書及びその添付書類を提出することになります。

(『改訂19版建設業の許可の手びき』2007.9大成出版社より)

表4　許可取得後の各種変更届出書類・確認資料一覧表

許可取得後、下記事項に変更が生じた場合は、変更の届出をしてください。

No.	変更事項	届出様式	添付書類	確認資料（別とじ）	届出期間
1	商号	様式第二十二号の二	①登記事項証明書（登記簿謄本）		
2	営業所の名称・所在地	〃	①様式第一号の別表 ②登記事項証明書（登記簿謄本）（法人の場合）	①住民票（個人事業主の場合） ②営業所の確認資料（注）1	
3	営業所の新設	〃	①様式第一号の別表 ②No.11の届出書、添付書類及び確認資料 ③No.13の届出書、添付書類及び確認資料（No.3とは別とじ）	①営業所の確認資料（注）1 ＊大臣許可の営業所の確認資料（注）2	
4	営業所の廃止	〃	①様式第一号の別表 ②使用人の一覧表（様式第十一号） ③No.13の届出書（No.4とは別とじ）		
5	営業所の業種追加	〃	①様式第一号の別表 ②No.13の届出書、添付書類及び確認資料（No.5とは別とじ）		
6	営業所の業種廃止	〃	①様式第一号の別表 ②No.13の届出書（No.6とは別とじ）		
7	資本金額（又は出資総額）	〃	①登記事項証明書（登記簿謄本） ②株主調書		変更後30日以内
8	法人の役員　新任	〃	①様式第一号の別表 ②誓約書（様式第六号） ③略歴書（様式第十二号） ④登記事項証明書 ⑤成年被後見人及び被保佐人に該当しない旨の登記事項証明書 ⑥身分証明書（本籍地の市町村が発行したもの）	確認資料として別とじで提出する	
8	法人の役員　退任	〃	①登記事項証明書		
8	法人の役員　代表者（申請人）の交替	〃	①様式第一号の別表 ②誓約書（様式第六号） ③許可申請者の略歴書（様式第十二号）（新代表者のもの。旧代表者が役員として残る場合については記載内容に変更がある場合は旧代表者のものも添付） ④登記事項証明書（ただし、登記事項に変更がある場合に限る）		
8	法人の役員　役員の氏名（改姓・改名）	〃	①登記事項証明書（法人の役員又は支配人の場合）		
9	個人事業主又は支配人の氏名（改姓・改名）	〃		①戸籍抄本又は住民票（氏名の変更を確認できるもの）	

No.	変更事項		届出様式	添付書類	確認資料（別とじ）	届出期間
10	個人の支配人	新任	様式第二十二号の二	①誓約書（様式第六号） ②略歴書（様式第十二号） ③登記事項証明書 ④成年被後見人及び被保佐人に該当しない旨の登記事項証明書 ⑤身分証明書（本籍地の市町村が発行したもの）	確認資料として別とじで提出する	変更後2週間以内
		退任	〃	①登記事項証明書（登記簿謄本）		
11	令第3条に規定する使用人		〃	①誓約書（様式第六号） ②使用人の一覧表（様式第十一号） ③略歴書（様式第十三号） ④成年被後見人及び被保佐人に該当しない旨の登記事項証明書 ⑤身分証明書（本籍地の市町村が発行したもの）	①常勤性の確認資料　（注）3 確認資料として別とじで提出する	
12	経営業務の管理責任者	交替・追加	様式第七号		①常勤性の確認資料　（注）3 ②経営経験の確認資料　（注）4	変更後2週間以内
		改姓・改名	〃		①戸籍抄本又は住民票（氏名の変更を確認できるもの）	
		削除等	様式第二十二号の三			
13	専任技術者	交替・変更・追加	様式第八号(1)	①実務経験証明書（様式第九号） ②指導監督的実務経験証明書（様式第十号） ③卒業証明書 ④資格証明書（写） ＊①～④は必要に応じ提出	①常勤性の確認資料　（注）3 ②左記①の場合、実務経験の確認資料　（注）5 ③左記②の場合、指導監督的実務経験の確認資料　（注）6	変更後2週間以内
		改姓・改名	〃		①戸籍抄本又は住民票（氏名の変更を確認できるもの）	
		削除等 ＊一部廃業による削除	様式第二十二号の三			
14	国家資格者等・監理技術者	有資格区分の変更追加・削除	様式第十一号の二	①資格証明書（写） ②実務経験証明書 ③卒業証明書 ④指導監督的実務経験証明書 ＊①～④は必要に応じ提出	①左記②の場合、実務経験の確認資料　（注）5 ②左記④の場合、指導監督的実務経験の確認資料　（注）6	（注）7 （注）8

★ No.3、No.5、No.12、No.13、No.14以外は、郵送でも受け付けます。なお、その際は担当者及び電話番号を明記し、届出者控送付用の返信用封筒（送付先記載・必要切手貼付済）を同封してください。

(注) 1　主たる営業所及びその他の営業所の確認資料
　　　　A　営業所所在地の案内図及び営業所の写真。なお、「建設業の許可票」を入れた写真を必ず添付すること。
　　　　B　千葉県知事許可で登記上の所在地以外の場所に営業所がある場合は、次の確認資料が必要です。
　　　　　a　建物が自己所有の場合次のいずれかひとつ
　　　　　　・当該建物の登記事項証明書（登記簿謄本）（発行後3月以内）
　　　　　　・当該建物の固定資産評価証明書
　　　　　b　建物が賃貸の場合、当該建物の賃貸借契約書の写し
　　　　　　・契約書の記載では契約が継続しているか明らかでない場合（自動更新で更新している場合など）は、直前3月分の賃借料の支払いを確認できるもの（領収書等）も併せて提出してください。
(注) 2　大臣許可の営業所新設に係る確認資料
　　　国土交通省関東地方整備局に直接送付してください。
　　　なお、詳細は「建設業大臣許可申請（変更届）を予定している方へ」を参照してください。
(注) 3　常勤性の確認資料
　　① 経営業務の管理責任者及び専任技術者

法　　人 右記a〜gの いずれか	a　健康保険被保険者証（写し・市町村等が取扱う「国民健康保険」とは異なります。） b　雇用保険被保険者資格取得等確認通知書（写）（雇用初年度のみの確認資料） c　国民健康保険被保険者証（写）並びに法人税の確定申告書の表紙及び役員報酬明細（いずれも写し、税務署受付済の届出時直前のもの） d　国民健康保険被保険者証（写）及び健康保険・厚生年金被保険者標準報酬決定通知書（写）（健康保険被保険者適用除外承認証（写）も可） e　国民健康保険被保険者証（写）及び住民税特別徴収税額の通知書（写し、特別徴収義務者用、届出時直前のもの） f　国民健康保険被保険者証（写）、市町村発行の所得証明書（届出時直前のもの）及びそれに対応する源泉徴収票（写） g　後期高齢者医療費保険者証及び厚生年金保険70歳以上被用者該当届（70歳以上の者を新たに雇用したときや70歳に到達し引き続き雇用するとき）又は厚生年金保険70歳以上被用者算定基礎届
個人事業主	国民健康保険被保険者証（写）及び所得税の確定申告書の表紙（写し、税務署受付済の届出時直前のもの）

※　他社からの出向、他社の取締役を兼任している等の特別な事情がある場合には、別に、出向協定書、非常勤証明書等の追加資料が必要となります。
　なお、他社の代表取締役（複数の代表取締役がいて、常勤性が確認できる場合を除く。）等は、常勤性の観点から経営業務の管理責任者及び専任技術者にはなれません。
　② 令第3条に規定する使用人
　　　上記①及び見積・入札・契約締結等の権限を有していることが確認できる委任状

(注) 4　経営経験の確認資料（a及びb）

法人の役員経験の場合	個人の事業主経験の場合	令第3条の使用人経験の場合
a　登記事項証明書（商業登記簿謄本）（証明期間中の必要年数について、継続して役員であったことが確認できるもの） b　該当年に施工した次の①～③のいずれか ①　契約書又は注文書（代表者印又は契約締結権限者の印のあるもの）（いずれも写し） ②　注文書（代表者印又は契約締結権限者の印のないもの）請書、見積書又は請求書等のいずれか（写し、工事内容のわかるものに限る）及びそれに対応する発注者の発注証明書又は入金状況が確認できるもの ③　証明しようとする業種と同一の許可を有していた場合は、当該許可の許可通知書の写し（証明書備考欄の許可番号等に内容を付記すること。届出時点において現に有効なものについては省略可）	a　証明期間中の必要年数に係る次の①、②のいずれか ①　所得税の確定申告書の表紙（写し、税務署受付済のもの） ②　市町村発行の所得証明書 b　法人のbに同じ ※　発行期間の経過及び紛失等の理由によりaの書類が提出できない場合は、bの書類について相手方の異なるものを1年につき2件以上	証明に必要な年数に係る建設業許可申請書（写し、受付印押印済のもの）及び変更届出書（写し、受付印押印済のもの）

※許可要件を確認するために別途資料の提出等を求める場合があります。
※経営業務を補佐した経験の場合は、下記を参照して下さい。

執行役員等としての経験及び経営業務を補佐した経験を確認する資料

1　執行役員等としての経験を確認する資料
　　執行役員等としての経験とは、役員に次ぐ職制上の地位にあり、取締役会設置会社において取締役会の決議により特定の事業部門（許可を受けようとする建設業に関する事業部門に限る）に関して、業務執行権限を受ける者として選任され、かつ、取締役会によって定められた業務執行方針に従って、代表取締役の指揮及び命令の下に、5年以上具体的な業務執行に専念した経験をいいます。
　　この経験を確認するための資料として下記の(1)から(4)の書類の全てが必要です。
(1)　「執行役員等の地位が役員に次ぐ職制上の地位にあること」を確認するための書類
　　・組織図その他これに準ずる書類
(2)　「業務執行を行う特定の事業部門が許可を受けようとする建設業に関する事業部門であること」を確認するための書類
　　・業務分掌規程その他これに準ずる書類
(3)　「取締役会の決議により特定の事業部門に関して業務執行権限の委譲を受ける者として選任され、かつ、取締役会の決議により決められた業務執行の方針に従って、特定の事業部門に関して、代表取締役の指揮及び命令のもとに具体的な業務執行に専念するものであること」を確認するための書類

- 定款、執行役員規程、執行役員職務分掌規程、取締役会規則、取締役就業規程、取締役会の議事録その他これらに準ずる書類
(4) 業務執行を行う特定の事業部門における業務執行実績を確認するための書類
- 過去5年間における請負契約の締結その他の法人の経営業務に関する決裁書その他これに準ずる書類
※ 経験を証明する法人が、証明する建設業の許可を受けていない場合には、経営業務の管理責任者の確認資料のイのbの①又は②のいずれかの書類が併せて必要になります。

2 経営業務を補佐した経験を確認する資料
【法人の補佐経験の場合】
　法人の補佐経験とは役員に次ぐ職制上の地位にあり、建設工事の施工に必要とされる資金の調達、技術者等の配置、契約締結等に従事した経験をいいます。その経験を確認する資料として、下記の(1)及び(2)の書類の全てが必要です。
(1) 「被認定者による経験が役員に次ぐ職制上の地位にあること」を確認するための書類
- 組織図その他これに準ずる書類
(2) 被認定者における経験が補佐要件に該当すること及び補佐経験の期間を確認するための書類
- 過去7年間における請負契約の締結その他の法人の経営業務に関する決裁書、稟議書その他これに準ずる書類

【個人事業主の補佐経験の場合】
　個人事業主の補佐経験とは、当該個人事業主に次ぐ職制上の地位（事業専従者）にあって、建設工事の施工に必要とされる資金の調達、技術者の配置、契約締結等に従事した経験をいいます。その経験を確認する書類としては、下記の書類が必要となります。
- 7年間に係る当該個人事業主の確定申告書の表紙及び事業専従者欄（写し、税務署受付印（受付印が押印されているもの）済のもの）

※ 経験を証明する個人事業主が、証明する建設業の許可を受けていない場合には、経営業務の管理責任者の確認資料のイのbの①又は②のいずれかの書類が併せて必要になります。
※ 千葉県知事許可に関する執行役員等としての経験又は補佐した経験（個人事業主の事業専従者を除く）については、地域整備センター等への申請・届出の前に、県土整備部建設・不動産業課での認定が必要です。

(注) 5 実務経験の確認資料
　　　　上記注4の経営経験の確認資料bに同じ
(注) 6 指導監督的実務経験の確認資料
　　　　実務経験の内容欄に記入したすべての工事についての契約書の写しと工期の確認できる資料
(注) 7 国家資格者等・監理技術者の変更届出期間
　　　　法第十一条第三項により変更が生じた場合は、事業年度終了後4月以内に届出するようになっていますが、変更が生じた場合は、速やかな届出をお願いします。
(注) 8 指導監督的実務経験を要する監理技術者の変更届の添付書類について
　　　　国家資格者等・監理技術者一覧表に監理技術者証の写しを添付する場合には、指導監督的実務経験証明書の添付を省略することができます。

廃業届

廃業等の理由により建設業を営まなくなった場合には、30日以内に届け出なければなりません。

	廃業等の届出事項	届出をすべき人	届出様式
全部廃業	許可を受けた個人の事業主が死亡したとき	その相続人	様式第二十二号の四
	法人が合併により消滅したとき	その役員であった者	
	法人が合併又は破産以外の事由により解散したとき	その清算人	
	許可を受けた建設業をすべて廃止したとき（特定建設業から一般建設業にする場合を含む。）	法人……その役員 個人……その者	
	会社が破産したとき	原則として破産管財人	
一部廃業	許可を受けた建設業のうち、一部を廃止したとき	法人……その役員 個人……その者	

＊　許可業者名と届出者が異なる場合は、その理由を申請者名の下に付記してください。
＊　一部廃業の場合、廃止した業種の専任技術者について変更届が必要になります。
＊　同じ業種について「特→般」にするときは、廃業届が必要になります。ただし、法第29条に該当することにより、特定の許可を継続することができなくなった場合に限ります。（財産的要件を満たさないことによる般・特新規申請の場合は廃業届は不要。）

Ⅲ 建設業の決算報告手続きの進め方

1 事業年度終了後の決算報告

　許可を受けた建設業者は、許可後到来する事業年度（決算期）ごとに、以下に掲げる書類を、毎事業年度終了後4か月以内に許可を受けた地方整備局長、北海道開発局長又は都道府県知事に提出しなければなりません（法第11条第2項（変更等の届出）・第44条の3（権限の委任）、規則第10条第1項（毎事業年度経過後に届出を必要とする書類））。

　なお、この手続きをしていないと、5年ごとの建設業許可の更新手続きができない場合がありますので、ご注意ください。

① 「変更届出書」（知事許可業者用）又は（大臣許可業者用）
② 毎事業年度終了時における「直前1年度分の工事経歴書」〔様式第2号（第2条関係）〕
③ 毎事業年度終了時における「直前3年の各事業年度における工事施工金額」〔様式第3号（第2条関係）〕
④ 法人用「財務諸表」
④-1 貸借対照表〔様式第15号（第4条、第10条、第19条の4関係）〕
④-2 損益計算書及び完成工事原価報告書〔様式第16号（第4条、第10条、第19条の4関係）〕
④-3 株主資本等変動計算書〔様式第17号（第4条、第10条、第19条の4関係）〕
④-4 注記表〔様式第17号の2（第4条、第10条、第19条の4関係）〕
④-5 附属明細表〔様式第17号の3（第4条、第10条関係）〕
　　　この附属明細表は、大株式会社等にのみ添付が義務づけられていますので、それ以外の小株式会社、特例有限会社、持分会社等及び個人は添付不要です。
④-6 事業報告書（様式任意（第10条関係））
　　　この事業報告書は、株式会社にのみ添付が義務づけられていますので、それ以外の特例有限会社、持分会社等及び個人は添付不要です。
⑤ 個人用「財務諸表」
⑤-1 貸借対照表〔様式第18号（第4条、第10条、第19条の4関係）〕
⑤-2 損益計算書〔様式第19号（第4条、第10条、第19条の4関係）〕
⑥ 「直前1年度分の納税証明書（納付すべき額及び納付済額を証する書面）」
　　　法人の場合　都道府県知事許可業者は法人事業税
　　　　　　　　　大臣許可業者は法人税
　　　個人の場合　都道府県知事許可業者は個人事業税[*1]
　　　　　　　　　大臣許可業者は所得税
　　　＊1　都道府県知事許可の個人事業主で事業所得が一定額以下の場合は、税務署発行の「納税証明書（その2）」又は市区町村発行の「課税証明書」を「個人事業税の納税証明書」の代わりに添付するよう求められる場合があります。

2 事業年度終了後の決算報告時の各種変更届

　許可を受けた建設業者は、次に掲げる書類の記載事項に変更が生じた場合には、許可後到

来する事業年度（決算期）ごとに、以下に掲げる書類を、毎事業年度終了後4か月以内に許可を受けた地方整備局長、北海道開発局長又は都道府県知事に提出しなければなりません（法第11条第3項（変更等の届出）、第6条第1項第3号（許可申請書の添付書類）、第44条の3（権限の委任）、規則第10条第2項（毎事業年度経過後に届出を必要とする書類）、第4条第1項第1号・2号・5号（法第6条第1項第6号の書類））。

① 使用人数を記載した書面〔様式第4号（第2条関係）〕
② 令第3条に規定する使用人の一覧表〔様式第11号（第4条関係）〕
③ 国家資格者等・監理技術者一覧表〔様式第11号の2（第4条、第10条関係）〕
④ 法人である場合には「定款」

変更届出書（事業年度終了届）（知事許可業者用）

（用紙Ａ４）

変　更　届　出　書
（事業年度終了届）

　　　　　　　　　　　　　　　　　　　　　　　平成　　年　　月　　日

許可年月日　　　　　　　　　　　平成　　年　　月　　日

許可番号　国土交通大臣　許可（般・特─　）第　　　　号
　　　　　千葉県知事

届　出　者　　　　　　　　　　　　　　　　　　　㊞

関東地方整備局長
千　葉　県　知　事　　　　　　様

　事業年度（第　　期　平成　　年　　月　　日から平成　　年　　月　　日まで）が終了したので、別添のとおり、下記の書類を提出します。

記

(1) 工事経歴書　　(2) 工事施工金額　　(3) 貸借対照表及び損益計算書
(4) 株主資本等変動計算書及び注記表　　(5) 事業報告書　　(6) 附属明細表
(7) 法人税納付済額証明書　　(8) 所得税納付済額証明書　　(9) 使用人数
(10) 令第３条に規定する使用人の一覧表　　(11) 国家資格者等・監理技術者一覧表
(12) 定款　　(13) 事業税納付済額証明書

記載要領

1．｛国土交通大臣／知事｝については、不要のものを消すこと。
2．(1)から(13)までの事項については、該当するものの番号を○でかこむこと。

変更届出書〔建設業許可事務ガイドライン別紙8〕(大臣許可業者用)

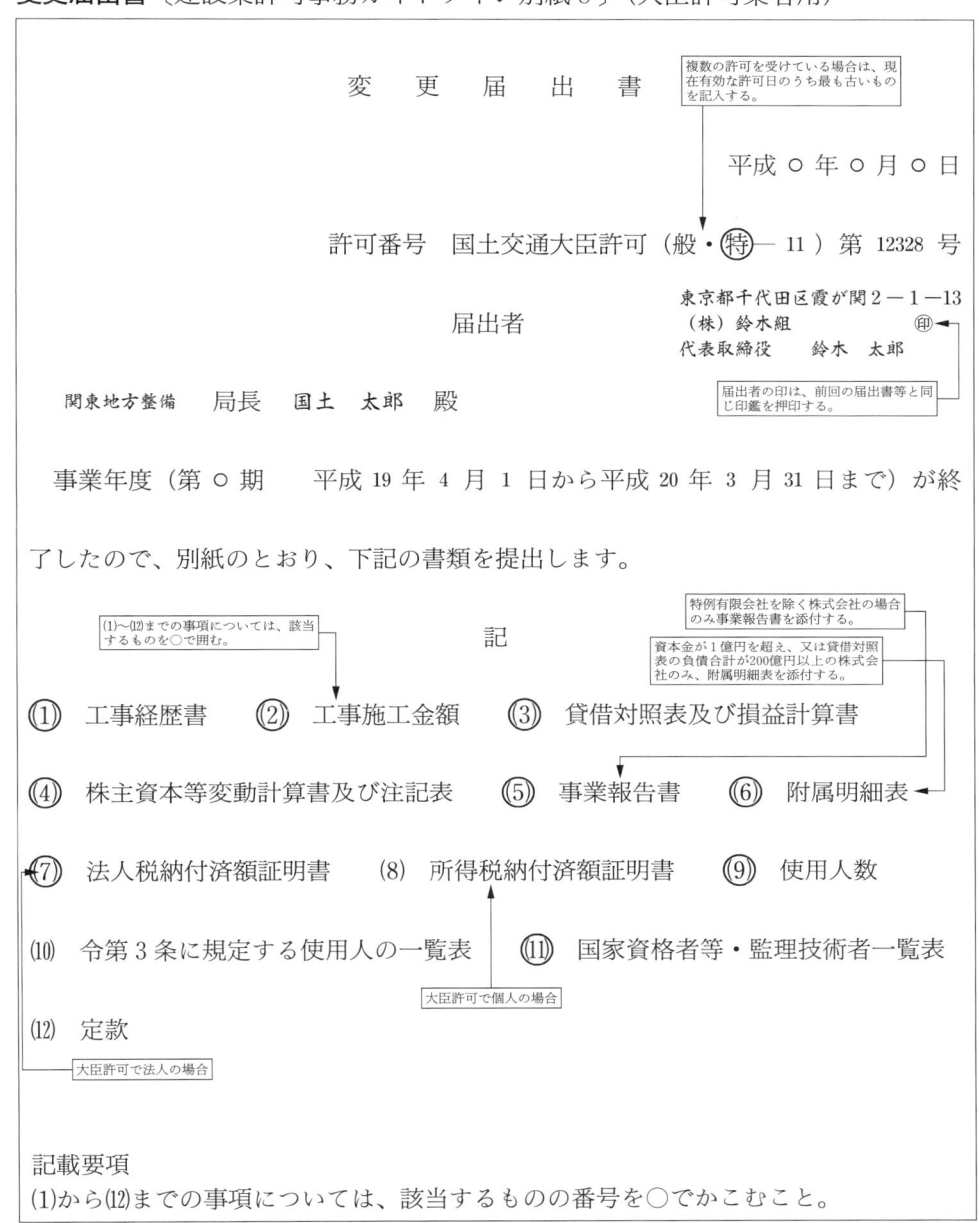

変　更　届　出　書

> 複数の許可を受けている場合は、現在有効な許可日のうち最も古いものを記入する。

平成 ○ 年 ○ 月 ○ 日

許可番号　国土交通大臣許可（般・㊙ー 11 ）第 12328 号

届出者　　　東京都千代田区霞が関2－1－13
　　　　　　（株）鈴木組　　　　　　㊞
　　　　　　代表取締役　鈴木　太郎

> 届出者の印は、前回の届出書等と同じ印鑑を押印する。

関東地方整備　局長　国土　太郎　殿

事業年度（第 ○ 期　平成 19 年 4 月 1 日から平成 20 年 3 月 31 日まで）が終了したので、別紙のとおり、下記の書類を提出します。

記

> (1)～(12)までの事項については、該当するものを○で囲む。

> 特例有限会社を除く株式会社の場合のみ事業報告書を添付する。

> 資本金が1億円を超え、又は貸借対照表の負債合計が200億円以上の株式会社のみ、附属明細表を添付する。

① 工事経歴書　　② 工事施工金額　　③ 貸借対照表及び損益計算書

④ 株主資本等変動計算書及び注記表　　⑤ 事業報告書　　⑥ 附属明細表

⑦ 法人税納付済額証明書　　(8) 所得税納付済額証明書　　⑨ 使用人数

⑩ 令第3条に規定する使用人の一覧表　　⑪ 国家資格者等・監理技術者一覧表

> 大臣許可で個人の場合

⑫ 定款

> 大臣許可で法人の場合

記載要項
(1)から(12)までの事項については、該当するものの番号を○でかこむこと。

様式第二号（第二条、第十九条の八関係）

工 事 経 歴 書

（用紙Ａ４）

該当するものに丸を付す

工事（ 税込・税抜 ）

(建設工事の種類)

注文者	元請又は下請の別	JVの別	工 事 名	工事現場のある都道府県及び市区町村名	配置技術者		請負代金の額		工 期	
					氏 名	主任技術者又は監理技術者の別（該当箇所に✓印を記載） 主任技術者　監理技術者		うち、 PC 法面処理 鋼橋上部	着工年月日	完成又は完成予定年月
							千円	千円	平成　　年　　月	平成　　年　　月
							千円	千円	平成　　年　　月	平成　　年　　月
							千円	千円	平成　　年　　月	平成　　年　　月
							千円	千円	平成　　年　　月	平成　　年　　月
							千円	千円	平成　　年　　月	平成　　年　　月
							千円	千円	平成　　年　　月	平成　　年　　月
							千円	千円	平成　　年　　月	平成　　年　　月
							千円	千円	平成　　年　　月	平成　　年　　月
							千円	千円	平成　　年　　月	平成　　年　　月
							千円	千円	平成　　年　　月	平成　　年　　月
小計							千円	千円	うち元請工事 件	千円
合計							千円	千円	うち元請工事 件	千円

【注記（吹き出し）】

- 共同企業体（JV）として行った工事には「JV」と記載

- 経営事項審査を申請する場合
  ① 元請工事に係る完成工事について、その請負代金の額の合計額の7割を超えるところまで、請負代金の額の大きい順に記載
     注1．500万円（建築1,500万円）未満の工事については10件まで記載
     注2．請負代金の額の1,000億円超部分は記載不要
  ② ①に続けて、①以外の元請工事及び下請工事高の約7割を超えるところまで、完成工事について全ての完成工事に係る請負代金の額の大きい順に記載
     注1．500万円（建築1,500万円）未満の工事については10件まで記載
     注2．請負代金の額の1,000億円超部分は記載不要
  ③ ②に続けて、主な未成工事について、請負代金の額の大きい順に記載

- 経営事項審査を申請しない場合
  ① 主な完成工事について、請負代金の額の大きい順に記載
  ② ①に続けて、主な未成工事について、請負代金の額の大きい順に記載

- 各工事現場に置かれた配置技術者について、該当する箇所に✓印を記載

- ページごとの完成工事の件数及び請負代金の額の合計を記載

- 最終ページにおいて、全ての完成工事の件数及び請負代金の額の合計を記載

- 「小計」・「合計」のうち、元請工事に係る請負代金の額の合計を記載

記載要領

1　この表は、法別表第一の上欄に掲げる建設工事の種類ごとに作成すること。
2　「税込・税抜」については、該当するものに丸を付すこと。
3　この表には、申請又は届出をする日の属する事業年度の前事業年度に完成した建設工事（以下「完成工事」という。）及び申請又は届出をする日の属する事業年度の前事業年度末において完成していない建設工事（以下「未成工事」という。）を記載すること。
　　記載を要する完成工事及び未成工事の範囲については、以下のとおりである。
　(1)　経営規模等評価の申請を行う者の場合
　　①　元請工事（発注者から直接請け負った建設工事をいう。以下同じ。）に係る完成工事について、当該完成工事に係る請負代金の額（工事進行基準を採用している場合にあっては、完成工事高。以下同じ。）の合計額のおおむね7割を超えるところまで、請負代金の額の大きい順に記載すること（令第1条の2第1項に規定する建設工事については、10件を超えて記載することを要しない。）。ただし、当該完成工事に係る請負代金の額の合計額が1,000億円を超える場合には、当該額を超える部分に係る完成工事については記載を要しない。
　　②　それに続けて、既に記載した元請工事以外の元請工事及び下請工事（下請負人として請け負った建設工事をいう。以下同じ。）に係る完成工事について、すべての完成工事に係る請負代金の額の合計額のおおむね7割を超えるところまで、請負代金の額の大きい順に記載すること（令第1条の2第1項に規定する建設工事については、10件を超えて記載することを要しない。）。ただし、すべての完成工事に係る請負代金の額の合計額が1,000億円を超える場合には、当該額を超える部分に係る完成工事については記載を要しない。
　　③　さらに、それに続けて、主な未成工事について、請負代金の額の大きい順に記載すること。
　(2)　経営規模等評価の申請を行わない者の場合
　　　主な完成工事について、請負代金の額の大きい順に記載し、それに続けて、主な未成工事について、請負代金の額の大きい順に記載すること。
4　下請工事については、「注文者」の欄には当該下請工事の直接の注文者の商号又は名称を記載し、「工事名」の欄には当該下請工事の名称を記載すること。
5　「元請又は下請の別」の欄は、元請工事については「元請」と、下請工事については「下請」と記載すること。
6　「JVの別」の欄は、共同企業体（JV）として行った工事について「JV」と記載すること。
7　「配置技術者」の欄は、完成工事について、法第26条第1項又は第2項の規定により各工事現場に置かれた技術者の氏名及び主任技術者又は監理技術者の別を記載すること。また、当該工事の施工中に配置技術者の変更があった場合には、変更前の者も含むすべての者を記載すること。
8　「請負代金の額」の欄は、共同企業体として行った工事については、共同企業体全体の請負代金の額に出資の割合を乗じた額又は分担した工事額を記載すること。また、工事進行基準を採用している場合には、当該工事進行基準が適用される完成工事について、その完成工事高を括弧書で付記すること。

9 「請負代金の額」の「うち、PC、法面処理、鋼橋上部」の欄は、次の表の㈠欄に掲げる建設工事について工事経歴書を作成する場合において、同表の㈡欄に掲げる工事があるときに、同表の㈢に掲げる略称に丸を付し、工事ごとに同表の㈡欄に掲げる工事に該当する請負代金の額を記載すること。

㈠	㈡	㈢
土木一式工事	プレストレストコンクリート工事	PC
とび・土工・コンクリート工事	法面処理工事	法面処理
鋼構造物工事	鋼橋上部工事	鋼橋上部

10 「小計」の欄は、ページごとの完成工事の件数の合計並びに完成工事及びそのうちの元請工事に係る請負代金の額の合計及び9により「PC」、「法面処理」又は「鋼橋上部」について請負代金の額を区分して記載した額の合計を記載すること。

11 「合計」の欄は、最終ページにおいて、すべての完成工事の件数の合計並びに完成工事及びそのうちの元請工事に係る請負代金の額の合計及び9により「PC」、「法面処理」又は「鋼橋上部」について請負代金の額を区分して記載した額の合計を記載すること。

工事現場に配置する技術者について

平成20年2月
千葉県県土整備部建設・不動産業課

★主任技術者と監理技術者★

建設業許可業者の方は、施工中の工事現場に主任技術者または監理技術者を配置し、施工状況の管理・監督をしなければなりません。　　　　　　　　　　　（建設業法第26条）

- 主任技術者 　工事現場の施工上の管理を担当する技術者で、工事の施工の際には、請負金額の大小、元請・下請にかかわらず、必ず主任技術者を配置しなければなりません。
- 監理技術者 　発注者から直接工事を請け負い、下請業者に施工させる金額の合計が3,000万円（建築一式工事の場合は4,500万円）を超える場合には主任技術者の代わりに監理技術者を置かなければなりません。

★主任技術者・監理技術者の現場専任制度★

公共性のある重要な工事で、工事1件の請負金額が2,500万円（建築一式工事では5,000万円）以上の工事を施工する場合、元請・下請にかかわらず、主任技術者・監理技術者はその工事現場に専任でなければなりません。　　　　　　　　　（建設業法第26条第3項）

　　◇公共性のある重要な工事◇
　①国・地方公共団体が発注する工事
　②鉄道、道路、ダム、上下水道、電気事業用施設等の公共工作物の工事
　③学校、デパート、事務所等のように多数の人が利用する施設の工事
　〈個人住宅を除くほとんどの工事が当てはまります〉

※建設業許可における営業所の専任技術者は、原則として主任技術者・監理技術者にはなれません。

　例外：現場への専任性が求められない工事で、次の①～③をすべて満たす場合
　　①専任技術者の所属する営業所で契約を締結した工事であること
　　②専任技術者の職務を適正に遂行できる程度に近接した工事現場であること
　　③所属する営業所と常時連絡が取れる状態であること

★主任技術者及び監理技術者の要件★

◇雇用関係◇

工事を請け負った企業との直接的かつ恒常的な雇用関係が必要です。

※在籍出向者や派遣、短期雇用の方は主任技術者・監理技術者になれません。

◇必要な資格等◇

担当する建設工事の業種について、以下の資格要件を満たしている必要があります。

		資 格 要 件
主任技術者		次のいずれかに該当する者 (1) 高校（※2）の所定学科卒業後5年以上、または大学（※3）の所定学科卒業後3年以上の実務経験を有する者 (2) 10年以上の実務経験を有する者 (3) 国家資格者（1級、2級の施工管理技士など）、国土交通大臣特別認定者
監理技術者	指定建設業（※1）	次のいずれかに該当する者 (1) 国家資格者（1級の施工管理技士など） (2) 国土交通大臣特別認定者
	指定建設業以外	次のいずれかに該当する者 (1) 国家資格者（1級の施工管理技士など） (2) 主任技術者の(1)～(3)のいずれかに該当し、かつ、元請として4,500万円以上（※4）について2年以上指導監督的な実務経験を有する者 (3) 国土交通大臣特別認定者

※1 指定建設業：土木、建築、電気、管、鋼構造物、ほ装、造園の7業種
※2 高等学校のほか、旧実業高校を含む
※3 大学のほか、高等専門学校（高専）、旧制専門学校を含む
※4 昭和59年10月1日以前の経験の場合には1,500万円以上、平成6年12月28日以前の経験については3,000万円以上

千葉県県土整備部
建設・不動産業課　建設業・契約室
TEL：043-223-3108、3110

改正・様式第二号（第二条、第十九条の八関係）「工事経歴書」に係る主任技術者又は監理技術者が必要な建設工事の範囲の判断基準

　建設業法施行規則の改正により、平成20年3月末日で従来の「様式第二号の二」（経営事項審査申請手続専用）と「様式第二号」（それ以外の手続専用）とに用途別に区分されていた「工事経歴書」は廃止され、同年4月1日からその区分のない「様式第二号」のみの新・「工事経歴書」に一元化されました。

　そこで、その改正点のうち、特に難解と思われる、建設工事の現場ごとに主任技術者又は監理技術者を配置しなければならない建設工事の範囲の判断基準を、関係法令及び解説によって明らかにしたいと思います。

〔法律〕
（主任技術者及び監理技術者の設置等）
第26条　建設業者は、その請け負った建設工事を施工するときは、当該建設工事に関し第7条第2号イ、ロ又はハに該当する者で当該工事現場における建設工事の施工の技術上の管理をつかさどるもの（以下「主任技術者」という。）を置かなければならない。
2　発注者から直接建設工事を請け負った特定建設業者は、当該建設工事を施工するために締結した下請契約の請負代金の額（当該下請契約が2以上あるときは、それらの請負代金の額の総額）が第3条第1項第2号の政令で定める金額以上になる場合においては、前項の規定にかかわらず、当該建設工事に関し、第15条第2号イ、ロ又はハに該当する者（当該建設工事に係る建設業が指定建設業である場合にあっては、同号イに該当する者又は同号ハの規定により国土交通大臣が同号イに掲げる者と同等以上の能力を有するものと認定した者）で当該工事現場における建設工事の施工の技術上の管理をつかさどる者（以下「監理技術者」という。）を置かなければならない。
3　公共性のある工作物に関する重要な工事で政令で定めるものについては、前2項の規定により置かなければならない主任技術者又は監理技術者は、工事現場ごとに専任の者でなければならない。
4　国、地方公共団体その他政令で定める法人が発注者である工作物に関する建設工事については、前項の規定により専任の者でなければならない監理技術者は、第27条の18第1項の規定による監理技術者資格者証の交付を受けている者であって、第26条の4から第26条の6までの規定により国土交通大臣の登録を受けた講習を受講したもののうちから、これを選任しなければならない。
5　前項の規定により選任された監理技術者は、同項の工作物の発注者から請求があったときは、監理技術者資格者証を提示しなければならない。

〔政令〕
（法第3条第1項第2号の金額）
第2条　法第3条第1項第2号の政令で定める金額は、3千万円とする。ただし、同項の許可を受けようとする建設業が建築工事業である場合においては、4千5百万円とする。

（法第15条第2号ただし書きの建設業）
第5条の2　法第15条第2号ただし書きの政令で定める建設業は、次に掲げるものとする。

一　土木工事業
二　建築工事業
三　電気工事業
四　管工事業
五　鋼構造物工事業
六　舗装工事業
七　造園工事業

　　（専任の主任技術者又は監理技術者を必要とする工事）
第27条　法第26条第３項の重要な工事で政令で定めるものは、次の各号の一に該当する建設工事で工事１件の請負代金の額が２千５百万円以上のものとする。ただし、当該工事が建築一式工事である場合においては、工事１件の請負代金の額が５千万円以上のものとする。
一　（以下省略）

〔解説〕
　本条は、建設業者は、建設工事の現場に一定の資格又は施工実務の経験を有する主任技術者又は監理技術者を置くべきことを規定したものである。
1　建設業の許可基準として、建設業者は各営業所ごとに専任の技術者を置くことが要求されているが、この専任技術者の設置は、取引の中心である営業所における契約の適正な締結及び履行を確保するためのものであり、必ずしも個々の工事現場に直接携わることを予定しているものではない。
　　したがって、専任技術者以外に主任技術者等を有する建設業者は、建設工事の現場ごとに、工事の適正な施工を確保するため、当該工事の施工の技術上の管理を行う主任技術者又は監理技術者を置くべきこととしたものである。
2　第１項は、建設業者は、その請け負った建設工事の現場に一般建設業の許可基準を満たす技術者、すなわち、主任技術者を置くべきことを規定したものである。
3　第２項は、特定建設業者*のうち、発注者から直接建設工事を請け負った（以下、この工事を「元請工事」という。）者で３千万円以上の工事を下請施工させる場合には、その工事現場に特定建設業の許可基準を満たす技術者、すなわち、監理技術者を置くべきことを規定したものである。
　＊　発注者から直接建設工事を請け負った者で３千万円以上（建築一式工事にあっては４千５百万円以上。以下同じ。）の工事を下請施工させるものに限る。）
4　したがって、特定建設業者であっても、①元請工事でなければ、たとえ下請契約の請負代金が３千万円となっても、本項による監理技術者を置く必要はない。また、②元請工事であっても直営施工するもの、すなわち、下請を使用しないもの、及び、③下請契約を締結して施工する場合であってもその下請代金の総額が３千万円未満であるものは、同様に監理技術者を置くことを要しない（ただし、これらの場合には、前項の規定により主任技術者を置くことが必要である。）。
5　第３項により、公共性のある工作物に関する重要な工事で、政令第27条で定めるものについては、主任技術者又は監理技術者は、工事現場ごとに、専任のものでなければならな

いとされている。

「専任」とは、他の工事現場の主任技術者又は監理技術者との兼任を認めないことを意味するものであり、専任の主任技術者又は専任の監理技術者は、常時継続的に当該建設工事の現場に置かれていなければならない。

6 本条は、公共性のある工作物に関する重要な工事以外の工事については、「専任」を要求していないので、これらの工事に係る主任技術者又は監理技術者は、職務を適正に遂行できる範囲において、他の工事現場の主任技術者又は監理技術者を兼ねることができる。また、営業所ごとに置かれる専任の技術者とも兼務の余地があると考えるのが妥当であろう。ただ、可能な限り、工事現場ごとに専任させることが望ましいことはいうまでもない。

監理技術者資格者証の携帯が必要な工事の範囲（元請工事に限られる）

建設業の許可の区分	下請契約の合計額	設置が必要な技術者	工事の公共性	技術者の専任性	工事の発注者	資格者証の携帯の必要性	講習の受講の必要性
特定建設業	3千万円以上（建築工事業の場合は4千5百万円以上）	監理技術者	公共性のある工作物に関する重要な工事	専任	国、地方公共団体等	○	○
			その他の工事	―	その他		
	3千万円未満（建築工事業の場合は4千5百万円未満）	主任技術者	公共性のある工作物に関する重要な工事	専任	問わない	―	―
			その他の工事	―			
一般建設業			公共性のある工作物に関する重要な工事	専任			
			その他の工事	―			

〔法律〕

第26条の2 土木工事業又は建築工事業を営む者は、土木一式工事又は建築一式工事を施工する場合において、土木一式工事又は建築一式工事以外の建設工事（第3条「建設業の許可」第1項ただし書きの政令で定める軽微な建設工事を除く。）を施工するときは、当該建設工事に関し第7条第2号イ、ロ又はハに該当する者で当該工事現場における当該建設工事の施工の技術上の管理をつかさどるものを置いて自ら施工する場合のほか、当該建設工事に係る建設業の許可を受けた建設業者に当該建設工事を施工させなければならない。

2 建設業者は、許可を受けた建設業に係る建設工事に附帯する他の建設工事（第3条第1項ただし書きの政令で定める軽微な建設工事を除く。）を施工する場合においては、当該建設工事に関し第7条第2号イ、ロ又はハに該当する者で当該工事現場における当該建設工事の施工の技術上の管理をつかさどるものを置いて自ら施工する場合のほか、当該建設工事に係る建設業の許可を受けた建設業者に当該建設工事を施工させなければならない。

〔政令〕
（法第3条第1項ただし書の軽微な建設工事）
第1条の2　法第3条第1項ただし書の政令で定める軽微な建設工事は、工事1件の請負代金の額が建築一式工事にあっては千5百万円に満たない工事又は延べ面積が150平方メートルに満たない木造住宅工事、建築一式工事以外の建設工事にあっては5百万円に満たない工事とする。
2　前項の請負代金の額は、同一の建設業を営む者が工事の完成を2以上の契約に分割して請け負うときは、各契約の請負代金の額の合計額とする。ただし、正当な理由に基づいて契約を分割したときは、この限りでない。
3　注文者が材料を提供する場合においては、その市場価格又は市場価格及び運送費を当該請負契約の請負代金の額に加えたものを第1項の請負代金の額とする。

〔罰則〕
第52条　次の各号のいずれかに該当する者は、百万円以下の罰金に処する。
　一　第26条第1項から第3項までの規定による主任技術者又は監理技術者を置かなかった者
　二　第26条の2の規定（主任技術者等の設置義務、建設業許可業者への下請義務）に違反した者
　三　（以下省略）

第53条　法人の代表者又は法人若しくは人の代理人、使用人、その他の従業者が、その法人又は人の業務又は財産に関し、次の各号に掲げる規定の違反行為をしたときは、その行為者を罰するほか、その法人に対して当該各号に定める罰金刑を、その人に対して各本条の罰金刑を科する。
　一　第47条　1億円以下の罰金刑
　二　第50条又は前条　各本条の罰金刑

〔解説〕
1　第1項は、土木工事業又は建築工事業を営む者、すなわち一式工事業者が、土木一式工事又は建築一式工事を施工する場合において、当該一式工事以外の建設工事を施工するときの規定である。
　「土木一式工事又は建築一式工事以外の建設工事」とは、たとえば住宅建築工事を施工する場合における大工工事、屋根工事、内装仕上工事、電気工事等のように一式工事の内容となる専門工事を指す。
2　本項は、一式工事業者がこのような専門工事を施工するときは、その的確な施工を確保するために、①主任技術者又はそれに相当する者を当該工事現場に置いて自ら施工するか、②当該専門工事の許可を受けた建設業者にその工事を施工させるべきこととしたものである。
3　第2項は、建設業者が付帯工事を施工するときも、前項の場合と同様、その的確な施工を確保するために、①主任技術者又はそれに相当する者を当該工事現場に置いて自ら施工するか、②当該専門工事の許可を受けた建設業者にその工事を施工させるべきこととした

ものである。
4 したがって、①、②いずれの場合においても、当該専門工事の施工に当たっては、主任技術者又はそれに相当する者を置いて工事の技術上の管理を行うこととなる。
5 一式工事業者が当該一式工事に係る専門工事を、建設業者が付帯工事を、それぞれ自ら施工する場合に置かなければならない技術者は、当該一式工事又は許可を受けた建設業に係る建設工事の主任技術者又は監理技術者とは別に他の技術者を必ず置くことを求めるものではなく、要件が備わっている限り、当該主任技術者又は監理技術者がこれらの工事を兼任することができることはいうまでもない。

〔法律〕
（主任技術者及び監理技術者の職務等）
第26条の3　主任技術者及び監理技術者は、工事現場における建設工事を適正に実施するため、当該建設工事の施工計画の作成、工程管理、品質管理その他の技術上の管理及び当該建設工事の施工に従事する者の技術上の指導監督の職務を誠実に行わなければならない。
2　工事現場における建設工事の施工に従事する者は、主任技術者又は監理技術者がその職務として行う指導に従わなければならない。

（〔解説〕は建設業法研究会編著『改訂10版建設業法解説』2005.6大成出版社より）

直前3年の各事業年度における工事施工金額〔様式第3号〕

様式第三号（第二条関係） （用紙Ａ４）

直前3年の各事業年度における工事施工金額

（単位：千円）

① 事業年度	② 注文者の区分		③ 許可に係る建設工事の施工金額				⑥ その他の建設工事の施工金額	⑦ 合計
			④建築一式工事	④ 工事	④ 工事	④ 工事		
第33期 平成17年4月1日から 平成18年3月31日まで	元請	公共						0
		民間						0
	下　請							398,915
	計							398,915
第34期 平成18年4月1日から 平成19年3月31日まで	元請	公共						0
		民間						0
	下　請							543,272
	計							543,272
第35期 平成19年4月1日から 平成20年3月31日まで	元請	公共	0					0
		民間	0					0
	下　請		768,436					768,436
	⑤ 計		768,436					768,436
第　期 平成　年　月　日から 平成　年　月　日まで	元請	公共						
		民間						
	下　請							
	計							
第　期 平成　年　月　日から 平成　年　月　日まで	元請	公共						
		民間						
	下　請							
	計							
第　期 平成　年　月　日から 平成　年　月　日まで	元請	公共						
		民間						
	下　請							
	計							

記載要領

1. この表には、申請をする日の直前3年間に完成した建設工事の請負代金の額を記載すること。
2. 「許可に係る建設工事の施工金額」の欄は、許可に係る建設工事の種類ごとに区分して記載すること。
3. 申請をする日の2年前の日の属する事業年度以前の事業年度に係る工事施工金額は、それぞれ「合計」の欄のみ記載すること。
4. 記載すべき金額は、千円単位をもって表示すること。
   ただし、会社法(平成17年法律第86号)第2条第6号に規定する大会社にあっては、百万円単位をもって表示することができる。この場合、「(単位：千円)」とあるのは「(単位：百万円)」として記載すること。

[記載上の注意]

① 「事業年度」の欄には、法人で1年間を2期に分けて決算期を定めている場合は、各々を1期として直前6期分を記入します。個人の事業年度は1月1日から12月31日までです。
② 「注文者の区分」で公共とは、官公庁等から元請した場合をいい、公共工事を元請負人から下請した場合は民間に含めます。
③ 「許可に係る建設工事の施工金額」の欄は、許可を受けようとする建設業に係る建設工事の種類ごとに区分してください。一般・特定双方の許可を有するときは、すべての許可業種に係る施工金額を記入してください。ただし、一つの工事として請負ったものを二つの工事に分割して記入することはできません。「施工金額」は消費税抜きにします。
④ 「工事」の欄には、施工金額の有・無にかかわらず、許可を受けようとする建設工事の種類をすべて記載してください。
⑤ 施工金額がない工事については、直前1年の事業年度における当該工事の「計」欄に、「0」と記入してください。
   なお、直前1年の事業年度における当該工事の「計」欄の金額は、前掲、様式第二号(第二条関係)「工事経歴書」の各建設工事ごとの、「合計金額」とそれぞれ一致していなければなりません。
   新たに法人を設立し、これから建設業を営もうとする場合には、許可を受けようとする建設工事の種類と、その「計」欄に「該当なし」と記入します。
⑥ 「その他の建設工事の施工金額」の欄には、許可を有していない建設業に係る建設工事の施工金額を記入してください。
⑦ 「合計」の欄には、許可に係る建設工事の施工金額とその他の建設工事の施工金額の合計を記入し、建設工事の施工金額が1年間まったくなかった場合には、「0」と記入してください。

* なお、直前1年の事業年度における全部の建設工事の合計金額は、前掲、「工事経歴書」〔様式第2号〕の全部の建設工事の総計金額(ただし、「その他の建設工事の施工金額」がない場合に限る。)及び、後掲、規則様式第16号・第19号の損益計算書中の完成工事高の金額とそれぞれ一致していなければなりません。

使用人数〔様式第4号〕

様式第四号（第二条関係）

使　用　人　数　①

（用紙Ａ４）

営業所の名称	② 技術関係使用人		③ 事務関係使用人	④ 合　　計
	法第7条第2号イ、ロ若しくはハ又は法第15条第2号イ若しくはハに該当する者	その他の技術関係使用人		
本　　　社	12 人	17 人	2 人	31 人
合　　計	12 人	17 人	2 人	31 人

記載要領
1　この表には、建設業に従事している使用人数を記載すること。
2　「使用人数」は、役員、職員を問わず雇用期間を特に限定することなく雇用された者とし、労務者及び法人にあっては代表権を有する役員、個人にあってはその事業主は含めないものとすること。
3　「その他の技術関係使用人」の欄は、法第7条第2号イ、ロ若しくはハ又は法第15条第2号イ若しくはハに該当する者ではないが、技術関係の業務に従事している者の数を記載すること。

［記載上の注意］
①　建設業以外に兼業がある場合には兼業に従事する職員の数、雇用期間をとくに限定することなく雇用されたパート・アルバイト職員であっても、「使用人数」に計上しないでください。法人にあっては取締役、理事等の数は計上しますが、監査役の員数は計上しないでください。
　　新規申請の場合は申請時点での、事業年度終了報告届の場合は決算期末日の時点での「使用人数」を記入します。
②　「技術関係使用人」の人件費は、原則として、完成工事原価の（人件費）に計上しま

す。
③　「事務関係使用人」の人件費は、原則として、一般管理費の従業員給料手当に計上します。
④　ただし、使用人数に含めた取締役、理事等の給料を一般管理費の役員報酬に計上しても結構です。

第 2 編　経営事項審査手続きのあらまし

Ⅰ 経営状況分析申請手続きの進め方

第1 経営事項審査申請と経営状況分析申請の流れ

　経営事項審査は、建設企業の企業力を審査する制度です。公共工事の発注機関は、入札参加に必要な資格基準を定め、入札に参加しようとする建設企業の資格審査をします。

　この資格審査では、建設企業の「主観的事項」及び「客観的事項」を総合的に評定して格付けが行われます。資格審査のうち、「客観的事項」の審査を担うのが経営事項審査であり、建設業法により公共工事を発注者から直接受注する建設企業はこの経営事項審査を受審することが義務づけられております。

point

■ 経営規模等評価結果通知書・総合評定値通知書の有効期間

経営規模等評価結果通知書・総合評定値通知書の有効期間は、該当の審査基準日（例：H19.3.31）から1年7ヶ月です。したがって、次年度の審査結果を有効期限（例：H20.10.31）までに受領しなければなりません。

許可行政庁の審査（XZW）は多少時間がかかるようですので、経営状況分析（Y）はお早めに申請いただくことをお勧めします。

有効期間　1年7ヶ月
申請の目安　7月〜8月頃

審査基準日 H19.3.31 ／ 審査基準日 H20.3.31 ／ 有効期限 H20.10.31

7ヶ月

許可行政庁（国土交通大臣、都道府県知事）
- 経営規模等評価の申請書類
- 経営状況分析結果通知書を添付
- 経営規模等評価（XZW）
- 総合評定値の計算（P）

建設企業（代理人）
- 経営状況分析申請書類の作成
- 経営状況分析結果通知書の到着
- 経営規模等評価の申請書類の作成及び総合評定値の請求
- 入札参加・資格申請書類の作成

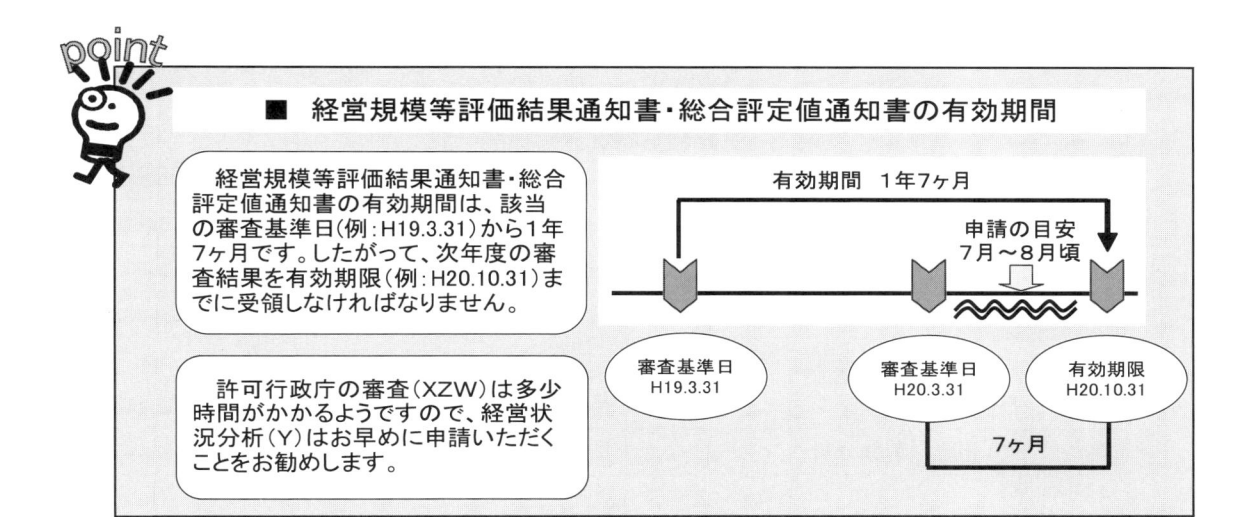

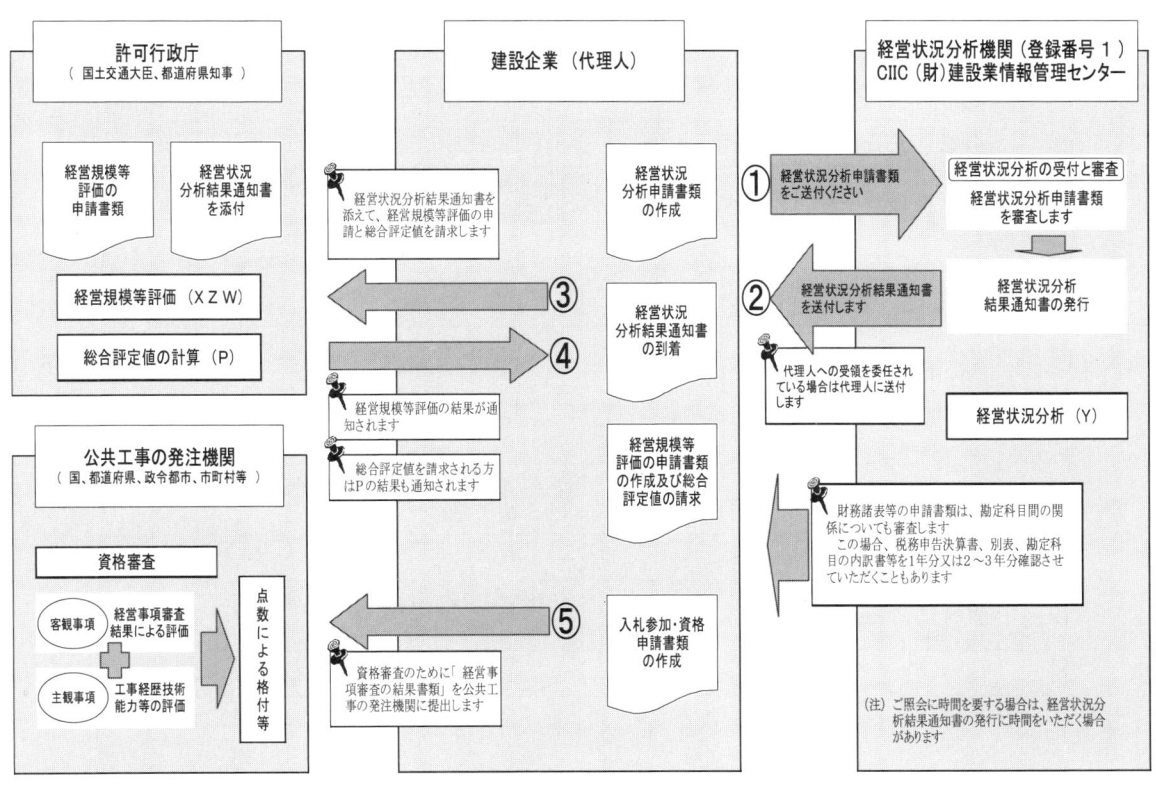

経営状況分析機関（登録番号１）CIIC（財）建設業情報管理センター
- ① 経営状況分析申請書類をご送付ください
- 経営状況分析の受付と審査
- 経営状況分析申請書類を審査します
- ② 経営状況分析結果通知書を送付します
- 経営状況分析結果通知書の発行
- 代理人への受領を委任されている場合は代理人に送付します
- 経営状況分析（Y）
- 財務諸表等の申請書類は、勘定科目間の関係についても審査します。この場合、税務申告決算書、別表、勘定科目の内訳書等を1年分又は2〜3年分確認させていただくこともあります

③ 経営状況分析結果通知書を添えて、経営規模等評価の申請と総合評定値を請求します
④ 経営規模等評価の結果が通知されます／総合評定値を請求される方はPの結果も通知されます
⑤ 資格審査のために「経営事項審査の結果書類」を公共工事の発注機関に提出します

公共工事の発注機関（国、都道府県、政令都市、市町村等）

資格審査
- 客観事項：経営事項審査結果による評価
- 主観事項：工事経歴技術能力等の評価
- → 点数による格付等

（注）ご照会に時間を要する場合は、経営状況分析結果通知書の発行に時間をいただく場合があります

（財）建設業情報管理センターホームページより

国土交通大臣の登録を受けた登録経営状況分析機関は次のとおりです。
なお、経営状況分析の申請の時期及び方法等はそれぞれの経営状況分析機関にお問い合わせください。

表1　登録経営状況分析機関一覧

(平成20年1月1日現在)

登録番号	機関の名称	事務所の所在地	電話番号
1	㈶建設業情報管理センター	東京都中央区新川1—4—10	03-3552-0631
2	㈱マネージメント・データ・リサーチ	熊本県熊本市大窪2—9—1	096-278-8330
3			
4	ワイズ公共データシステム㈱	長野県長野市田町2120—1	026-232-1145
5	㈲九州経営情報分析センター	長崎県長崎市今博多町22	095-811-1477
6			
7	㈲北海道経営情報センター	北海道札幌市白石区東札幌一条4—8—1	011-820-6111
8	㈱ネットコア	栃木県宇都宮市鶴田町931—1	028-649-0111
9	㈱経営状況分析センター	東京都大田区大森北1—6—8	03-5753-1588
10	経営状況分析センター西日本㈱	山口県宇部市北琴芝1—6—10	0836-38-3781
11	㈱日本建設業経営分析センター	福岡県北九州市小倉南区葛原本町6—8—27	093-474-1561
12			
13			
14			
15			
16			
17	㈱経営分析センター	北海道札幌市東区北六条東二丁目3番1号	011-704-5882
18			
19	㈲経営情報分析システム	北海道函館市田家町15番16号201	011-817-1115
20			

第2 経営状況分析の申請

経営状況分析申請の概要

経営状況分析申請に際しましては、当財団の約款【別冊付録1参照】をご一読のうえ、以下の要領でご申請ください。

1 分析申請書用紙の入手方法

(1) 当財団のホームページより入手する

分析申請書類は、当財団のホームページ（http://www.ciic.or.jp/）〈申請書等ダウンロード〉からダウンロード（無料）してご利用いただけます。併せて分析申請書および財務諸表作成ツール『CIIC分析パック』もご用意しておりますので、是非ご利用ください。

また、本手引き〈別冊付録2〉にも様式集を掲載しております。

(2) 郵送または直接窓口にて入手する

分析申請書用紙一式は、当財団支部・事務所【下表参照】で入手できます。ご希望の方は支部・事務所へご連絡ください。無料で送付いたします。

また、行政書士会事務局、各都道府県の建設業協会および建設業協同組合でも入手できます（一部お取り扱いいただいていない団体もありますので、事前に当財団支部・事務所へご照会ください）。

2 分析申請書類の送付先

(1) 分析申請書類の送付先は下表にお示ししたとおりです。

東日本支部・西日本支部のサービスセンターとして北海道事務所・九州事務所を設置しております。両支部と併せてご利用ください。なお、支部と事務所は迅速な事務処理を図るため、相互に連携を取り審査を実施しています。

(2) 申請方法は、郵送（配達記録郵便・エクスパックなど）または持参となります。

なお、持参により申請される場合は、平日の午前9時から午後5時までとなります。

東日本地区（国土交通省中部地方整備局以東）のお客様 〒104-0045　東京都中央区築地2丁目11番24号 　　　　　　　第29興和ビル7階 　㈶建設業情報管理センター　東日本支部 　　北海道・東北地区担当　TEL 03-3544-6903 　　関　　東地区担当　　　TEL 03-3544-6901 　　中　部・北　陸地区担当　TEL 03-3544-6902	北海道のお客様 （東日本支部地区担当または北海道事務所へお送りください。） 〒060-0004　北海道札幌市中央区北4条 　　　　　　　　　　　　西3丁目1番地 　　　　　　　北海道建設会館6階 　㈶建設業情報管理センター　東日本支部 　北海道事務所　TEL 011-222-2688
西日本地区（国土交通省近畿地方整備局以西）のお客様 〒540-0005　大阪府大阪市中央区上町A番12号 　　　　　　　上町セイワビル9階 　㈶建設業情報管理センター　西日本支部 　　近　　畿地区担当　　　TEL 06-6767-2801 　　中国・四国地区担当　　TEL 06-6767-2802 　　九州・沖縄地区担当　　TEL 06-6767-2803	九州・沖縄地区および山口県のお客様 （西日本支部地区担当または九州事務所へお送りください。） 〒812-0013　福岡県福岡市博多区博多駅 　　　　　　　　　　　東3丁目14番18号 　　　　　　　福岡建設会館6階 　㈶建設業情報管理センター　西日本支部 　九州事務所　TEL 092-483-2841

3　分析手数料

(1)　手数料は、13,500円（消費税等642円を含む）です。
(2)　手数料の払込手続きは、以下の通りです。
　①Pay-easy（ペイジー）によるお支払い
　　・主な郵便局・金融機関・コンビニエンスストアでお支払い（一部ネットバンキング対応）いただけます。
　　・詳細を当財団のホームページに掲載しておりますのでご参照ください。ペイジーをご利用の場合、払込手数料は無料です。
　②「Pay-easy」以外の振替払込票によるお支払い
　　・郵便局または金融機関の窓口でお支払いいただけます。
　　・払込手数料は申請者様のご負担となります。
　　・「払込受付証明書」は、経営状況分析申請書の裏面右下に貼付してください。

（㈶建設業情報管理センターホームページより）

表2　経営状況分析の申請に必要な提出書類

経営状況分析の申請に必要な提出書類　　　　　経営状況分析申請書類の作成　→　分析パック(無料)を利用ください

書　類　名	注　意　事　項
① 経営状況分析申請書(注1)	・当財団の様式をご利用ください。 　(改正経審の申請は従来の申請書様式はご利用になれません) ・記載例については別添資料をご参照ください。 ・申請者の記名、押印が必要です。また、代理人申請の場合には代理人の併記、押印(申請者の押印は不要)が必要です。
② 審査基準日直前1年分の財務諸表等(注1)	・初めて申請いただくお客さまは3年分の財務諸表が必要です。
【法　人】 建設業法施行規則様式第15～17号の2 　(貸借対照表、損益計算書、完成工事原価報告書、 　株主資本等変動計算書、注記表)	・課税事業者のお客さまは「消費税抜き」、免税事業者のお客さまは「消費税込み」で作成してください。 ・注記表も必ず添付してください。 　法人のお客さまは、分析に必要な注2 重要な会計方針(5)の「消費税及び地方消費税に相当する額の会計処理の方法」、注3 貸借対照表関係(2)の「保証債務、手形遡及債務、重要な係争事件に係る損害賠償義務等の内容及び金額」(受取手形割引高及び受取手形裏書譲渡高の内訳がわかるように)は必ず記載してください。
【個　人】 建設業法施行規則様式第18～19号 　(貸借対照表、損益計算書)	
【連　結】…連結財務諸表による申請の場合 連結財務諸表(連結貸借対照表、連結損益計算書、連結株主資本等変動計算書及び連結キャッシュ・フロー計算書)	・有報提出大会社(注2)以外の会計監査人設置会社である親会社については、「監査証明書の写し」を提出することによって、親会社の経営状況の審査にその連結財務諸表を用いることができます。
③「減価償却実施額」を確認できる書類(当期・前期)	
【法　人】 税務申告書別表16(1)及び同16(2)の写し 上記に加え、必要に応じ　その他減価償却実施額が確認できる書類の写し	・「減価償却実施額」がゼロの場合、提出は不要です。 ・「減価償却実施額」の計上があり、左記の書類がない場合は、各支部または事務所の担当者までお問い合わせください。 ・前期減価償却実施額について、前回申請時の当期減価償却実施額と変更がない場合には前期について提出を省略することができます。
【個　人】 青色申告書一式の写し又は収支内訳書一式の写し 上記に加え、必要に応じ　その他減価償却実施額が確認できる書類の写し	
【連　結】…連結財務諸表による申請の場合	・提出は不要です。
④ 建設業許可通知書の写し又は建設業許可証明書の写し	・商号・名称、代表者名、住所等に変更がある場合は変更届(写し)も併せて必要になります。
⑤ 振替払込受付証明書	・経営状況分析申請書の裏面右下に貼付してください。 ・Pay-easy(ペイジー)をご利用の場合は不要です。
⑥ 兼業事業売上原価報告書(注1)	
【法　人】【個　人】 (建設業法施行規則別記様式第25号の9)	・損益計算書に「兼業事業売上原価」が計上されている場合に必要です。 ・初めて申請いただくお客さまは3年分の兼業事業売上原価報告書が必要です。
【連　結】…連結財務諸表による申請の場合	・提出は不要です。
⑦ 委任状の写し	・申請者より申請に関し何らかの権限について委任を受けている方は、委任事項を記した委任状の写しが必要です。 　この場合には、経営状況分析申請書等の申請者欄に申請者の記名に併記して、受任者の記名、押印が必要です。 ・受任者が経営状況分析結果通知書の受領を希望される場合は必ずその旨を委任状へ記入してください。
⑧ 換算後の財務諸表	・決算期変更等で当期決算が12ヶ月に満たないお客さまは必要です。

※ 上記、提出書類のほか、財務諸表の内容に確認が必要な場合には税務申告書類等(決算報告書、勘定科目内訳明細書、元帳等)の提出又は提示をお願いする場合があります。

(注1)　平成20年1月31日付　建設業法施行規則改正により様式が変更されています。注意点は以下のとおりです。
　①経営状況分析申請書…建設業法施行規則改正に伴い、当財団の様式を変更
　　・主な変更点は、「単独決算又は連結決算の別」および「前期減価償却実施額」を記載する。
　　　「受取手形割引高」の記入欄を削除。
　②財務諸表等…建設業法施行規則改正(勘定科目等の変更)
　　・主な変更点は、法人「繰延資産」の「社債発行差金」が削除され、「新株発行費」を「株式交付費」とした。
　　・「支払利息」について、新基準では"手形売却損(受取手形割引料)"は「支払利息」ではなく"営業外費用"の「その他」に計上することとなります。ただし、営業外費用の総額の10分の1を超えるものについては"営業外費用の「手形売却損」"で計上してください。
　⑥兼業事業売上原価報告書…「申請者」欄を「会社名」欄へ入替えし、申請者の押印を削除。

(注2)　会社法(平成17年法律第86号)第2条第6号の規定に基づく大会社であり、かつ、金融商品取引法(昭和23年法律第25号)第24条の規定に基づき、有価証券報告書を内閣総理大臣に提出しなければならない者

【連結財務諸表により経営状況分析を申請される方へ】
　「連結財務諸表による経営状況分析を申請される場合の注意事項等」をご覧ください。

((財)建設業情報管理センターホームページより)

第3　分析申請書類の記入例及び記載要領

1　経営状況分析申請書〔様式第25号の8〕

2　経営状況分析申請書の記載要領

記載要領

1. 「申請者」の欄は、この申請書により経営状況分析を受けようとする建設業者（以下「申請者」という。）の他に申請書又は建設業法施行規則第19条の４第１項各号に掲げる添付書類を作成した者（財務書類を調製した者等を含む。以下同じ。）がある場合には、申請者に加え、その者の氏名も併記し、押印すること。この場合には、作成に係る委任状の写しその他の作成等に係る権限を有することを証する書面を添付すること。申請者から何らの権限についても委任を受けずに申請書等を作成した者（いわゆる「代行申請」と呼ばれる場合を含む。）は、申請者欄への氏名併記、押印は不要です。また、作成に係る委任状の写し、その他の作成等に係る権限を有することを証する書面の添付は不要です。

2. 太枠（備考欄）の枠内には記入しないこと。

3. □□□で表示された枠（以下「カラム」という。）に記入する場合は、１カラムに１文字ずつ丁寧に、かつ、カラムからはみ出さないように記入すること。数字を記入する場合は、例えば□□１２のように右詰めで、また、文字を記入する場合は、例えば甲建設工業□□のように左詰めで記入すること。

4. ０１「申請年月日」の欄は、登録経営状況分析機関に申請書を提出する年月日を記入すること。

5. ０２「申請時の許可番号」の欄の「国土交通大臣知事」及び「般特」は、不要のものを消すこと。

6. ０２「申請時の許可番号」の欄の「大臣知事コード」のカラムには、申請時に許可を受けている行政庁について別表(1)の分類に従い、該当するコードを記入すること。「許可番号」及び「許可年月日」は、例えば００１２３４又は０１月０１日のように、カラムに数字を記入するに当たつて空位のカラムに「０」を記入すること。「許可番号」及び「許可年月日」は、現在２以上の建設業の許可を受けている場合で許可を受けた年月日が複数あるときは、そのうち最も古いものについて記入すること。

7. ０３「前回の申請時の許可番号」の欄は、前回の申請時の許可番号と申請時の許可番号が異なつている場合についてのみ記入すること。

8. ０４「審査基準日」の欄は、審査の申請をしようとする日の直前の事業年度の終了の日（別表(2)の分類のいずれかに該当する場合で直前の事業年度の終了の日以外の日を審査基準日として定めるときは、その日）を記入し、例えば審査基準日が平成15年３月31日であれば、１５年０３月３１日のように、カラムに数字を記入するに当たつて空位のカラムに「０」を記入すること。

9　0 5「審査対象事業年度」の欄の「至平成□□年□□月□□日」のカラムには審査基準日等を、「自平成□□年□□月□□日」のカラムには審査基準日の1年前の日の翌日等を次の表の例により記入し、例えば審査基準日等が平成15年3月31日であれば、1 5年0 3月3 1日のように、カラムに数字を記入するに当たつて空位のカラムに「0」を記入すること。

また、「処理の区分」の①は、次の表の分類に従い、該当するコードを記入すること。

コード	処　理　の　種　類
00	12か月ごとに決算を完結した場合 （例）平成15年4月1日から平成16年3月31日までの事業年度について申請する場合 自平成15年4月1日～至平成16年3月31日
01	6か月ごとに決算を完結した場合 （例）平成15年10月1日から平成16年3月31日までの事業年度について申請する場合 自平成15年4月1日～至平成16年3月31日
02	商業登記法（昭和38年法律第125号）の規定に基づく組織変更の登記後最初の事業年度その他12か月に満たない期間で終了した事業年度について申請する場合 （例1）合名会社から株式会社への組織変更に伴い平成15年10月1日に当該組織変更の登記を行つた場合で平成16年3月31日に終了した事業年度について申請するとき 自平成15年4月1日～至平成16年3月31日 （例2）申請に係る事業年度の直前の事業年度が平成15年3月31日に終了した場合で事業年度の変更により平成15年12月31日に終了した事業年度について申請するとき 自平成15年1月1日～至平成15年12月31日
03	事業を承継しない会社の設立後最初の事業年度について申請する場合 （例）平成15年10月1日に会社を新たに設立した場合で平成16年3月31日に終了した最初の事業年度について申請するとき 自平成15年10月1日～至平成16年3月31日
04	事業を承継しない会社の設立後最初の事業年度の終了の日より前の日に申請する場合 （例）平成15年10月1日に会社を新たに設立した場合で最初の事業年度の終了の日（平成16年3月31日）より前の日（平成15年11月1日）に申請するとき 自平成15年10月1日～至平成15年10月1日

また、「処理の区分」の②は、別表(2)の分類のいずれかに該当する場合は、同表の分類に従い、該当するコードを記入すること。

10　0 6「審査対象事業年度の前審査対象事業年度」の欄は、「審査対象事業年度」の欄の「自平成□□年□□月□□日」に記入した日の直前の審査対象事業年度の期間及び処理の区分を9の例により記入すること。

11　0 7「審査対象事業年度の前々審査対象事業年度」の欄は、「審査対象事業年度の前審査対象事業年度」の欄の「自平成□□年□□月□□日」に記入した日の直前の審査対象事業年度の期間及び処理の区分を9の例により記入すること。

12 ０９「前回の申請の有無」の欄は、審査対象事業年度の直前の審査対象事業年度について経営状況分析を受けた登録経営状況分析機関と同一の機関に申請をする場合は「１」を、そうでない場合は「２」を記入すること。

13 １０「単独決算又は連結決算の別」の欄は、申請者が会社法（平成17年法律第86号）第２条第６号の規定に基づく大会社であり、かつ、金融商品取引法（昭和23年法律第25号）第24条の規定に基づき、有価証券報告書を内閣総理大臣に提出しなければならない者である場合等、連結財務諸表で申請する場合は「２」を、そうでない場合は「１」を記入すること。

14 １１「商品又は名称のフリガナ」の欄は、カタカナで記入し、その際、濁音又は半濁音を表す文字については、例えばギ又はパのように１文字として扱うこと。なお、株式会社等法人の種類を表す文字についてはフリガナは記入しないこと。

15 １２「商号又は名称」の欄は、法人の種類を表す文字については次の表の略号を用いて、記入すること。

（例　（株）甲建設　
　　　乙建設（有）　）

種　類	略　号
株式会社	（株）
特例有限会社	（有）
合名会社	（名）
合資会社	（資）
合同会社	（合）
協同組合	（同）
協業組合	（業）
企業組合	（企）

16 １３「代表者又は個人の氏名のフリガナ」の欄は、カタカナで姓と名の間に１カラム空けて記入し、その際、濁音又は半濁音を表す文字については、例えばギ又はパのように１文字として扱うこと。

17 １４「代表者又は個人の氏名」の欄は、申請者が法人の場合はその代表者の氏名を、個人の場合はその者の氏名を姓と名の間に１カラム空けて記入すること。

18 １５「主たる営業所の所在地市区町村コード」の欄は、「全国地方公共団体コード」（総務省編）により、主たる営業所の所在する市区町村の該当するコードを記入すること。

19 １６「主たる営業所の所在地」の欄は、18により記入した市区町村コードによって表される市区町村に続く町名、街区符号及び住居番号等を、「丁目」、「番」及び「号」については―（ハイフン）を用いて、例えば新川１－４－１のように記入すること。

20 １７「主たる営業所の電話番号」の欄は、市外局番、局番及び番号をそれぞれ―（ハ

イフン）で区切り、例えば $\boxed{0}\boxed{3}-\boxed{1}\boxed{2}\boxed{3}\boxed{4}-\boxed{5}\boxed{6}\boxed{7}\boxed{8}$ のように記入すること。

21 $\boxed{1}\boxed{8}$「当期減価償却実施額」の欄は、「単独決算又は連結決算の別」の欄に「1」と記入した者は、審査対象事業年度に係る減価償却実施額（未成工事支出金に係る減価償却費、販売費及び一般管理費に係る減価償却費、完成工事原価に係る減価償却費、兼業事業売上原価に係る減価償却費その他減価償却費として費用を計上した額をいう。以下同じ。）を記入すること。「2」と記入した者は、記入を要しない。

　　記入すべき金額は、千円未満の端数を切り捨てて表示すること。

　　ただし、会社法（平成17年法律第86号）第2条第6号に規定する大会社にあっては、百万円未満の端数を切り捨てて表示することができる。この場合、カラムに数字を記入するに当たつては、単位は千円とし、例えば $\boxed{\ },\boxed{\ }\boxed{\ }\boxed{1},\boxed{2}\boxed{3}\boxed{4},\boxed{0}\boxed{0}\boxed{0}$ のように百万円未満の単位に該当するカラムに「0」を記入すること。

22 $\boxed{1}\boxed{9}$「前期減価償却実施額」の欄は、審査対象事業年度の前審査対象事業年度に係る減価償却実施額を21の例により記入すること。

　　ただし、「前回の申請の有無」の欄に「1」と記入し、かつ、前回の「当期減価償却実施額」の欄の内容に変更がないものについては、記入を省略することができる。

23 「連絡先」の欄は、この申請書又は添付書類を作成した者その他この申請の内容に係る質問等に応答できる者の氏名、電話番号等を記入すること。

別表(1)

00	国土交通大臣	12	千葉県知事	24	三重県知事	36	徳島県知事
01	北海道知事	13	東京都知事	25	滋賀県知事	37	香川県知事
02	青森県知事	14	神奈川県知事	26	京都府知事	38	愛媛県知事
03	岩手県知事	15	新潟県知事	27	大阪府知事	39	高知県知事
04	宮城県知事	16	富山県知事	28	兵庫県知事	40	福岡県知事
05	秋田県知事	17	石川県知事	29	奈良県知事	41	佐賀県知事
06	山形県知事	18	福井県知事	30	和歌山県知事	42	長崎県知事
07	福島県知事	19	山梨県知事	31	鳥取県知事	43	熊本県知事
08	茨城県知事	20	長野県知事	32	島根県知事	44	大分県知事
09	栃木県知事	21	岐阜県知事	33	岡山県知事	45	宮崎県知事
10	群馬県知事	22	静岡県知事	34	広島県知事	46	鹿児島県知事
11	埼玉県知事	23	愛知県知事	35	山口県知事	47	沖縄県知事

別表(2)

コード	処理の種類
10	申請者について会社の合併が行われた場合で合併後最初の事業年度の終了の日を審査基準日として申請するとき
11	申請者について会社の合併が行われた場合で合併期日又は合併登記の日を審査基準日として申請するとき
12	申請者について建設業に係る事業の譲渡が行われた場合で譲渡後最初の事業年度の終了の日を審査基準日として申請するとき
13	申請者について建設業に係る事業の譲渡が行われた場合で譲受人である法人の設立登記日又は事業の譲渡により新たな経営実態が備わつたと認められる日を審査基準日として申請するとき
14	申請者について会社更生手続開始の申立て、民事再生手続開始の申立て又は特定調停手続開始の申立てが行われた場合で会社更生手続開始決定日、会社更生計画認可日、会社更生手続開始決定日から会社更生計画認可日までの間に決算日が到来した場合の当該決算日、民事再生手続開始決定日、民事再生手続開始決定日から民事再生計画認可日までの間に決算日が到来した場合の当該決算日又は特定調停手続開始申立日から調停条項受諾日までの間に決算日が到来した場合の当該決算日を審査基準日として申請するとき
15	申請者が、国土交通大臣の定めるところにより、外国建設業者の属する企業集団に属するものとして認定を受けて申請する場合
16	申請者が、国土交通大臣の定めるところにより、その属する企業集団を構成する建設業者の相互の機能分担が相当程度なされているものとして認定を受けて申請する場合
17	申請者が、国土交通大臣の定めるところにより、建設業者である子会社の発行済株式の全てを保有する親会社と当該子会社からなる企業集団に属するものとして認定を受けて申請する場合
18	申請者について会社分割が行われた場合で分割後最初の事業年度の終了の日を審査基準日として申請するとき
19	申請者について会社分割が行われた場合で分割期日又は分割登記の日を審査基準日として申請するとき
20	申請者について事業を承継しない会社の設立後最初の事業年度の終了の日より前の日に申請する場合
21	申請者が、国土交通大臣の定めるところにより、一定の企業集団に属する建設業者（連結子会社）として認定を受けて申請する場合

(㈶建設業情報管理センターホームページより)

3　兼業事業売上原価報告書〔様式第25号の9〕

様式第二十五号の九（第十九条の四）　　　　　　　　　　　　　　　（用紙Ａ４）

兼　業　事　業　売　上　原　価　報　告　書
自平成 19 年 4 月 1 日
至平成 20 年 3 月 31 日
会社名　(株) 平 川 組

	千円
兼業事業売上原価	
期首商品（製品）たな卸高	
当期商品仕入高	
当期製品製造原価	5,514,832
合　　　　　　計	5,514,832
期末商品（製品）たな卸高	△
兼業事業売上原価	5,514,832
（当期製品製造原価の内訳）	
材　料　費	1,658,487
労　務　費	1,376,472
経　　　費	1,874,560
（うち　外注加工費）	(　716,035)
小計（当期総製造費用）	4,909,519
期首仕掛品たな卸高	1,662,834
計	6,572,353
期末仕掛品たな卸高	△ 1,057,521
当期製品製造原価	5,514,832

記載要領
1　建設業以外の事業を併せて営む場合における当該建設業以外の事業（以下「兼業事業」という。）に係る売上原価について記載すること。
2　二以上の兼業事業を営む場合はそれぞれの該当項目に合算して記載すること。
3　「(当期製品製造原価の内訳)」は、当期製品製造原価がある場合に記載すること。
4　「兼業事業売上原価」は損益計算書の兼業事業売上原価に一致すること。
5　記載すべき金額は、千円未満の端数を切り捨てて表示すること。
　　ただし、会社法（平成17年法律第86号）第2条第6号に規定する大会社にあつては、百万円未満の端数を切り捨てて表示することができる。この場合、「千円」とあるのは「百万円」として記載すること。

4　委任状

委　任　状

事　務　所	行政書士法人　〇〇事務所
住　　　所	〒104-0033　東京都中央区新川〇ー〇ー〇
TEL・FAX番号	TEL 03-3552-××××　FAX 03-3552-××××
氏　　　名	行政書士　〇〇　〇〇
	登録番号 日本行政書士会連合会／第 ×××××××× 号 ※1

私は、上記の行政書士を代理人と定め、下記の権限を委任します。

記

1　経営状況分析申請書類の作成及び提出に関する一切の件
1　同申請の補正に関する件
1　経営状況分析結果通知書の受領の件　　　　　　　　　　　　　　　※2
1　経営状況分析申請手数料の返還の請求及び受領に関する件　　　　　※3
1　上記に付帯する一切の行為

以　上

平成20年4月1日
（委任者）
所　在　地　　　東京都千代田区霞ヶ関〇ー〇ー〇
商号又は名称　　株式会社　〇〇建設
代　表　者　名　　〇〇　〇〇　　　　印

※1　日本行政書士会連合会より付与される8桁の番号をご記入ください。
※2　「経営状況分析結果通知書」を建設企業に代わって受け取られる場合には必ずご記入
　　ください。
※3　分析手数料を建設企業に代わって返還請求・受領される場合にご記入ください。

(㈶建設業情報管理センターホームページより)

5 国土交通大臣・都道府県知事コード表

00	国土交通大臣	12	千葉県知事	24	三重県知事	36	徳島県知事
01	北海道知事	13	東京都知事	25	滋賀県知事	37	香川県知事
02	青森県知事	14	神奈川県知事	26	京都府知事	38	愛媛県知事
03	岩手県知事	15	新潟県知事	27	大阪府知事	39	高知県知事
04	宮城県知事	16	富山県知事	28	兵庫県知事	40	福岡県知事
05	秋田県知事	17	石川県知事	29	奈良県知事	41	佐賀県知事
06	山形県知事	18	福井県知事	30	和歌山県知事	42	長崎県知事
07	福島県知事	19	山梨県知事	31	鳥取県知事	43	熊本県知事
08	茨城県知事	20	長野県知事	32	島根県知事	44	大分県知事
09	栃木県知事	21	岐阜県知事	33	岡山県知事	45	宮崎県知事
10	群馬県知事	22	静岡県知事	34	広島県知事	46	鹿児島県知事
11	埼玉県知事	23	愛知県知事	35	山口県知事	47	沖縄県知事

6 市区町村コード

(1) 市区町村コードは経営規模等評価申請書及び総合評定値請求書に記載する市区町村コードと同じコードを記載してください。

(2) ㈶地方自治情報センターのホームページの地方公共団体コード一覧等で確認する場合は、コードの先頭5桁を記入してください。

例）千代田区　131016　→　13101

㈶地方自治情報センター　http://www.lasdec.nippon-net.ne.jp

(3) 合併等により市区町村コードが変更されている場合がありますのでご注意ください。

（㈶建設業情報管理センターホームページより）

第4　特殊事例について

　合併、営業譲渡、会社分割や経営再建により、経営状況分析の申請をする場合は、次のとおり財務諸表を作成して下さい。
　なお、これら特殊事例による経営事項審査の申請に関しては、それぞれの申請企業に応じた審査を行う必要がありますので、事前に許可を受けた行政庁並びに当財団へお問い合わせ下さい。

1　合併（又は営業譲渡）があった場合

	吸収合併	新設合併
審査基準日	・合併登記の日又は合併期日	・新設会社の設立日である合併登記の日
財務諸表	・当期の数値……審査基準日における財務諸表 ・前期の数値……存続会社の直前の決算日における存続会社と消滅会社の財務諸表の各勘定科目を合算したもの ・前々期の数値……その前期の存続会社の決算日における存続会社と消滅会社の各勘定科目を合算したもの	・当期の数値……自己資本は設立時の貸借対照表（開始貸借対照表）の数値 ※経営状況は消滅会社の最終の決算に基づき各社の数値を合算したもの ・前期の数値……消滅会社の任意の1社を存続会社とみなし、吸収合併に準じて作成した財務諸表 ・前々期の数値……消滅会社の任意の1社を存続会社とみなし、吸収合併に準じて作成した財務諸表
	※ただし、額の確定までに相当の期間を要する場合等は、次の要領で作成した数値の財務諸表で審査を受けることも可能です。これを「特例による経審」といいます。特例による経審を受けたときには、次回の経審（合併後1期）時には、改めて上記の財務諸表を作成して経営事項審査を受ける必要がありますので注意して下さい。 　（特例による経審） 　・当期の数値……存続会社の直前の決算日における財務諸表の各勘定科目を合算したもの 　・前期の数値……その前期の存続会社の決算日の各勘定科目を合算したもの 　・前々期の数値……その前々期の存続会社の決算日の各勘定科目を合算したもの	

① 作成した財務諸表が、建設業法等関係法令に照らして適正であることを証明するため、公認会計士又は税理士による「内容が適正である旨の証明」を添付して下さい。
② 営業譲渡は、吸収合併の場合の取り扱いに準じて下さい。
　　なお、譲渡側が存続するときは、必ず譲受企業とともに審査を受ける必要があります。
③ 合併、譲渡の契約内容が確認できる資料を添付して下さい。
④ 合併時、譲渡時を審査基準日として受ける経営事項審査は任意です。従来通り、合併があった事業年度の決算終了日で経営事項審査を受けることもできます。

2　会社分割があった場合

① 会社分割は、株式会社（特例有限会社を含む）に限って申請できます。
② 会社分割時（吸収分割、新設分割）の経営事項審査に関しては、原則として過去の実績を承継します。審査基準日と財務諸表の考え方は、前述の合併（又は営業譲渡）があった場合に準じます。

3　経営再建（会社更生、民事再生、特定調停）があった場合

① 会社更生法による経営事項審査は、更生手続開始決定日、更生計画認可日及び決算日が審査基準日となります。更生手続開始決定日から更生計画認可日までは、修正財務諸表が必要です。
② 民事再生法による経営事項審査は、再生手続開始決定日及び決算日が審査基準日となります。再生手続申立日から再生手続開始決定日までは、修正財務諸表が必要です。再生手続開始決定日以降は、財産評定後財務諸表が必要です。
③ これらの財務諸表については、内容が建設業法等関係法令に照らして適正であることを証明するため、公認会計士又は税理士による「内容が適正である旨の証明」を添付して下さい。

（㈶建設業情報管理センターホームページより）

第5 財務諸表（損益計算書）の換算について

(1) 換算とは、決算期の変更等により、当期の財務諸表が12ヶ月未満である場合に、12ヶ月未満の損益計算書の各勘定科目（完成工事高等）を前期決算の数値を用いて12ヶ月分に計算することをいいます。

(2) 半期（6ヶ月）決算（経営状況分析申請書の「処理の区分①」が「01」）及び決算期変更等で当期決算が12ヶ月に満たない（「処理の区分①」が「02」）の場合、当財団に提出する財務諸表の損益計算書は当期決算と前期決算とを換算して12ヶ月分になるように作成してください。

(3) 財務諸表を換算する場合は、経営状況分析申請書に記載する「当期減価償却実施額」も併せて12ヶ月分になるように換算してください。

(4) 分析申請には、換算後の財務諸表を提出してください。なお、換算書と換算に用いた財務諸表を提出していただくこともできます。

(5) 換算に当たっては、換算書を適宜ご利用下さい。【別冊付録2様式集参照】
　　前期換算額に端数が発生する場合は、端数を「切り捨て」「切り上げ」「四捨五入」のいずれかの方法で記載してください。ただし、当期減価償却実施額の換算結果の数値は、千円（百万円単位の場合は百万円）未満を切り捨てて表示してください。

(例) ○○年3月決算から○○年6月決算に決算期を変更した場合

380,000千円×(9/12)ヶ月

285,000千円＋90,000千円

(単位：千円)

		前期決算 (○○年3月)	前期換算額 (四捨五入等) A	当期決算 (○○年6月) B	換算結果 A＋B
	決算月数（ヶ月）	12	(12－Bの月数) 9	3	12
損益計算書	完成工事高	380,000	285,000	90,000	375,000
	兼業事業売上高	－	－	－	－
	完成工事原価	234,000	175,500	58,000	233,500
	兼業事業売上原価	－	－	－	－
	売上総利益	146,000	109,500	32,000	141,500
	販売費及び一般管理費	140,000	105,000	29,000	134,000
	営業利益（営業損失）	6,000	4,500	3,000	7,500
	(受取利息配当金)	20	15	10	25
	営業外収益	3,000	2,250	100	2,350
	(支払利息)	3,000	2,250	100	2,350
	営業外費用	3,000	2,250	100	2,350
	経常利益（経常損失）	6,000	4,500	3,000	7,500
	(前期損益修正益)	－	－	－	－
	(その他)	－	－	－	－
	特別利益	100	75	－	75
	(前期損益修正損)	－	－	－	－
	(その他)	－	－	－	－
	特別損失	100	75	－	75
	法人税、住民税及び事業税	2,000	1,500	500	2,000
	法人税等調整額	－	－	－	－
	当期純利益（当期純損失）	4,000	3,000	2,500	5,500
完成工事原価報告書	材料費	24,000	18,000	7,000	25,000
	労務費	40,000	30,000	10,000	40,000
	(うち労務外注費)	－	－	－	－
	外注費	140,000	105,000	34,000	139,000
	経費	30,000	22,500	7,000	29,500
	(うち人件費)	－	－	－	－
	完成工事原価	234,000	175,500	58,000	233,500
当期減価償却実施額（切り捨て）		4,000	3,000	1,000	4,000

※手形割引料は含まれません

((財)建設業情報管理センターホームページより)

第6 経営状況分析結果の読み方

1 経営状況分析結果通知書

様式第二十五号の十（第十九条の五関係）

※経営状況分析は、どの登録経営状況分析機関で受けても本様式により通知されます。

2　経営状況分析指標の算式および意味

分析指標	算式	上限値／下限値	注意事項
（負債抵抗力）			
純支払利息比率（X1）	$\dfrac{支払利息-受取利息配当金}{売上高} \times 100$	-0.3%／5.1%	・売上高には完成工事高及び兼業事業売上高を含む ・流動負債＋固定負債＝負債合計 ・売上高＝0の場合は、下限値とみなす
負債回転期間（X2）	$\dfrac{流動負債+固定負債}{売上高 \div 12}$	0.9ヶ月／18.0ヶ月	
（収益性・効率性）			
総資本売上総利益率（X3）	$\dfrac{売上総利益}{総資本（2期平均）} \times 100$	63.6%／6.5%	・総資本＝負債純資産合計 ・総資本（2期平均）が3,000万円未満の場合は、3,000万円とみなして計算する ・財務諸表が1期分のみの場合、2期平均はしない
売上高経常利益率（X4）	$\dfrac{経常利益}{売上高} \times 100$	5.1%／-8.5%	・売上高には完成工事高及び兼業事業売上高を含む ・売上高＝0の場合は、下限値とみなす ・個人の場合、経常利益＝事業主利益
（財務健全性）			
自己資本対固定資産比率（X5）	$\dfrac{自己資本}{固定資産} \times 100$	350.0%／-76.5%	・自己資本＝純資産合計 ・連結決算の場合、自己資本＝純資産合計－少数株主持分 ・固定資産＝0かつ自己資本≦0の場合下限値とみなす ・固定資産＝0かつ自己資本＞0の場合上限値とみなす
自己資本比率（X6）	$\dfrac{自己資本}{総資本} \times 100$	68.5%／-68.6%	・自己資本＝純資産合計 ・連結決算の場合、自己資本＝純資産合計－少数株主持分 ・総資本＝負債純資産合計 ・総資本＝0の場合下限値とみなす
（絶対的力量）			
営業キャッシュフロー（X7）	$\dfrac{営業キャッシュフロー}{100,000}$（2期平均） ※営業キャッシュフローの額は千円単位	15.0億円／-10.0億円	・営業キャッシュフロー＝経常利益＋減価償却実施額 　－法人税住民税及び事業税 　＋貸倒引当金（長期含む・正の数値で計算）増減額 　－売掛債権（受取手形＋完成工事未収入金）増減額 　＋仕入債務（支払手形＋工事未払金）増減額 　－棚卸資産（未成工事支出金＋材料貯蔵品）増減額 　＋未成工事受入金増減額 ・連結決算の場合、営業キャッシュフロー＝連結キャッシュ・フロー計算書における「営業活動によるキャッシュ・フロー」の額 ・財務諸表が2期分のみの場合、前々期の額は0とみなす ・財務諸表が1期分のみの場合、前期の額は0とみなす　また、2期平均はしない
利益剰余金（X8）	$\dfrac{利益剰余金}{100,000}$ ※利益剰余金の額は千円単位	100.0億円／-3.0億円	・個人の場合、利益剰余金＝純資産合計

（X1からX8の各指標の計算結果は、小数点第4位を四捨五入）

分析指標	指標の意味（△……高い方がよい数値　▽……低い方がよい数値）
純支払利息比率（X1）	▽　売上高に対する純粋な支払利息の割合を見る比率で低いほどよい
負債回転期間（X2）	▽　負債総額が月商の何ヶ月分に相当するかを見る比率で低いほどよい
総資本売上総利益率（X3）	△　総資本に対する売上総利益の割合、つまり投下した総資本に対する売上総利益の状況を示す比率で高いほどよい
売上高経常利益率（X4）	△　売上高に対する経常利益の割合、つまり企業の経常的経営活動による収益力を示す比率で高いほどよい
自己資本対固定資産比率（X5）	△　設備投資などの固定資産がどの程度自己資本で調達されているかを見る比率で高いほどよい
自己資本比率（X6）	△　総資本に対して自己資本の占める割合、つまり資本蓄積の度合いを示す比率で高いほどよい
営業キャッシュフロー（X7）	△　企業の営業活動により生じたキャッシュの増減を見る比率で高いほどよい
利益剰余金（X8）	△　企業の営業活動により蓄積された利益のストックを見る比率で高いほどよい

経営状況点数（A）＝－0.4650×（X1）－0.0508×（X2）＋0.0264×（X3）＋0.0277×（X4）
　　　　　　　　＋0.0011×（X5）＋0.0089×（X6）＋0.0818×（X7）＋0.0172×（X8）＋0.1906（小数点第3位を四捨五入）

経営状況の評点（Y）＝167.3×A＋583（小数点第1位を四捨五入）　　最高点：1,595点　　最低点：0点

（財建設業情報管理センターホームページより）

II　経営事項審査申請手続きの進め方

経営規模等評価申請及び総合評定値請求に関する説明書
平成20年3月　千葉県

〔注意事項〕
　この説明書は、平成20年4月1日以後に千葉県知事又は千葉県知事を経由し国土交通大臣に対し経営規模等評価申請及び総合評定値請求を行う方に適用されます。なお、経営事項審査申請に関する説明書（平成19年度）は、平成20年3月31日限り廃止します。
　この説明書は、改訂又は廃止される場合があります（関係法令の改正があった場合等）。したがって、申請等を行う方は、事前に必ず最新の情報（千葉県県土整備部建設・不動産業課ホームページに掲載）を確認してください。(http://www.pref.chiba.lg.jp/syozoku/i_kenhu/index.html)

第1　経営事項審査制度の概要

1　経営事項審査とは

(1) 経営事項審査とは、公共性のある施設又は工作物に関する建設工事で建設業法施行令第27条の13で定めるもの（以下「公共工事」という。）を発注者から直接請け負おうとする建設業者が受けなければならない経営に関する客観的事項についての審査です。

(2) 公共工事を発注者から直接請け負おうとする建設業者は、その公共工事について発注者と請負契約を締結する日の1年7ヶ月前の日の直後の事業年度終了の日以降に経営事項審査を受けていなければなりません。従って、入札参加資格審査申請の結果、数年間有効の入札参加資格者名簿に登載された方であっても、経営事項審査は毎年受けることが必要です。

(3) 経営事項審査は、「経営状況分析」と「経営規模等評価」の2つから成り立っています。この両方の結果の通知を受けなければ、経営事項審査を受けたことになりません。
　　また、「経営状況分析」と「経営規模等評価」の結果から算出される「総合評定値」があります。

　ア　経営状況分析
　　国土交通大臣の登録を受けた者（以下「登録経営状況分析機関」という。）が行います。

　イ　経営規模等評価
　　国土交通大臣許可業者については国土交通大臣が、都道府県知事許可業者については当該知事が、それぞれ行います。なお、千葉県内に主たる営業所を有する国土交通大臣許可業者の方は、申請書類を提出する際は、千葉県知事を経由して国土交通大臣に提出することとなります。

　ウ　総合評定値の通知
　　国土交通大臣許可業者については国土交通大臣が、都道府県知事許可業者については当該知事が、それぞれ行います。なお、総合評定値の請求は、経営規模等評価の申請を行うときに併せて行うことができます。総合評定値の請求は任意ですが、多くの

公共工事の発注者が「総合評定値の通知を受けていること」を入札参加資格審査の際に求めていますので、経営規模等評価申請を行う際に併せて請求するようにしてください。

2　経営事項審査申請に必要な資格

建設業の許可を受けていなければ、経営事項審査を受けることができません。

3　審査基準日

審査基準日は、原則として経営事項審査の申請をする日の直前の事業年度の終了の日です。

4　審査項目及び審査基準等

千葉県県土整備部建設・不動産業課ホームページをご覧ください。
（http://www.pref.chiba.lg.jp/syozoku/i_kenhu/index.html）

（編著者注）　IIの第1から第3の1までは、平成20年3月版千葉県県土整備部建設・不動産業課発行の「経営規模等評価申請及び総合評定値請求に関する説明書」の一部を、第3の2は、平成20年4月版埼玉県県土整備部建設業課発行の「経営事項審査申請の手引」の一部をそれぞれ転載させて頂いたものです。

（参考）経営事項審査結果の有効期間（公共工事を請け負うことができる期間）
○ 経営事項審査結果の有効期間に空白が生じない事例

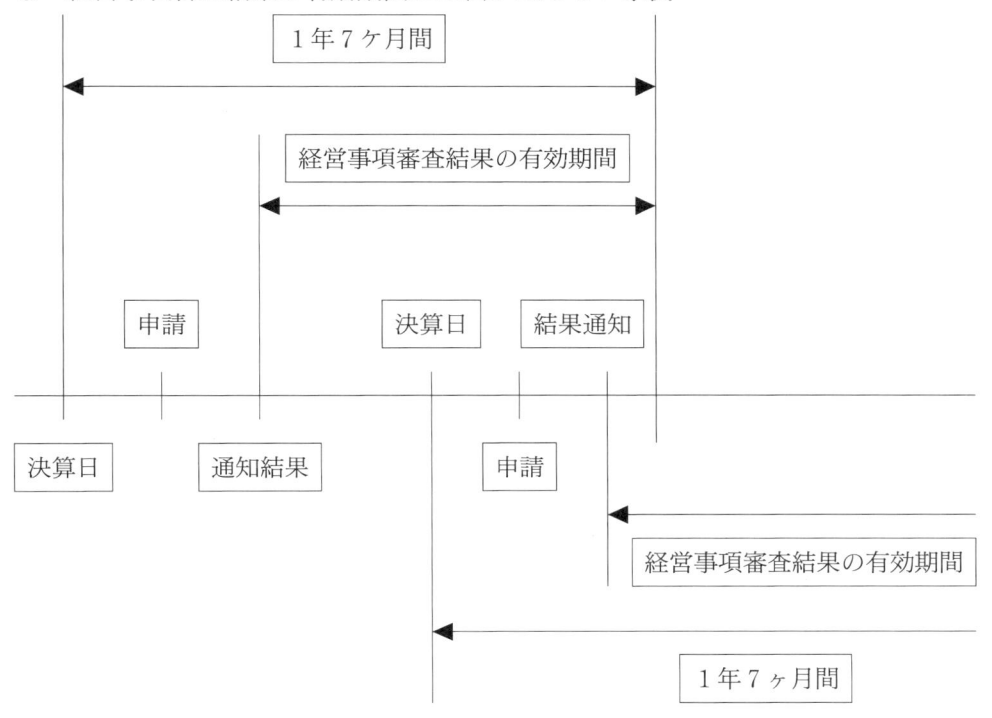

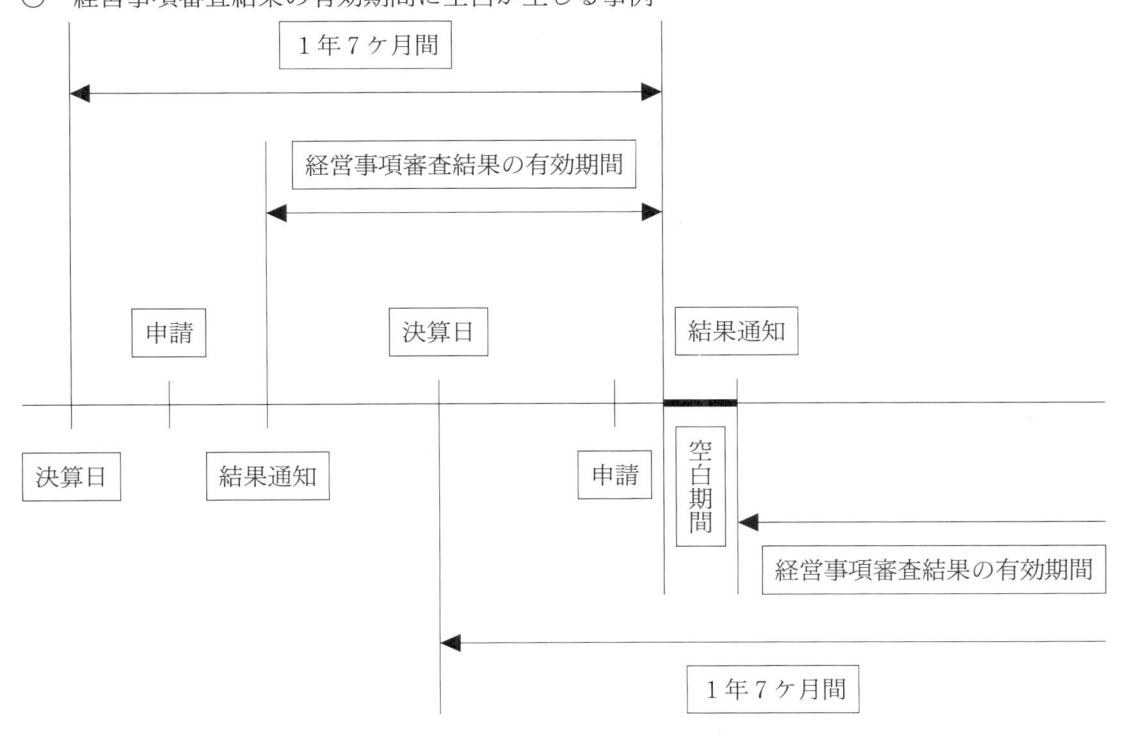

［1年7ヶ月間］

［経営事項審査結果の有効期間］

［申請］　［決算日］　［結果通知］

［決算日］　［通知結果］　［申請］

［経営事項審査結果の有効期間］

［1年7ヶ月間］

○ 経営事項審査結果の有効期間に空白が生じる事例

［1年7ヶ月間］

［経営事項審査結果の有効期間］

［申請］　［決算日］　［結果通知］

［決算日］　［結果通知］　［申請］　［空白期間］

［経営事項審査結果の有効期間］

［1年7ヶ月間］

第2　経営規模等評価申請及び総合評定値請求の方法（千葉県知事許可業者）

申　請　手　続　等

1　手続き全体の流れ

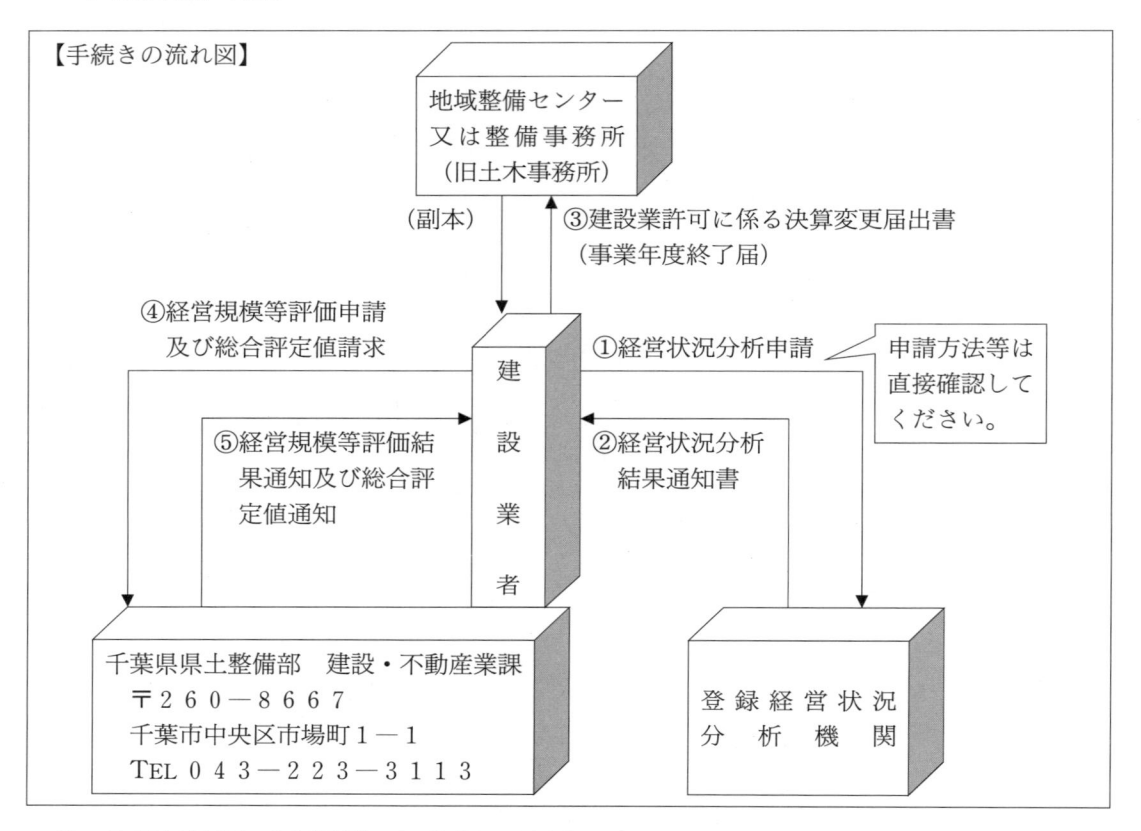

【手続きの流れ図】

```
                    地域整備センター
                    又は整備事務所
                    （旧土木事務所）
          （副本）↑  ↓③建設業許可に係る決算変更届出書
                        （事業年度終了届）

④経営規模等評価申請      ┌─────┐   ①経営状況分析申請    申請方法等は
  及び総合評定値請求  ←   │建    │   →                直接確認して
                         │設    │                     ください。
⑤経営規模等評価結       │業    │   ②経営状況分析
  果通知及び総合評       │者    │     結果通知書
  定値通知               └─────┘

千葉県県土整備部　建設・不動産業課              登録経営状況
〒２６０－８６６７                                 分　析　機　関
千葉市中央区市場町１－１
TEL ０４３－２２３－３１１３
```

① 登録経営状況分析機関へ経営状況分析申請を行う。
　※必要書類、申請方法、経営状況分析に要する日数等については、各登録経営状況分析機関に直接ご確認ください。なお、登録経営状況分析機関については、千葉県県土整備部建設・不動産業課ホームページで確認できます。
② 経営状況分析結果通知書が申請者あて交付される。
③ 建設業許可に係る決算変更届出書（事業年度終了届）を提出する。
　※決算変更届出書に添付する「工事経歴書」作成にあたっては、必ず本書の98頁～103頁を参照してください。
④ 経営規模等評価申請書兼総合評定値請求書及び関係書類をすべて持参して、審査日に申請する。
　※審査は対面審査を行います。審査会場には、申請内容をよく理解しており、審査担当者からの問いに責任を持って応答でき、申請内容を補正できる権限をお持ちの方がお越しください。なお、申請書類受付後は原則として申請内容の修正はできません。

⑤ 経営規模等評価結果通知書兼総合評定値通知書が申請者あて送付される。
※結果通知書発送予定日は「経営規模等評価申請審査日程一覧表」を参照のこと。

2 経営規模等評価申請審査日・受付時間・審査会場等

(1) 審査日

次のア及びイの区分毎に、記載のとおり申請してください。

ア 県から審査の指定日を「経営事項審査等について（通知）」のはがきで通知されている方→指定を受けた審査日に申請してください。

イ その他の方
→「経営規模等評価申請審査日程一覧表」に記載されている審査日のうち任意の日に申請してください。

「経営規模等評価申請審査日程一覧表」は、千葉県県土整備部建設・不動産業課ホームページに掲載しています。(http://www.pref.chiba.lg.jp/syozoku/i_kenhu/index.html)

注　意

1 審査指定日通知はがきの発送時期等については、千葉県県土整備部建設・不動産業課ホームページをご覧ください。(http://www.pref.chiba.lg.jp/syozoku/i_kenhu/index.html)
2 審査指定日に申請できない又はしない方は、「経営規模等評価申請審査日程一覧表」に記載されている審査日のうち任意の日に申請してください。ただし、経営事項審査結果の有効期限切れには十分ご注意ください（75頁参照。）。
3 対面審査の場で、申請内容の補正をしたうえで後日再度審査を受けるよう求められた方は、補正指示事項を補正した後、「経営規模等評価申請審査日程一覧表」に記載されている審査日のうち任意の日に再度審査を受けてください。ただし、経営事項審査結果の有効期限切れには十分ご注意ください（75頁参照。）。
4 上記イの区分で申請する方、申請補正後の再審査を受ける方、及び審査指定日以外の日に申請する方については、審査日当日の審査進捗状況によっては当日中に審査できない場合がありますので予めご了承ください。
5 経営規模等評価申請書の項番06「処理の区分」の右欄に「20」以外のコードを記入する方（合併期日を審査基準日として申請する等の特殊事情のある方）は、申請方法について事前にお問い合わせください。

問い合わせ先　千葉県県土整備部建設・不動産業課　TEL043—223—3113

---

(2) 受付時間等

審査指定日に申請する方の受付時間（審査の受付簿の記入時間）は午前9時15分から午前11時30分、午後1時15分から午後3時までとなります。

審査指定日の無い方、申請補正後の再審査を受ける方、審査指定日以外に申請する方の受付時間は午後1時15分から午後3時までとなります。

審査実施時間は午前9時15分から正午、午後1時15分から午後5時までとなります。

> 注　意
> 1　午後3時をもって受付簿への記入を締切り、その後の受付は行いません。
> 2　審査指定日に審査を受ける場合は、「経営事項審査等について（通知）」のはがき（指定日の記載のあるもの）を持参してください。なお、このはがきを紛失してしまった場合でも指定日であることが確認できれば指定日扱いとして申請することができます。指定日の確認については、最寄りの県地域整備センター若しくは整備事務所（旧土木事務所）又は県庁建設・不動産業課の窓口に一覧がありますので、事前に御確認ください。
> 3　受付簿は「①審査指定日に申請する方」「②申請補正後の再審査を受ける方」「③審査指定日の無い方及び審査指定日以外に申請する方」の3種類に分かれていますので、正しく記入してください。
> 　　なお、審査の優先順位は、「①審査指定日に申請する方」、「②申請補正後の再審査を受ける方」、「③審査指定日の無い方及び審査指定日以外に申請する方」となります。

(3)　審査会場
　　千葉市中央区中央4－13－28　新都市ビル9階　経営事項審査室

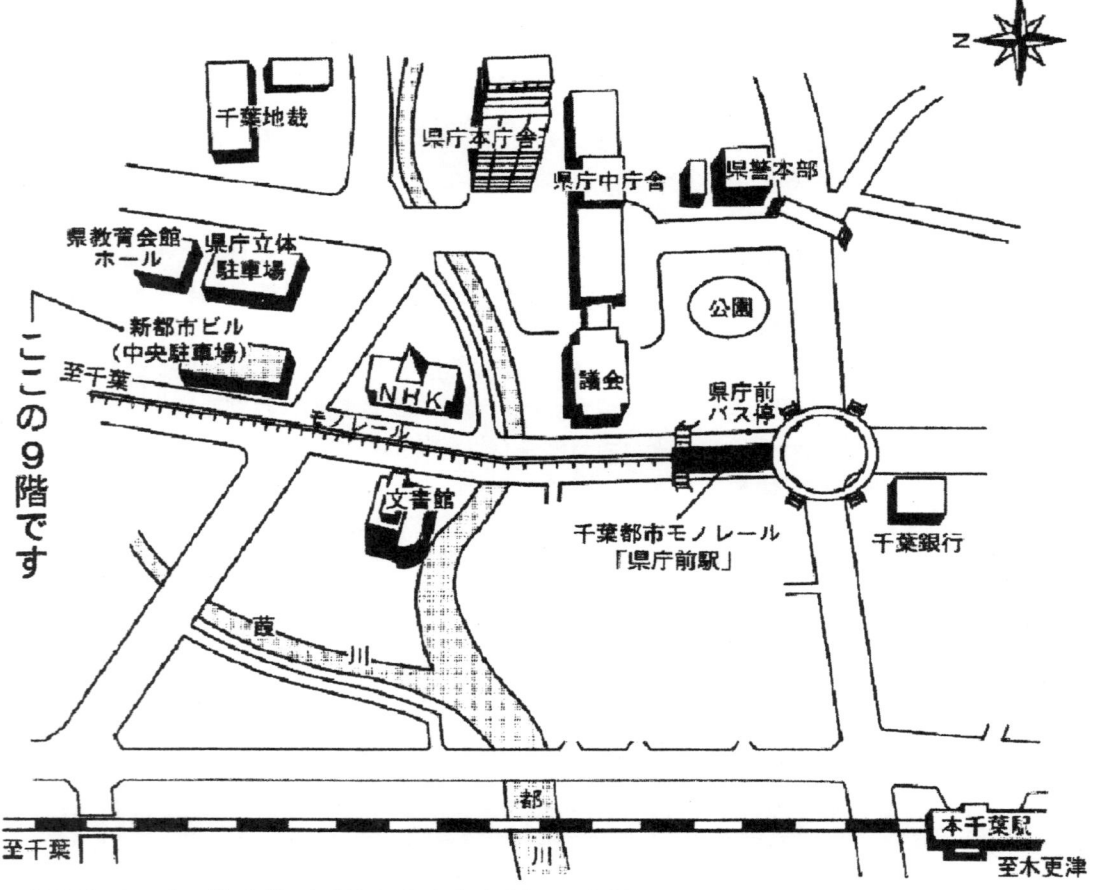

※新都市ビル内の駐車場（千葉県中央駐車場）は有料です。

3 総合評定値請求審査日・受付時間・審査会場等

(1) 審査日、受付時間等及び審査会場

次のア及びイの区分毎に、記載のとおり請求してください。

ア 経営規模等評価申請と同時に総合評定値請求を行う方
→経営規模等評価申請を行う際に同一の書面により請求してください。

イ 先に経営規模等評価申請のみを行っており、経営規模等評価結果通知書をお持ちの方
→経営規模等評価申請における「審査指定日の無い方」の申請に準じて請求してください。

4 手数料及び納入方法

(1) 手数料の額

手数料の額は、「使用料及び手数料条例」により次のとおり定められています。

区分 納入数	経営規模等評価申請及び総合評定値請求を同時に行う場合	経営規模等評価申請のみを行う場合	総合評定値請求のみを行う場合
1業種	11,000円	10,400円	600円
2業種	13,500円	12,700円	800円
3業種	16,000円	15,000円	1,000円
4業種以上	16,000円に、1業種増すごとに2,500円を加算した額	15,000円に、1業種増すごとに2,300円を加算した額	1,000円に、1業種増すごとに200円を加算した額

(2) 納入方法

千葉県の収入証紙（注意：国土交通大臣許可業者の方は収入印紙です。）

(3) 納入時期

経営規模等評価申請時・総合評定値請求時に、収入証紙貼付書（様式自由）に貼付して提出してください。

【収入証紙の主な販売所】

千葉県庁生活協同組合、各市町村、県の各県民センター及び事務所

※ 収入証紙に関する問い合わせ先（千葉県出納局：TEL043—223—3309）

5 表3 経営規模等評価申請及び総合評定値請求に必要な書類（千葉県知事許可業者）

(1) 申請書及びその別紙等

（注：摘要欄中の参考頁は、『改訂7版新しい建設業経営事項審査申請の手引』の頁を示します。）

	書類名	経営規模等評価	総合評定値請求	摘要 （作成方法等の参考頁）
①	様式二十五号の十一（20001帳票） 経営規模等評価申請書・経営規模等評価再審査申立書・総合評定値請求書（※1）	○	○	12頁～19頁

第2編 経営事項審査手続きのあらまし

	書類名		摘要
②	別紙一（20002帳票） 　工事種類別完成工事高・工事種類別元請完成工事高	○	20頁～36頁
③	別紙二（20005帳票） 　技術職員名簿	○	37頁～39頁
④	別紙三（20004帳票） 　その他の審査項目（社会性等）	○	40頁～42頁
⑤	工事種類別完成工事高付表 　（完成工事高積み上げ申請を行う方のみ必要）	○	25頁、26頁
⑥	経営規模等評価申請等提出票（※1）	○　○	「説明書」36頁

※1　1枚の用紙で経営規模等評価申請と総合評定値請求を兼ねることができます。
※2　上記の申請用紙は千葉県県土整備部建設・不動産業課ホームページ
　　（http://www.pref.chiba.lg.jp/syozoku/i_kenhu/index.html）から入手してください。

```
注　　意
1　正副各1部を作成して提出してください。
2　原則としてパソコンで作成し、印刷したものを提出してください。
3　手書きで作成する場合は、ペン又はボールペンを使用し見やすい文字で丁寧に作成し
　てください。この場合、副本は正本をコピーしたものとしてください。
4　これらの書類は、添付書類とは一緒に綴じ込まないでください。
5　副本1部は申請者控として受付時に受付印を押印して返却します。（次回申請時の提
　示書類となります。）
6　用紙サイズは全て日本工業規格Ａ4としてください。
```

(2)　申請書の添付書類等

　　　⑦から⑮までの書類は袋綴じにしてください。
　　　（注：摘要欄中の頁は、千葉県発行の「説明書」の頁を示します。）

	書類名	経営規模等評価	総合評定値請求	摘要
⑦	建設業の許可通知書【写】	○	○	・許可を受けている業種について、申請日時点において有効なものすべてが必要。 ・商号、名称や代表者など通知書の記載事項に変更がある場合は、変更届出書等（県地域整備センター又は整備事務所（旧土木事務所）の受付印のあるもの）の写しの添付が必要。
⑧	法人の登記事項証明書（旧商業登記簿謄本）又は身分証明書及び登記事項証明書【申請日前3か月以内に発行された原本】	○		【法人（支配人登記している個人を含む）】 ・法人の登記事項証明書（旧商業登記簿謄本） 【上記以外の個人】 ・市町村長の発行する身分証明書及び登記事項証明書（下記注意4参照）

⑨	経営規模等評価対象建設業に係る建設工事の工事経歴書（平成20年4月1日以後の制度に基づく様式第2号。経営規模等評価の申請を行う場合の記載方法に従い作成されたものに限る。）	○		・20002帳票の項番31カラム11から18に記載した期間に含まれる各事業年度に係るもの。ただし、10頁の「㉕建設業許可に係る決算変更届出書」に添付した工事経歴書（平成20年4月1日以後の制度に基づく様式第2号。経営規模等評価の申請を行う場合の記載方法に従い作成されたものに限る。）の提示により確認できる場合は省略可。 ・完成工事高の積み上げ申請を行う場合は、当該積み上げる業種に係る建設工事の工事経歴書も必要です。
⑩	経営規模等評価対象建設業に係る建設工事の工事経歴書（平成20年3月31日以前の制度に基づく様式第2号の2。）	○		・平成20年4月1日以後の新制度に基づく申請を初めて行う方で、20002帳票の項番31カラム3から10に記載した期間に含まれる各事業年度について経営規模等評価を既に受けている方のうち、10頁の「㉕建設業許可に係る決算変更届出書」の提示により当該評価済みの工事経歴書（平成20年3月31日以前の制度に基づく様式第2号の2）の確認ができない方については、既に受けた経営規模等評価の申請時に提出した工事経歴書（平成20年3月31日以前の制度に基づく様式第2号の2）を再度添付してください。 ・完成工事高の積み上げ申請を行う場合は、当該積み上げる業種に係る建設工事の工事経歴書も必要です。
⑪	直前3年の各事業年度における工事施工金額（様式第3号）	○		・20002帳票の項番31カラム11から18に記載した期間に含まれる各事業年度に係るもの。ただし、10頁の「㉕建設業許可に係る決算変更届出書」に添付したものの提示により確認できる場合は省略可。 ・平成20年4月1日以後の新制度に基づく申請を初めて行う方は、20002帳票の項番31カラム3から10に記載した期間に含まれる各事業年度に係るものも添付のこと。ただし、10頁の「㉕建設業許可に係る決算変更届出書」に添付したものの提示により確認できる場合は省略可。
⑫	監査報告書【写】	○		・33頁の記載に該当の方のみ。
⑬	会計参与報告書【写】	○		・33頁の記載に該当の方のみ。

⑭	収入証紙貼付書	○	○	・所定の県証紙を貼付したもの（様式自由） ・貼付する証紙の額は多過ぎても、少な過ぎても受付できません。 ・経営規模等評価申請と総合評定値請求を同時に行う場合は、それぞれの手数料分を分けて貼付する必要はありません。（1枚の用紙に合計額を貼付してください。）
⑮	委任状【原本】	○	○	・申請者の代理人（行政書士等）が書類作成等の場合に必要（14頁参照。）
⑯	防災協定書等【証明書は原本】	○		・33頁の記載に該当の方のみ。
⑰	経理処理の適正を確認した旨の書類【原本】	○		・33頁の記載に該当の方のみ。 ・この書類のみ（書類の別添を含む）を袋とじにして、契印を押印のうえ、提出してください。
⑱	経営状況分析結果通知書【原本】		○	・登録経営状況分析機関から送付された経営状況分析結果通知書。 ・平成20年4月1日以後の制度に基づき発行されたもの。
⑲	結果通知書送付用封筒	○	○	・申請者の代理人（行政書士等）が結果通知書を受領する場合のみ必要。（14頁参照。）

注　意

1　20002帳票の項番31カラム3から10に記載した期間に含まれる各事業年度について経営規模等評価を受けていない場合は、当該経営規模等評価を受けていない事業年度に係る⑨及び⑪の書類が必要となります（一部業種のみ経営規模等評価を受けていなかった場合は、当該経営規模等評価を受けていない事業年度に係る⑨（当該業種に係る建設工事のもの。）及び⑪の書類が必要となります。）。完成工事高の積み上げ申請を行う場合は、当該積み上げる業種に係る建設工事の⑨の書類も必要です。

2　正本1部を作成して提出のこと。

3　⑦建設業の許可通知書【写】から⑮委任状【原本】までは袋綴じにしてください。⑯防災協定書等【証明書は原本】から⑲結果通知書送付用封筒まではそのまま提出してください。

4　⑧の摘要【上記以外の個人】欄の登記事項証明書とは、後見登記等に関する法律第10条第1項に規定する証明書です。「成年被後見人、被保佐人、被補助人とする記録がない」ことの証明書を添付してください。

　　証明書の交付手続きについては、交付手続きを扱っている東京法務局民事行政部後見登録課（TEL代表03－5213－1234）又は登記・供託インフォメーションサービス（TEL03－3519－4755）にお問い合せください。

(3) 提示書類

「提示書類」は、経営規模等評価の申請内容を確認するために提示していただく書類です。（総合評定値の請求のみ行う場合は何も持参していただく必要はありません。）
下表の各書類を提示（【原本】、【副本】とあるものはコピー不可。）してください。（一部提出していただく書類もあります。）
（注：本一覧表中の頁は、千葉県発行の「説明書」の頁を示します。）

	書　類　名	摘　　　要
⑳	建設業許可申請書【副本】	・申請日時点及び審査基準日時点において有効な建設業許可に係るもの全てが必要。（許可の更新手続中の場合は、更新分と更新前のもの両方が必要。） ・県地域整備センター又は整備事務所（旧土木事務所）の受付印のあるもの一式。
㉑	専任技術者証明書等【副本】	・営業所の専任技術者に係る事項に変更が生じた際に届出している書類の副本（県地域整備センター又は整備事務所（旧土木事務所）の受付印のあるもの）。 ・⑳建設業許可申請書【副本】に含まれる専任技術者証明書以降、申請日時点までの、営業所の専任技術者に係る事項の変更内容を確認するに足りるもの。
㉒	法人税又は所得税の確定申告書の申請者控【原本】	・20002帳票の項番31カラム11から18に記載した期間に含まれる各事業年度に係るもの。 ・確定申告書の申告者控で税務署の受付印のあるもの一式。 ・税務署の受付印のない場合は、税務署に提出したものと相違ない旨の税理士の証明書を添付のこと。ただし、e-Taxを利用した申告を行っている場合は、確定申告書一式及び申告書を送信した後に届くメッセージボックス内の「送信データ受付のメッセージ」（提出先、利用者識別番号、受付日時、税目等が確認できるもの）を印刷し、審査時に提示のこと。「送信データ受付のメッセージ」を印刷したものがない場合は、税務署に送信したものと相違ない旨の税理士の証明書を添付のこと。 ・平成20年4月1日以後の新制度に基づく申請を初めて行う方は、20002帳票の項番31カラム11から18に記載した期間の開始日の直前1年間に含まれる各事業年度に係るものも必要です。
	消費税の確定申告書の申請者控【原本】	・20002帳票の項番31カラム11から18に記載した期間に含まれる各事業年度に係るもの。 ・確定申告書の申告者控で税務署の受付印のあるもの一式。 ・税務署の受付印のない場合は、税務署に提出したものと相違ない旨の税理士の証明書を添付のこと。ただし、e-Taxを利用した申告を行っている場合は、確定申告書一式及び申告書を送信した後に届くメッセージボックス

㉓		内の「送信データ受付のメッセージ」（提出先、利用者識別番号、受付日時、税目等が確認できるもの）を印刷し、審査時に提示のこと。「送信データ受付のメッセージ」を印刷したものがない場合は、税務署に送信したものと相違ない旨の税理士の証明書を添付のこと。 ・免税業者については不要。 ・当初課税事業者だった方が免税業者になった場合には、「消費税の納税義務者でなくなった旨の届出書」の申告者控で税務署の受付印のあるものが必要。税務署の受付印のない場合は、上記の記載に準じて対応のこと。
㉔	消費税と地方消費税の納税証明書【原本】	・様式は「その１」で、20002帳票の項番31カラム11から18に記載した期間に含まれる各事業年度に係るもの。 ・免税業者については不要（代わりに、当期が免税であることを確認するために、審査基準日の決算の前々期分の法人税又は所得税の確定申告書が必要）。 ・電子納税証明書を利用する方は事前に、納税証明データシートを印刷、電子納税証明書をダウンロードして記録媒体に保存してください（対応可能な記録媒体は、フロッピーディスク、CD-R、USBメモリーです。）。審査時には、納税証明データシート（紙）及び電子納税証明書を提出してください（電子納税証明書は記録媒体からコピーさせて頂きます。）。※納税証明データシートは、電子納税証明書を紙に出力したものです。電子納税証明書は、電子データが原本であり、納税証明データシートの提出だけでは審査を受けることができません。
㉕	建設業許可に係る決算変更届出書（事業年度終了届）【副本】	・20002帳票の項番31カラム11から18に記載した期間に含まれる各事業年度に係るものの副本一式（県地域整備センター又は整備事務所（旧土木事務所）の受付印のあるもの）。 ・平成20年４月１日以後の新制度に基づく申請を初めて行う方は、20002帳票の項番31カラム３から10に記載した期間に含まれる各事業年度に係るものも必要です。
㉖	直前に受審した経営事項審査に係る経営規模等評価結果通知書【原本】	・千葉県知事が発行した原本が必要。 ・同一の審査基準日について複数ある場合は全て必要。 ・千葉県知事に対して初めて申請する方は不要。
	直前に受審した経営事項審査に係る経営規模等評価申請書一式【副本】	・県土整備部建設・不動産業課の受付印のある控の原本が必要。 ・同一の審査基準日について複数ある場合は全て必要。 ・平成20年４月１日以後に受審したものである場合は、工事種類別完成工事高付表（該当ある場合）及び経営規模等評価申請等提出票の控の原本も必要（県土整備部建設・不動産業課の受付印のあるもの） ・千葉県知事に対して初めて申請する方は不要。

㉗	契約内容が確認できる書類	・20002帳票の項番31カラム11から18に記載した期間に含まれる各事業年度に係る工事経歴書（平成20年4月1日以後の制度に基づく様式第2号。経営規模等評価の申請を行う場合の記載方法に従い作成されたものに限る。）について、経営規模等評価対象建設業に係る建設工事の工事経歴書ごとに（完成工事高の積み上げ申請を行う場合は、当該積み上げる業種に係る建設工事の工事経歴書についても）、当該工事経歴書記載の工事のうち、金額上位5件の工事について、次のアからオのいずれかの書類の原本又は写しを提示してください。 　ア　建設工事請負契約書 　イ　注文書及び注文請書 　ウ　注文書及び請求書 　エ　注文請書及び入金が確認できる書類 　オ　請求書及び入金が確認できる書類 ・契約変更がある場合は、当該変更に係る上記アからオのいずれかの書類を提示してください。 ・基本契約書を締結している場合（48頁参照）は、当該基本契約書も提示してください。 ・共同企業体受注である場合は、協定書も併せて提示してください。 ・上記により建設工事請負契約書等の確認の対象となる建設工事について、一の工事の完成工事高を複数年度に亘り分割計上している場合（工事進行基準による場合等）は、工期の重なる事業年度に係る事業年度終了届【副本】を提示してください。（なお、当該事業年度終了届に添付した工事経歴書が平成20年3月31日までの制度の様式第2号の2又は平成20年4月1日以後の制度の様式第2号（経営規模等評価の申請を行う場合の記載方法に従い作成されたものに限る。）でない場合は、平成20年4月1日以後の制度の様式第2号（経営規模等評価の申請を行う場合の記載方法に従い作成されたものに限る。）を作成し審査時に提出してください。） ・土木一式工事及び建築一式工事の工事経歴書に下請工事が記載されている場合は、当該工事に係る建設業法第22条第3項に規定する書面を提示してください。（43頁及び47頁参照。）
	契約後VEに係る工事に関する書類	・契約後VEにより減額になったことを証する書類
	技術職員の資格を証する書類	・技術職員名簿に記載した資格を確認できる免状の写しや実務経験証明書（原本）等（49頁最下部の記載に該当する場合は、技術職員名簿に記載の無い資格を証する書類も必要） ・実務経験証明書については、建設業許可申請書【副本】

㉘		・等（県地域整備センター又は整備事務所（旧土木事務所）の受付印のあるもの）及びそれに含まれる実務経験証明書を提示する場合は写し可 ・監理技術者資格者証及び監理技術者講習修了証は該当者がいる場合は必要（原本又は写し）（技術職員名簿において「講習受講」欄に「1」を記入する技術職員について、監理技術者資格者証の交付日が平成16年3月1日以後の場合は、監理技術者講習修了証が必要） ・基幹技能者については、登録基幹技能者講習修了証（原本又は写し）を提示してください。
㉙	給与所得の源泉徴収簿	・「審査基準日を含む月の前々月」から「申請日の直前の月」までの各職員の支給明細が確認できる源泉徴収簿の原本または写し（源泉徴収票は不可）。（技術職員名簿記載順に並べること（可能な場合））
㉚	健康保険及び厚生年金保険に係る被保険者標準報酬決定通知書【原本】等（24頁注意参照）	・健康保険及び厚生年金保険に加入している場合は、職員の被保険者標準報酬決定通知書（原本）（社会保険事務所等の受付印のあるもの）又は健康保険被保険者証（原本） ・職員の審査基準日現在の加入状況を確認しますので、資格取得届や喪失届、及び前年の標準報酬決定通知書等も持参してください（原本）。
		・強制適用が除外される国民健康保険組合に加入している場合は、保険組合が発行する被保険者資格証明書（原本）（資格取得年月日及び証明日現在有資格者であること又は喪失年月日が確認できるもの）又は、被保険者証（原本）の提示が必要です（職員全員分）。（これとは別に上記の厚生年金保険に関する書類の提示も必要）
		・後期高齢者医療制度の被保険者である職員がいる場合は、その者の被保険者証（原本）を提示してください。
㉛	住民税特別徴収税額通知書【原本】（24頁注意参照）	・㉚の書類のない方で、住民税の特別徴収を行っている方のみ必要。 ・勤務先の事業所名が記載されているもの。
㉜	雇用保険に係る確認書類【原本】	・31頁の記載に該当の方のみ
㉝	建設業退職金共済制度に係る確認書類【原本】	・31頁の記載に該当の方のみ
㉞	退職一時金制度若しくは企業年金制度に係る確認書類【原本】	・31頁～32頁の記載に該当の方のみ
㉟	法定外労働災害補償制度に係る確認書類【原本】	・32頁の記載に該当の方のみ

㊱	公認会計士等の数及び二級登録経理試験合格者の数に係る確認書類【証明書は原本】	・34頁の記載に該当の方のみ
㊲	研究開発費に係る確認書類	・34頁の記載に該当の方のみ ・20002帳票の項番31カラム11から18に記載した期間に含まれる各事業年度に係るもの。 ・平成20年4月1日以後の新制度に基づく申請を初めて行う方は、20002帳票の項番31カラム11から18に記載した期間の開始日の直前1年間に含まれる各事業年度に係るものも必要です。
㊳	出向協定書等	・他社からの出向職員については、出向協定書、社会保険被保険者標準報酬決定通知書（原本）及び会社の源泉徴収簿
㊴	審査指定日通知はがき	・審査日が指定されているもの ・審査指定日に申請する方のみ必要

注　意
1　証明書は審査基準日現在の状況が確認できるものをお願いします。（申請日前3か月以内のもの（実務経験証明書及び防災協定証明書は除く））
2　この表に掲げている書類で確認できない場合には、別途書類の提示又は提出を求めることがあります。
3　20002帳票の項番31カラム3から10に記載した期間に含まれる各事業年度について経営規模等評価を受けていない場合は、当該経営規模等評価を受けていない事業年度に係る㉓～㉕及び㉗の書類の提示が必要になります（一部業種のみ経営規模等評価を受けていなかった場合は、当該経営規模等評価を受けていない事業年度に係る㉕及び㉗（当該業種に係るもの。）の書類の提示が必要です。）。
4　20002帳票の項番31カラム11から18に記載した期間の開始日の直前1年間に含まれる各事業年度について経営規模等評価を受けていない場合は、当該経営規模等評価を受けていない事業年度に係る㉒及び㊲の書類の提示が必要です。
5　上表中、「職員」とあるのは、技術職員名簿に記載されている者及び20004帳票の項番51及び52に該当する者を指します。ただし、「説明書」49頁最下部の記載に該当する場合は、当該箇所に記載のとおり関係書類の提示が必要です。

6　全般的な注意事項等
(1)　審査は対面審査を行います。審査会場には、申請内容をよく理解しており、審査担当者からの問いに責任を持って応答でき、申請内容を補正できる権限をお持ちの方がお越しください。
(2)　申請書類受付後は原則として申請内容の修正はできません。
(3)　申請書類受付後、内容確認等のため、県から電話あるいは文書で照会することがありますので、御協力ください。

(4) 千葉県では「経営事項審査における完成工事高と技術職員数値の相関分析」を行い、疑義業者として調査対象となった業者に対しては、追加の資料を提出していただいています。これらを提出できない場合にはその分を完成工事高から差し引く等の措置をとる場合がありますので、十分注意してください。

(5) 「経営規模等評価申請書・経営規模等評価再審査申立書・総合評定値請求書（20001帳票）」等の申請書等副本（申請者控）で県土整備部建設・不動産業課の受付印のあるもの、並びに「経営規模等評価結果通知書・総合評定値通知書」及び「経営状況分析結果通知書」は、公共工事発注機関に対して入札参加資格審査の申請をする際等にその写しの提出を求められることがありますので、大切に保管してください。

(6) 「経営規模等評価結果通知書・総合評定値通知書」の紛失や汚損を理由とする再発行は行いません。

(7) 経営規模等評価の結果について異議のある建設業者は、当該経営規模等評価の結果の通知を受けた日から30日以内に限り、再審査を申し立てることができます（ただし、申請者側の誤りによるものは再審査の対象となりません。）。この申し立てを行う方は、申し立て方法についてお問い合わせください。

(8) 経営事項審査の基準その他の評価方法（経営規模等評価に係るものに限る。）が改正された場合において、当該改正前の評価方法に基づく審査の結果の通知を受けた者は、当該改正の日から120日以内に限り、再審査（当該改正に係る事項についての再審査に限る。）を申し立てることができます。この申し立てを行う方は、別に定める説明書を参照し、申し立てを行ってください。

(9) 一の審査基準日について結果通知を受けた後に、経営規模等評価等対象建設業を追加するために同一の審査基準日について再度申請等を行いたい方（いわゆる業種追加申請を希望する方）は、次の点にご注意ください。
・いわゆる業種追加申請は、当初申請の結果に影響がない範囲で認められます。
・手数料は、再度全額かかります。
・申請書類の内容については、事前にお問い合わせください。
問い合わせ先　千葉県県土整備部建設・不動産業課　TEL043—223—3113

7　個別説明会

個々の申請者が申請を行うにあたって、説明書を読んでも不明な点がある場合は、下記により個別説明会を開催しますので御利用ください。（予約制）

開催日	場所	時間
千葉県県土整備部建設・不動産業課ホームページをご覧ください。	新都市ビル9階　経営事項審査室 千葉市中央区中央4—13—28	午前の部 　午前10時〜12時 午後の部 　午後1時15分〜3時

※　申請書類一式をできる限り準備のうえ、御参加ください。
※　個別説明会への参加を希望する方は、電話等により受付の予約をしてください。（時間は午前又は午後のいずれかを選択できます。）
千葉県県土整備部　建設・不動産業課　TEL043—223—3113

第3　経営規模等評価申請及び総合評定値請求の方法（国土交通大臣許可業者）

1　審査日・受付時間・審査会場・申請書類等

(1)　審査日

　　千葉県の開庁日（千葉県の休日に関する条例（平成元年千葉県条例第1号。）第1条に規定する県の休日でない日）

> 注　意
> 1　審査の指定日はありません。事業年度終了後、出来る限り早く申請してください（目安：事業年度終了後5ヶ月以内に申請してください。）。申請の時期が遅れると、経営事項審査結果の有効期間に空白が生じる場合がありますのでご注意ください。

(2)　受付時間

　　午前9時から午後5時まで

(3)　審査会場

　　千葉市中央区市場町1-1　千葉県庁中庁舎7階

　　千葉県県土整備部建設・不動産業課窓口

(4)　申請書類等

　　次のア及びイの書類を作成し提出してください。なお、アの書類については適当な箱又は封筒に詰めて提出してください（複数の箱又は封筒を使用しても構いません。）。なお、受付時には一旦開封し内容を確認します。

ア　「経営規模等評価の申請及び総合評定値の請求の時期及び方法等を定めた件」（平成16年4月19日国土交通省告示第482号）に掲げられた提出書類一式（正本1部提出）

※　収入印紙は、収入印紙貼付書（様式自由）に貼付し、提出してください。

※　関東地方整備局における提出書類の取り扱いについては、関東地方整備局のホームページをご覧ください。（千葉県県土整備部建設・不動産業課ホームページからリンクしています。）

イ　経営規模等評価申請等提出票（正副各1部提出）

> 注　意
> 1　経営規模等評価申請等提出票の様式は、千葉県県土整備部建設・不動産業課ホームページに掲載しています。（http://www.pref.chiba.lg.jp/syozoku/i_kenhu/index.html）
> 2　経営規模等評価申請等提出票の副本1部は申請者控として受付時に受付印を押印して返却します。
> 3　確認書類の返却を希望する場合は、申請書類提出時にお申し出ください。後日、総合評定値通知書等がお手元に届きましたら関東地方整備局あてあらかじめご連絡いただき、その上で返却となります。なお、返却は関東地方整備局（建政部建設産業第一課）にお越しいただいての手渡しとなりますので御了承ください。

2 申請方法について

　平成15年4月1日以降の申請から大臣許可業者については、従来提示していた書類については、写しを提出することとなりました。また、完成工事高の確認を行うために基準決算の各工事業ごとに工事経歴書上位10件の契約関係書類を提出することになりました。
※　県においては、提出書類が揃っているかの確認のみを行い、審査は国土交通省関東地方整備局において書類審査を行います。
※　知事許可と審査方法が異なる場合があります。
　　（労働条件等証明書での常勤職員確認の場合は、認められない可能性があります。）
※　県は、経由事務のみとなります。
　　（審査指定日は県で行います。）
　問い合わせ先：国土交通省関東地方整備局　建政部建設産業第一課　調査指導係048—600—1906

〈申請方法〉
　①　受付日までの流れ
・経営状況分析結果通知書がお手元に届いたら、往復ハガキ（経営規模等評価申請受付日等連絡票）を郵送してください。
・後日、返信ハガキにて埼玉県から経営規模等評価等申請・総合評定値請求の受付日時と受付会場を指定して、通知します。指定された日時、会場に、提出書類を持参してください。
・通常、返信ハガキ（経営規模等評価等評価申請受付日等連絡票）は、往復ハガキ郵送後、1～2週間で発送します。経営規模等評価申請・総合評定値請求の受付日は、返信ハガキの発送日から1～3週間後の日です。
※都合により、どうしても指定日時に申請できないときはご相談ください。事情により、指定日時の変更ができる場合があります。ご相談はお早めにお願いします。
　問い合わせ先：埼玉県県土整備部　建設業課　企画・審査・情報等担当048—830—5183（ダイヤルイン）
※申請書類の準備は、返信ハガキが送付される前から進めておいてください。
　②　受付日当日
・受付会場へは、申請内容を熟知している方がお越しください。申請内容に関して、審査職員からの質問に明確に回答できない場合は、申請を受理できませんので、ご注意ください。
・5分単位で受付時刻が指定されるため、指定された時刻に遅れると、他の申請者の受付に影響が出ます。時間厳守でお願いします。また、時間は多少前後することがあります。ご了承ください。
※遅刻した場合、長時間お待ちいただくことがあります。
・受付は、建設業課　企画・審査・情報等担当（県庁第二庁舎3階）で行います。
※本手引の受付会場案内図を参考にお越しください。
※公共交通機関をご利用ください。
〈注意事項〉
　申請前に、提出書類が全部揃っているか、記載内容に不備がないか、もう一度確認し

てください。書類に何らかの不備があると、理由のいかんを問わず申請は受理しません。仮受付、郵送による受付は一切行いません。

〈経営規模等評価結果通知・総合評定値通知〉
① 経営規模等評価申請書・総合評定値請求書の受理後、大臣許可業者については、国土交通省関東地方整備局から経営規模等評価結果通知書・総合評定値通知書が郵送されます。
② 審査結果に異議がある場合には、建設業法第27条の28の規定に基づき、結果通知を受けてから30日以内に経営規模等評価の再審査を申し立てることができます。
③ 経営規模等評価結果通知書・総合評定値通知書は公共工事の発注機関へ入札参加資格審査申請等をするにあたり、発注機関から提示又は写しの提出を求められることがありますので、大切に保管してください。

〈提出書類〉
　書類の作成に当たっては、必ず本手引の経営事項審査申請書の記載要領を確認してください。
※「経営規模等評価申請・総合評定値請求書類チェックリスト」に記載の書類を提出してください。
① 経営状況分析結果通知は、必ず原本を提出してください。
　　コピーだけの提出の場合は、申請は受理いたしません。
② 「技術職員として確認できる書類」は、必ずA4判サイズにコピーしてください。
　　また技術者名簿の順に並べておいてください。

〈書類作成上の注意〉
① 必ず黒のペン又はボールペンを使用し、かい書ではっきりと記入してください。
② 申請書は、指定用紙等に記入したもの1部と、これをコピーしたもの（A4判サイズ）2部をあわせて、合計3部とし、それぞれに、代表者印を押印してください。
③ 申請書は、本手引のとおり3部にまとめてから、ホチキスをしてください。
④ 提出書類は、前掲チェックリストのそれぞれの束ごとにホチキスやクリップ・輪ゴム等でまとめてください。

表4　経営規模等評価申請及び総合評定値請求に必要な書類（国土交通大臣許可業者）

提出・提示書類一覧表

【国土交通大臣】

申請書等（帳票番号）	添付書類又は提示書類
※経営規模等評価申請書 ※総合評定値請求書 　　　　　　　　（20001帳票） ※別紙一　工事種類別完成工事高 　　　　　工事種類別元請完成工事高 　　　　　　　　（20002帳票） ※別紙二　技術職員名簿 　　　　　　　　（20005帳票） ※別紙三　その他の審査項目（社会性等） 　　　　　　　　（20004帳票）	◎手数料印紙（証紙）貼付（払込み）書 ◎工事経歴書（規則別記様式第二） 　（許可の申請等で提出していれば省略可能） ○審査機関が提出又は提示を求めている書類 　※（平成16年4月19日国土交通省告示第482号に規定する確認書類） 　1　審査対象事業年度の消費税確定申告書の控え及び添付書類の写し並びに消費税納税証明書の写し 　2　工事経歴書に記載されている工事に係る工事請負契約書の写し又は注文書及び請書の写し 　3　法人税申告書別表（別表十六㈠及び㈡）の写し並びに規則別記様式第十五号及び第十六号による貸借対照表及び損益計算書の写し 　4　健康保険及び厚生年金保険に係る標準報酬の決定を通知する書面又は住民税特別徴収税額を通知する書面 　5　規則別記様式第二十五号の十一別紙二による技術職員名簿に記載されている職員に係る検定若しくは試験の合格証その他の当該職員が有する資格を証明する書面等の写し 　6　労働保険概算・確定保険料申告書の控え及びこれにより申告した保険料の納入に係る領収済通知書の写し 　7　健康保険及び厚生年金保険の保険料の納入に係る領収証書の写し又は納入証明書の写し 　8　建設業退職金共済事業加入・履行証明書（経営事項審査用）の写し 　9　㈶建設業福祉共済団、㈳全国建設業労災互助会、全国中小企業共済協同組合連合会又は㈳全国労働保険事務組合連合会の労働災害補償制度への加入を証明する書面又は労働災害総合保険若しくは準記名式の普通傷害保険の保険証券の写し 　10　企業年金制度又は退職一時金制度に係る書類であって、次に掲げるいずれかの書類 　　(1)　厚生年金基金への加入を証明する書面、適格退職金年金契約書、確定拠出年金運営管理機関の発行する確定拠出年金への加入を証明する書面、確定給付企業年金の企業年金基金

	の発行する企業年金基金への加入を証明する書面又は資産管理運用機関との間の契約書の写し (2) 中小企業退職金共済制度若しくは特定退職金共済団体制度への加入を証明する書面、労働基準監督署長の印のある就業規則又は労働協定の写し 11 防災協定書の写し（申請者の所属する団体が防災協定を締結している場合にあっては、当該団体への加入を証明する書類及び防災活動に対し一定の役割を果たすことを証明する書類） 12 有価証券報告書若しくは監査証明書の写し、会計参与報告書の写し又は建設業の経理実務の責任者のうち公認会計士、会計士補、税理士及びこれらとなる資格を有する者並びに登録経理試験（規則第18条の3第3項第2号ロに規定する登録経理試験をいう。以下同じ。）に合格した者のいずれかに該当する者が経理処理の適正を確認した旨の書類に自らの署名を付したもの 13 規則別記様式第二十五号の七の二による登録経理試験の合格証の写し又は平成17年度までに実施された建設業経理事務士検定試験の1級試験若しくは2級試験の合格証の写し 14 規則別記様式第十七号の二による注記表の写し

(注) 1．表中※印及び◎は提出書類、○印は審査機関の要請により提出又は提示する書類です。
　　 2．一覧表に記載している審査機関が提出又は提示を求めている書類については、国土交通大臣許可を受けている者が審査を受ける場合の例です。都道府県知事許可については、各都道府県申請窓口にご確認下さい。
　　 3．※印の申請書等の様式は、本書「申請書等の記入例及び記載要領」を参照して下さい。

国土交通大臣許可業者提出書類チェックリスト

（重要）関東地方整備局において審査を行いますので、直接お問い合わせください。
　　　※知事許可と審査方法が異なる場合があります。

◆以下の書類の提出の有無（又は省略）についてチェック欄に○を記入し、書類を提出してください。

チェック	書類名	提出部数・注意事項
有・無	経営規模等評価申請書、総合評定値請求書【20001帳票】（2枚組）	3部 ※副本1部を申請者に返却するため合計3部持参してください。
有・無	工事種類別完成工事高【20002帳票】	
有・無	その他の審査項目（社会性等）【20004帳票】	
有・無	技術職員名簿【20005帳票】（審査基準日）	
有・無	技術職員名簿【20005帳票】（基準決算の前期末）	
有・無	経営規模等評価申請受付日等連絡票（返信ハガキ）	
有・無	審査手数料印紙貼付書　　　業種　　　　　　円	申請業種分の収入印紙を貼付する。
有・無	大臣許可業者提出書類チェックリスト（本リスト）	記入のうえ提出する。
有・無	経営状況分析結果通知書の原本	総合評定値の請求を行う場合
有・無	申請日現在有効な建設業許可通知書又は証明書 ※商号・代表者変更がある時は変更届も提出	経営事項審査申請日現在有効なものすべて
有・無 省略	財務諸表の写し（税抜処理しているもの） （工事種類別完成工事高において選択している年度分）	建設業許可の申請時又は事業年度終了時における変更届として提出されている場合は、省略。
有・無 省略	工事経歴書（様式第二号） （工事種類別完成工事高において選択している年度分）	事業年度の変更届出書で省略できる（表紙に㊞が押印されている）場合は、変更届出書の表紙の写しを提出すれば、工事経歴書を省略。
有・無	工事経歴書に記載した工事の契約関係書類の写し（基準決算のみ提出） ※工事件名、工事内容、請負金額、工期、契約者名がわかる書類	基準決算の工事経歴書又は変更届出書に記載した工事の業種ごとに上位10件ずつ提出する。
有・無	消費税及び地方消費税納税証明書（その1）の写し	その1以外不可。免税業者も提出。
有・無	消費税及び地方消費税確定申告書の控え及び添付書類の写し	修正申告をしている場合は、修正申告書を提出。免税業者は不要。
有・無	技術者の合格証書、免状、認定書、卒業証明書、技術職員略歴書等。（略歴書は原本に限る。）	技術職員名簿の順番に書類を並べてください。
有・無	防災協定確認書類 ・申請者が直接協定を締結している場合 「①証明書の原本」「②防災協定の写し」①②のいずれかの書類 ・申請者が加入してる団体が協定を締結している場合 「①証明書の原本」「②防災協定の写し」①②の両方の書類	申請者が団体に加入していることを証する書類及び防災活動に一定の役割を果たすことが確認できる書類を提出する場合は、当該団体が発行する証明書の原本を省略することができる。
有・無	雇用保険加入の有無を確認できる書類	審査基準日の属する年度の雇用保険分労働保険概算・確定保険料申告書（又は納入通知書）及び当該申告書に係る領収書のすべて
有・無	健康保険及び厚生年金保険加入の有無を確認できる書類	審査基準日の属する年度分の被保険者標準報酬額決定通知書。 審査基準日までに資格習得・喪失した

		場合は、その届出の写し
有・無	健康保険及び厚生年金保険の保険料の納入に係る領収書の写し又は納入証明書の写し	審査基準日を含む月及びその前後1か月分の合計3か月。
有・無	住民税特別徴収税額を通知する書面の写し	健康保険及び厚生年金保険加入を確認できる書類があれば不要
有・無	労働条件等証明書（労働条件等証明書での常勤職員の確認の場合は、常勤性が認められない可能性があります。） ※関東地方整備局に、直接お問い合わせください。	出向者の場合はこれに加えて出向協定書が必要。
有・無	建設業退職金共済制度導入の有無を確認できる書類	建設業退職金共済事業加入・履行証明書（経営事項審査用）
有・無	退職一時金制度導入の有無の確認できる書類	ア　中退共の加入証明書 イ　特退共の加入証明書 ウ　就業規則
有・無	企業年金制度導入の有無を確認できる書類	ア　厚生年金基金の被保険者標準報酬決定通知書 イ　厚生年金基金の加入証明書 ウ　適格退職年金契約書 エ　確定拠出年金の加入証明書 オ　企業年金基金の加入証明書 カ　資産管理運用機関の加入証明書
有・無	法定外労働災害補償制度の加入の有無を確認できる書類	ア　建設労災補償共済制度加入証明書 イ　全国建設業労災互助会加入証明書兼領収書 ウ　労働災害補償共済契約加入者証書 エ　保険証券及び約款 オ　建設業者団体の団体保険制度加入証明書
有・無	公認会計士等を確認できる書類	1～2級建設業経理事務士（証明年月日が審査基準日以前のもの）の確認資料

◆当該資料（原本提出のものを除く）の返送を（希望する・希望しない）

↑どちらかに〇をつけてください。

　返送を希望する場合は、経営事項審査結果通知書がお手元に届きましたら、関東地方整備局に連絡をしてから、引き取りに来局していただくことになります。
　連絡先　国土交通省　関東地方整備局　建政部建設産業第一課　調査指導係

TEL048－600－1906

3　平成21・22年度　建設工事の競争参加資格審査における経営事項審査の取扱いについてのお知らせ（国土交通省直轄工事の場合）

平成20年3月10日
国土交通省大臣官房地方課

　経営事項審査は公共工事を請け負おうとする建設業者に義務付けられた経営に関する客観的事項の審査であり、平成19年9月の中央建設業審議会総会における経営事項審査の改正案についての審議を踏まえ、建設業法施行規則の一部を改正する省令（平成20年1月31日国土交通省令第3号）が制定されるとともに、平成20年1月31日付け国土交通省告示第85号をもって建設業法（昭和24年法律第100号）第27条の23第3項の経営事項審査の項目及び基準の改正がなされ、同日付け国土交通省国総建第269号をもって、「経営事項審査の事務取扱いについて」が改正されたところです。
　これらを踏まえ、平成21・22年度国土交通省直轄の建設工事の競争参加資格審査に使用する経営事項審査に係る総合評定値について、次のとおり取扱う予定ですのでお知らせいたします。

1　平成21・22年度建設工事の競争参加資格審査に必要な総合評定値
　①　経営事項審査の審査基準日が、競争参加資格審査（以下「資格審査」という。）の定期受付の申請書類提出期間終了日の1年7月前までのものであって、資格審査の申請をする日の直前に受けた経営事項審査に係る総合評定値であること。
　②　ただし、上記平成20年1月に改正された審査項目及び基準（以下「改正後の基準」という。）による経営事項審査の総合評定値（2に記載の再審査による場合を含む。）に限る。

2　経営事項審査の審査基準の改正に伴う再審査
　　1①による総合評定値について、決算期の関係で資格審査の申請期間終了日までに、改正後の基準による通知を受ける事ができない場合には、改正前の基準による1①の総合評定値について、再審査を以下の期間内に受けて下さい。（なお、再審査の場合も経営状況分析については、登録経営状況分析機関からの結果通知書が必要となりますので御留意願います）。

再審査申立期間：平成20年4月1日（火）～平成20年7月29日（火）
　（主たる営業所の所在地を管轄する都道府県知事に申立書及び添付書類を提出して下さい。）

3　経営事項審査の申請から通知までの期間等
　　建設工事の競争参加資格審査の定期受付に係る申請書類（インターネットを使用して申請する場合の申請用データを含む。）の提出期間は、現在のところ以下の期間を予定しております。
　　また、この際に必要となる再審査を含む改正後の基準による総合評定値は、申請から通知が届くまでに3ヶ月程度要しますので、申請者は資格審査の申請に間に合うよう早めに経営事項審査の申請をお願いします。
　（定期受付に係る申請書類の提出期間）
　・インターネット方式：平成20年12月～平成21年1月中旬
　・文　書　方　式：平成20年12月～平成21年1月

（登録部局によって、提出期間が異なります。）

> ※ 総合評定値の再審査について
> 　平成21・22年度の資格審査は、統一的な評価基準に基づく審査実施の観点から、改正後の基準による総合評定値に基づく審査を行う予定です。
> 　再審査が必要な方について、再審査を受けなかったため、改正後の基準による総合評定値の通知が資格審査の定期受付期間に間に合わなかった場合には、改正後の総合評定値の通知を受けたうえで、後日、随時受付をしていただくことになりますので、定期受付に係る競争参加資格の認定（平成21年4月1日を予定）が必要な場合は、必ず2に記載の再審査を受けるよう御留意願います。

※問合せ先（代表電話03－5253－8111）
（地方整備局（港湾空港以外）について）
　　国土交通省　大臣官房地方課　公共工事契約指導室　内線21964
（大臣官房会計課、運輸局、航空局、気象庁、海上保安庁、高等海難審判庁及び国土技術政策総合研究所（横須賀庁舎）について）
　　国土交通省　大臣官房会計課　契約制度管理室　内線21834
（官庁営繕部について）
　　国土交通省　大臣官房官庁営繕部管理課　内線23153
（地方整備局（港湾空港）について）
　　国土交通省　港湾局総務課　内線46184
（北海道開発局について）
　　国土交通省　北海道局予算課　内線52316

第4 添付書類の記入例及び記載要領

工事経歴書（第2号様式）の記載フロー

①元請工事に係る完成工事について、元請工事の完成工事高合計の7割を超えるところまで記載
②続けて、残りの元請工事と下請工事に係る完成工事について、全体の完成工事高合計の7割を超えるところまで記載
　ただし、①②において、1,000億円又は軽微な工事の10件を超える部分については記載を要しない

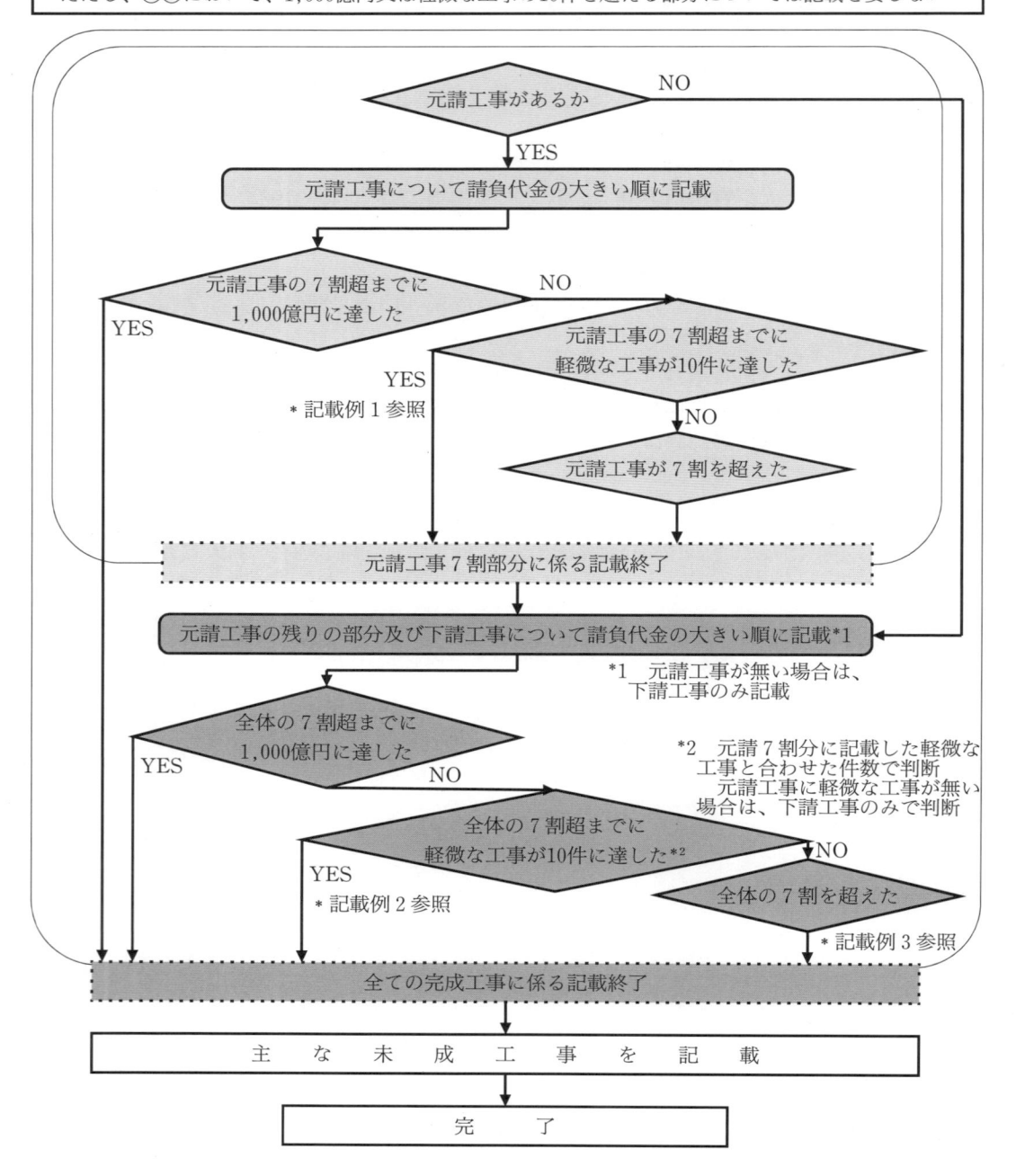

```
                    ┌──────────────┐
                    │ 元請工事があるか │──NO──┐
                    └──────┬───────┘       │
                           YES              │
                           ↓                │
         ┌─────────────────────────────┐   │
         │ 元請工事について請負代金の    │   │
         │ 大きい順に記載               │   │
         └──────────────┬──────────────┘   │
                        ↓                   │
              ┌──────────────────┐          │
              │ 元請工事の7割超までに│──NO──┐│
         ┌YES│ 1,000億円に達した  │       ││
         │    └──────────────────┘       ││
         │         YES                   ↓│
         │      *記載例1参照   ┌──────────────────┐
         │                    │ 元請工事の7割超までに│
         │                    │ 軽微な工事が10件に達した│
         │                    └────────┬─────────┘
         │                             NO
         │                             ↓
         │                    ┌──────────────────┐
         │                    │ 元請工事が7割を超えた │
         │                    └────────┬─────────┘
         │                             ↓
         │    ┌──────────────────────────────────┐
         │    │ 元請工事7割部分に係る記載終了        │
         │    └──────────────┬───────────────────┘
         │                   ↓
         │   ┌─────────────────────────────────┐
         │   │ 元請工事の残りの部分及び下請工事について│
         │   │ 請負代金の大きい順に記載*1           │
         │   └──────────────┬──────────────────┘
         │                  │   *1 元請工事が無い場合は、
         │                  │      下請工事のみ記載
         │                  ↓
         │       ┌──────────────────┐
         │       │ 全体の7割超までに   │
         │  ┌YES │ 1,000億円に達した  │──NO──┐     *2 元請7割分に記載した軽微な
         │  │    └──────────────────┘       │        工事と合わせた件数で判断
         │  │                                ↓        元請工事に軽微な工事が無い
         │  │              ┌──────────────────┐      場合は、下請工事のみで判断
         │  │              │ 全体の7割超までに   │
         │  │              │ 軽微な工事が10件に達した*2│──NO─┐
         │  │              └────────┬─────────┘      │
         │  │                  YES                    ↓
         │  │               *記載例2参照   ┌──────────────────┐
         │  │                              │ 全体の7割を超えた   │
         │  │                              └────────┬─────────┘
         │  │                                        │ *記載例3参照
         ↓  ↓                                        ↓
    ┌──────────────────────────────────────────────────┐
    │ 全ての完成工事に係る記載終了                        │
    └──────────────────┬───────────────────────────────┘
                       ↓
        ┌──────────────────────────────┐
        │   主 な 未 成 工 事 を 記 載   │
        └──────────────┬───────────────┘
                       ↓
            ┌──────────────────┐
            │    完     了     │
            └──────────────────┘
```

様式第二号（第二条、第十九条の八関係）

工事経歴書

（建設工事の種類） とび・土工・コンクリート 工事 （税込・税抜）

*記載例1　工事経歴書記載例
（元請工事で軽微な工事が10件に達した場合）

	元請又は下請の別	JVの別	工事名	工事現場のある都道府県及び市区町村名	氏名	配置技術者 主任技術者又は監理技術者の別（該当箇所に◯を記載）主任技術者／監理技術者	請負代金の額（千円）／うち、PC・法面処理・鋼構造物	工期 着工年月／完成又は完成予定年月
A	元請		上田邸木造住宅解体工事	東京都千代田区	東京一郎		9,000	平成18年12月／平成19年1月
B	〃		仙台邸車止め設置工事	〃	愛知太郎	✓	4,500	平成19年2月／平成19年3月
C	〃		錦住宅敷地盛土及び基礎工事	〃	一宮二郎	✓	3,200	平成19年3月／平成19年4月
D	〃		豊橋川改修工事の内掘削工事	〃	津島一平	✓	2,500	平成19年5月／平成19年5月
E	〃		丸の内ビル新築工事の内外構工事	〃	半田五郎	✓	2,000	平成19年1月／平成19年1月
F	〃		豊川アパート改築工事の内足場仮設工事	〃	岡崎三男	✓	1,900	平成19年10月／平成19年11月
G	〃		栄ビル新築工事の内くい打工事	〃	豊田一郎	✓	1,800	平成19年9月／平成19年9月
H	〃		一般国道99号線道路新設工事	〃	名古屋三郎	✓	1,700	平成19年2月／平成19年3月
I	〃		一般国道100号線道路改良工事の内カッター工事	〃	愛知太郎	✓	1,600	平成19年4月／平成19年4月
J	〃		三重邸玄関コンクリート工事	東京都足立区	岡崎三男	✓	1,500	平成19年12月／平成19年12月
K	〃		讃岐邸新築工事の内基礎工事	東京都中央区	豊田一郎	✓	1,000	平成19年4月／平成19年5月
L	下請		県道123号線道路側溝工事	〃	岡崎三男		7,000	平成19年／平成19年5月
M	〃				岡崎三男	✓		

注文者：国土建設 / 北海道開発 / 東北土木 / 関東建設 / 北陸産業 / 中部塗装 / 近畿組 / 中国建築 / 四国道路 / 九州工業 / 沖縄機械 / 国交太郎 / 建設次郎

B～Kの件数＝10件

1. 軽微な工事について10件を超える部分は記載不要
2. 記載額が全ての完成工事高の合計額の7割を超えたため記載終了

① 元請工事の7割部分に係る完成工事
② 下請工事に係る完成工事

		件	うち元請工事（千円）	元請工事（千円）
小計		13	45,700	30,700
合計		52	65,000	50,000

頁ごとの完成工事高の合計額　全ての完成工事高の合計額　元請工事に係る完成工事高の合計額

……「軽微な工事」

様式第二号（第二条、第十九条の八関係）

工事経歴書

（建設工事の種類）

とび・土工・コンクリート 工事 （税込・税抜）

*記載例2 工事経歴書記載例
（全体で軽微な工事が10件に達した場合）

	注文者	元請又は下請の別	JVの別	工事名	工事現場のある都道府県及び市区町村名	配置技術者 氏名	配置技術者 主任技術者又は監理技術者の別（該当箇所に✓印を記載） 主任技術者	配置技術者 監理技術者	請負代金の額	うち、PC・法面処理・鋼橋上部	工期 着工年月日	工期 完成又は完成予定年月
A	国土建設	元請		上田邸木造住宅解体工事	東京都千代田区	東京一郎	✓		10,000 千円	千円	平成 18 年 12 月	平成 19 年 1 月
B	北海道開発	〃		仙台邸車止め設置工事	〃	愛知太郎	✓		4,500 千円		平成 19 年 2 月	平成 19 年 3 月
C	東北土木	〃		錦住宅裏地盤土及び基礎工事	〃	一宮二郎	✓		3,200 千円		平成 19 年 3 月	平成 19 年 4 月
D	関東建設	下請		豊橋川改修工事の内掘削工事	1. 元請工事に係る完成工事高の合計額の7割超まで記載				8,000 千円		平成 19 年 5 月	平成 19 年 5 月
E	北陸産業	〃		丸の内ビル新築工事の内外構工事	〃	半田五郎	✓		5,500 千円		平成 19 年 1 月	平成 19 年 1 月
F	中部塗装	〃		豊川アパート改築工事の内足場仮設工事	〃	岡崎三男	✓		2,500 千円		平成 19 年 10 月	平成 19 年 11 月
G	近畿組	〃		栄ビル新築工事の内くい打工事	〃	豊田一郎	✓		2,000 千円		平成 19 年 9 月	平成 19 年 9 月
H	中国建築	〃		一般国道99号線道路新設工事	〃	名古屋三郎	✓		1,900 千円		平成 19 年 2 月	平成 19 年 3 月
I	四国道路	〃		一般国道100号線道路改良工事の内カッター工事	〃	愛知太郎	✓		1,800 千円		平成 19 年 4 月	平成 19 年 4 月
J	九州工業	元請		三重邸玄関コンクリート工事	東京都足立区	岡崎三男	✓		1,700 千円		平成 19 年 12 月	平成 19 年 12 月
K	沖縄機械	下請		讃岐邸新築工事の内基礎工事	東京都中央区	豊田一郎	✓		1,600 千円		平成 19 年 4 月	平成 19 年 5 月
L	国交 太郎	〃		県道758号線道路側溝工事	〃	岡崎三男	✓		1,500 千円		平成 19 年 5 月	平成 19 年 5 月
M	建設 次郎	〃		県道123号線道路側溝工事	東京都新宿区	岡崎三男	✓		1,000 千円		平成 19 年 5 月	平成 19 年 5 月

2. 軽微な工事が10件に達したため記載終了

B・C+F〜Mの件数＝10件

小計	13 件	45,200 千円	うち 元請工事 19,400 千円
合計	52 件	70,000 千円	うち 元請工事 25,000 千円

貫ごとの完成工事高の合計額（A〜M）
全ての完成工事高の合計額
元請工事に係る完成工事高の合計額

① 元請工事部分の7割部分に係る完成工事

② ①以外の元請工事及び下請工事に係る完成工事

…「軽微な工事」

当貫ごとの元請工事に係る完成工事高の合計額（A〜C+J）

様式第二号（第二条、第十九条の八関係）

工 事 経 歴 書

（建設工事の種類） とび・土工・コンクリート 工事　（税込・税抜）

*記載例3　工事経歴書記載例
（全ての完成工事工事高の合計額7割に達した場合）

	注文者	元請又は下請の別	JVの別	工事名	工事現場のある都道府県及び市区町村名	配置技術者 氏名	主任技術者又は監理技術者の別（該当箇所に✓印を記載）主任技術者／監理技術者	請負代金の額／うち、PC・法面処理・鋼橋上部	工期 着工年月／完成又は完成予定年月
A	国交　太郎	元請	JV	上田邸木造住宅解体工事	東京都千代田区	東京一郎	✓	100,000 千円／千円	平成18年12月／平成19年1月
B	北海道開発	〃	JV	仙台砿車止め設置工事	〃	愛知太郎	✓	60,000 千円／千円	平成19年2月／平成19年3月
C	東北土木	〃		錦住宅敷地盛土及び基礎工事	〃	一宮二郎	✓	3,200 千円／千円	平成19年3月／平成19年4月

1. 元請工事に係る完成工事高の7割超まで記載

D	関東建設	下請		豊橋川改修工事の内堀削工事		半田五郎	✓	8,000 千円／千円	平成19年5月／平成19年5月
E	北陸産業	〃		丸のビル新築工事の内外構工事		岡崎三男	✓	7,500 千円／千円	平成19年1月／平成19年1月
F	中部塗装	〃		豊川アパート改装工事の内足場仮設工事		岡崎三男	✓	6,300 千円／千円	平成19年10月／平成19年11月
G	近畿組	〃		栄ビル新築工事の内くい打工事		豊田一郎	✓	5,100 千円／千円	平成19年9月／平成19年9月
H	中国建築	〃		一般国道99号線道路新設工事		名古屋三郎	✓	2,000 千円／千円	平成19年2月／平成19年3月
I	四国道路	〃		一般国道100号線道路改良工事の内カッター工事	〃	愛知太郎	✓	1,800 千円／千円	平成19年4月／平成19年4月

①　元請工事の7割部分に係る完成工事

②　①以外の元請工事及び下請工事に係る完成工事

A～Cの合計額≧Yの7割

A～Iの合計額≧Xの7割

2. 記載額が全ての完成工事高の合計額の7割を超えたため記載終了

	件		千円		千円
小計	9	(A+B+C)	193,900	うち 元請工事	163,200
合計	52	(X)	270,000 (Y)	うち 元請工事	233,000

頁ごとの元請工事に係る完成工事高の合計額

頁ごとの完成工事高の合計額 (A～I)

全ての完成工事高の合計額

元請工事に係る完成工事高の合計額

・・・・「軽微な工事」

記載要領

1　この表は、法別表第一の上欄に掲げる建設工事の種類ごとに作成すること。
2　「税込・税抜」については、該当するものに丸を付すこと。
3　この表には、申請又は届出をする日の属する事業年度の前事業年度に完成した建設工事（以下「完成工事」という。）及び申請又は届出をする日の属する事業年度の前事業年度末において完成していない建設工事（以下「未成工事」という。）を記載すること。
　　記載を要する完成工事及び未成工事の範囲については、以下のとおりである。
　(1)　経営規模等評価の申請を行う者の場合
　　①　元請工事（発注者から直接請け負つた建設工事をいう。以下同じ。）に係る完成工事について、当該完成工事に係る請負代金の額（工事進行基準を採用している場合にあつては、完成工事高。以下同じ。）の合計額のおおむね7割を超えるところまで、請負代金の額の大きい順に記載すること（令第1条の2第1項に規定する建設工事については、10件を超えて記載することを要しない。）。ただし、当該完成工事に係る請負代金の額の合計額が1,000億円を超える場合には、当該額を超える部分に係る完成工事については記載を要しない。
　　②　それに続けて、既に記載した元請工事以外の元請工事及び下請工事（下請負人として請け負つた建設工事をいう。以下同じ。）に係る完成工事について、すべての完成工事に係る請負代金の額の合計額のおおむね7割を超えるところまで、請負代金の額の大きい順に記載すること（令第1条の2第1項に規定する建設工事については、10件を超えて記載することを要しない。）。ただし、すべての完成工事に係る請負代金の額の合計額が1,000億円を超える場合には、当該額を超える部分に係る完成工事については記載を要しない。
　　③　さらに、それに続けて、主な未成工事について、請負代金の額の大きい順に記載すること。
　(2)　経営規模等評価の申請を行わない者の場合
　　　主な完成工事について、請負代金の額の大きい順に記載し、それに続けて、主な未成工事について、請負代金の額の大きい順に記載すること。
4　下請工事については、「注文者」の欄には当該下請工事の直接の注文者の商号又は名称を記載し、「工事名」の欄には当該下請工事の名称を記載すること。
5　「元請又は下請の別」の欄は、元請工事については「元請」と、下請工事については「下請」と記載すること。
6　「ＪＶの別」の欄は、共同企業体（ＪＶ）として行つた工事について「ＪＶ」と記載すること。
7　「配置技術者」の欄は、完成工事について、法第26条第1項又は第2項の規定により各工事現場に置かれた技術者の氏名及び主任技術者又は監理技術者の別を記載すること。また、当該工事の施工中に配置技術者の変更があつた場合には、変更前の者も含むすべての者を記載すること。
8　「請負代金の額」の欄は、共同企業体として行つた工事については、共同企業体全体の請負代金の額に出資の割合を乗じた額又は分担した工事額を記載すること。また、工事進行基準を採用している場合には、当該工事進行基準が適用される完成工事について、その完成工事高を括弧書で付記すること。

9 「請負代金の額」の「うち、ＰＣ、法面処理、鋼橋上部」の欄は、次の表の㈠欄に掲げる建設工事について工事経歴書を作成する場合において、同表の㈡欄に掲げる工事があるときに、同表の㈢に掲げる略称に丸を付し、工事ごとに同表の㈡欄に掲げる工事に該当する請負代金の額を記載すること。

㈠	㈡	㈢
土木一式工事	プレストレストコンクリート工事	ＰＣ
とび・土工・コンクリート工事	法面処理工事	法面処理
鋼構造物工事	鋼橋上部工事	鋼橋上部

10 「小計」の欄は、頁ごとの完成工事の件数の合計並びに完成工事及びそのうちの元請工事に係る請負代金の額の合計及び9により「ＰＣ」、「法面処理」又は「鋼橋上部」について請負代金の額を区分して記載した額の合計を記載すること。

11 「合計」の欄は、最終頁において、すべての完成工事の件数の合計並びに完成工事及びそのうちの元請工事に係る請負代金の額の合計及び9により「ＰＣ」、「法面処理」又は「鋼橋上部」について請負代金の額を区分して記載した額の合計を記載すること。

技術職員の重複評価の制限について

- 改正後は評価対象となっている業種の中から任意の2つを選ぶことができる。1つの資格の評価対象から2つ選択（例1）してもかまわないし、2つの資格の評価対象からそれぞれ1つずつ選択（例2）してもかまわない。

例：1級土木施工管理技師・1級建築施工管理技師・1級電気工事施工管理技士
　　を所有している技術者の場合・・・

		土	建	大	左	と	石	屋	電	管	タ	鋼	筋	ほ	し	板	ガ	塗	防	内	機	絶	通	園	井	具	水	消	清
保有資格	1級土木施工	◎				◎	◎					◎	◎					◎					◎	◎	◎		◎		◎
	1級建築施工		◎	◎	◎	◎	◎	◎			◎	◎	◎	◎	◎	◎	◎	◎	◎	◎		◎				◎		◎	
	1級電気工事施工								◎																				

◎の業種が、当該資格で評価されている業種

| 改正前評価 | ◎ | ◎ | ◎ | ◎ | ◎ | ◎ | ◎ | ◎ | | ◎ | ◎ | ◎ | ◎ | ◎ | ◎ | ◎ | ◎ | ◎ | ◎ | | ◎ | ◎ | ◎ | ◎ | ◎ | ◎ | ◎ | ◎ |

評価業種数　21業種

| 改正後評価（例1） | | | | | | | | ◎ | | | | | | | | | | | | | | | | | | | | | 2業種 |
| 改正後評価（例2） | ◎ | ◎ | | | | | | | | | | | | | | | | | | | | | | | | | | | 2業種 |

※ 重複カウントの制限 → 経審上での評価のみ

建設業法に基づいて建設工事の現場に配置されなければならない監理技術者等については、従来通り1人の技術者が複数の業種で監理技術者等となりえる資格をもっていれば、複数の業種の技術者の配置については従前の運用と変更はなしであり、実際の技術者の配置については従来になれるもの

様式第三十号（第十八条の三の六関係）
〔技術職員名簿（別紙2）の記載要領6「講習受講」関係〕

> 新たに省令において登録基幹技能者講習が位置付けられたことに伴い新設。

（表面）

（登録基幹技能者講習の種目）講習修了証

　　　　　　　　　　　　　　　修了証番号　第　　　号

写真（30.00ミリメートル×24.00ミリメートル）

氏名
　　（生年月日　　年　　月　　日）

> この余白部分に、基幹技能者が登録の際に申請した、実務を有する業種名が表示されるので、その業種で申請があった場合のみ加点評価

この者は、建設業法施行規則第18条の3第2項第2号の登録基幹技能者講習を修了した者であることを証します。

　　　　　修了年月日　　年　　月　　日

> 加点に際しては修了年月日が審査基準日以前であることが必要

　　　　（登録基幹技能者講習実施機関の名称）　　印
　　　　（登録番号　第　　　番）

縦：53.92ミリメートル以上
横：85.47ミリメートル以上　85.72ミリメートル以下

（裏面）

備考

備考
　1　材質は、プラスチック又はこれと同等以上の耐久性を有するものとすること。

別記様式第２号（平成20年１月31日国総建第269号Ⅰの３の(5)のイの③関係）

（用紙Ａ４）

経理処理の適正を確認した旨の書類

　私は、建設業法施行規則第18条の３第３項第２号の規定に基づく確認を行うため、○○○の平成×年×月×日から平成×年×月×日までの第×期事業年度における計算書類、すなわち、貸借対照表、損益計算書、株主資本等変動計算書及び注記表について、我が国において一般に公正妥当と認められる企業会計の基準その他の企業会計の慣行をしん酌され作成されたものであること及び別添の会計処理に関する確認項目の対象に係る内容について適正に処理されていることを確認しました。

　　　　　　　　　　　　　　　商号又は名称
　　　　　　　　　　　　　　　所属・役職
　　　　　　　　　　　　　　　氏　名　　　　　　　　　　　　　　印

　　　　　　　　　　　　　　　　　　　　　　　　　　　　　　以上

別添

建設業の経理が適正に行われたことに係る確認項目

項　　　目	内　　　　　容
全　　　体	前期と比較し概ね20％以上増減している科目についての内容を検証する。特に次の科目については、詳細に検証し不適切なものが含まれていないことを確認した。 　　受取手形、完成工事未収入金等の営業債権 　　未成工事支出金等の棚卸資産 　　貸付金等の金銭債権 　　借入金等の金銭債務 　　完成工事高、兼業事業売上高 　　完成工事原価、兼業事業売上原価 　　支払利息等の金融費用
預　貯　金	残高証明書又は預金通帳等により残高を確認している。
金　銭　債　権	営業上の債権のうち正常営業循環から外れたものがある場合、これを投資その他の資産の部に表示している。
	営業上の債権以外の債権でその履行時期が１年以内に到来しないものがある場合、これを投資その他の資産の部に表示している。
	受取手形割引額及び受取手形裏書譲渡額がある場合、これを注記している。
貸　倒　損　失 貸　倒　引　当　金	法的に消滅した債権又は回収不能な債権がある場合、これらについて貸倒損失を計上し債権金額から控除している。
	取立不能のおそれがある金銭債権がある場合、その取立不能見込額を貸倒引当金として計上している。
	貸倒損失・貸倒引当金繰入額等がある場合、その発生の態様に応じて損益計算上区分して表示している。
有　価　証　券	有価証券がある場合、売買目的有価証券、満期保有目的の債券、子会社株式及び関連会社株式、その他有価証券に区分して評価している。
	売買目的有価証券がある場合、時価を貸借対照表価額とし、評価差額は営業外損益としている。
	市場価格のあるその他有価証券を多額に保有している場合、時価を貸借対照表価額とし、評価差額は洗替方式に基づき、全部純資産直入法又は部分純資産直入法により処理している。
	時価が取得価額より著しく下落し、かつ、回復の見込みがない市場価格のある有価証券（売買目的有価証券を除く。）を保有する場合、これを時価で評価し、評価差額は特別損失に計上している。
	その発行会社の財政状態が著しく悪化した市場価格のない株式を保有する場合、これについて相当の減額をし、評価差額は当期の損失として処理している。
棚　卸　資　産	原価法を採用している棚卸資産で、時価が取得原価より著しく低く、か

		つ、将来回復の見込みがないものがある場合、これを時価で評価している。
未成工事支出金		発注者に生じた特別の事由により施工を中断している工事で代金回収が見込めないものがある場合、この工事に係る原価を損失として計上し、未成工事支出金から控除している。
		施工に着手したものの、契約上の重要な問題等が発生したため代金回収が見込めない工事がある場合、この工事に係る原価を損失として計上し、未成工事支出金から控除している。
経過勘定等		前払費用と前払金、前受収益と前受金、未払費用と未払金、未収収益と未収金は、それぞれ区別し、適正に処理している。
		立替金、仮払金、仮受金等の項目のうち、金額の重要なもの又は当期の費用又は収益とすべきものがある場合、適正に処理している。
固定資産		減価償却は経営状況により任意に行うことなく、継続して規則的な償却を行っている。
		適用した耐用年数等が著しく不合理となった固定資産がある場合、耐用年数又は残存価額を修正し、これに基づいて過年度の減価償却累計額を修正し、修正額を特別損失に計上している。
		予測することができない減損が生じた固定資産がある場合、相当の減額をしている。
		使用状況に大幅な変更があった固定資産がある場合、相当の減額の可能性について検討している。
		研究開発に該当するソフトウェア制作費がある場合、研究開発費として費用処理している。
		研究開発に該当しない社内利用のソフトウェア制作費がある場合、無形固定資産に計上している。
		遊休中の固定資産及び投資目的で保有している固定資産で、時価が50％以上下落しているものがある場合、これを時価で評価している。
		時価のあるゴルフ会員権につき、時価が50％以上下落しているものがある場合、これを時価で評価している。
		投資目的で保有している固定資産がある場合、これを有形固定資産から控除し、投資その他の資産に計上している。
繰延資産		資産として計上した繰延資産がある場合、当期の償却を適正に行っている。
		税法固有の繰延資産がある場合、投資その他の資産の部に長期前払費用等として計上し、支出の効果の及ぶ期間で償却を行っている。
金銭債務		金銭債務は網羅的に計上し、債務額を付している。
		営業上の債務のうち正常営業循環から外れたものがある場合、これを適正な科目で表示している。
		借入金その他営業上の債務以外の債務でその支払期限が１年以内に到来しないものがある場合、これを固定負債の部に表示している。

未成工事受入金	引渡前の工事に係る前受金を受領している場合、未成工事受入金として処理し、完成工事高を計上していない。ただし、工事進行基準による完成工事高の計上により減額処理されたものを除く。
引　当　金	将来発生する可能性の高い費用又は損失が特定され、発生原因が当期以前にあり、かつ、設定金額を合理的に見積ることができるものがある場合、これを引当金として計上している。
	役員賞与を支給する場合、発生した事業年度の費用として処理している。
	損失が見込まれる工事がある場合、その損失見込額につき工事損失引当金を計上している。
	引渡を完了した工事につき瑕疵補償契約を締結している場合、完成工事補償引当金を計上している。
退職給付債務 退職給付引当金	確定給付型退職給付制度（退職一時金制度、厚生年金基金、適格退職年金及び確定給付企業年金）を採用している場合、退職給付引当金を計上している。
	中小企業退職金共済制度、特定退職金共済制度及び確定拠出型年金制度を採用している場合、毎期の掛金を費用処理している。
その他の引当金	将来発生する可能性の高い費用又は損失が特定され、発生原因が当期以前にあり、かつ、設定金額を合理的に見積ることができるものがある場合、これを引当金として計上している。
	役員賞与を支給する場合、発生した事業年度の費用として処理している。
	損失が見込まれる工事がある場合、その損失見込額につき工事損失引当金を計上している。
	引渡を完了した工事につき瑕疵補償契約を締結している場合、完成工事補償引当金を計上している。
法　人　税　等	法人税、住民税及び事業税は、発生基準により損益計算書に計上している。
	法人税等の未払額がある場合、これを流動負債に計上している。
	期中において中間納付した法人税等がある場合、これを資産から控除し、損益計算書に表示している。
消　費　税	決算日における未払消費税等（未収消費税等）がある場合、未払金（未収入金）又は未払消費税等（未収消費税等）として表示している。
税　効　果　会　計	繰延税金資産を計上している場合、厳格かつ慎重に回収可能性を検討している。
	繰延税金資産及び繰延税金負債を計上している場合は、その主な内訳等を注記している。
	過去3年以上連続して欠損金が計上されている場合、繰延税金資産を計上していない。
純　資　産	純資産の部は株主資本と株主資本以外に区分し、株主資本は、資本金、資本剰余金、利益剰余金に区分し、また、株主資本以外の各項目は、評価・換

		算差額等及び新株予約権に区分している。
収益・費用の計上 （全　般）		収益及び費用については、一会計期間に属するすべての収益とこれに対応するすべての費用を計上している。
		原則として、収益については実現主義により、費用については発生主義により認識している。
工　事　収　益 工　事　原　価		適正な工事収益計上基準（工事完成基準、工事進行基準、部分完成基準等）に従っており、工事収益を恣意的に計上していない。
		引渡の日として合理的であると認められる日（作業を結了した日、相手方の受入場所へ搬入した日、相手方が検収を完了した日、相手方において使用収益ができることとなった日等）を設定し、その時点において継続的に工事収益を計上している。
		建設業に係る収益・費用と建設業以外の兼業事業の収益・費用を区分して計上している。ただし、兼業事業売上高が軽微な場合を除く。
		工事原価の範囲・内容を明確に規定し、一般管理費や営業外費用と峻別のうえ適正に処理している。
工事進行基準		工事進行基準を適用する工事の範囲（工期、請負金額等）を定め、これに該当する工事については、工事進行基準により継続的に工事収益を計上している。
		工事進行基準を適用する工事の範囲（工期、請負金額等）を注記している。
		実行予算等に基づく、適正な見積り工事原価を算定している。
		工事原価計算の手続きを経た発生工事原価を把握し、これに基づき合理的な工事進捗率を算定している。
		工事収益に見合う金銭債務「未成工事受入金」を減額し、これと計上した工事収益との減額がある場合、「完成工事未収入金」を計上している。
受取利息配当金		協同組合から支払いを受ける事業分量配当金がある場合、これを受取利息配当金として計上していない。
支　払　利　息		有利子負債が計上されている場合、支払利息を計上している。
Ｊ　　　　　Ｖ		共同施工方式のＪＶに係る資産・負債・収益・費用につき、自社の出資割合に応じた金額のみを計上し、ＪＶ全体の資産・負債・収益・費用等、他の割合による金額を計上していない。
		分担施工方式のＪＶに係る収益につき、契約金額等の自社の施工割合に応じた金額を計上し、ＪＶ全体の施工金額等、他の金額を計上していない。
		ＪＶを代表して自社が実際に支払った金額と協定原価とが異なることに起因する利益は、当期の収益または未成工事支出金のマイナスとして処理している。
個　別　注　記　表		重要な会計方針に係る事項について注記している。 　　資産の評価基準及び評価方法 　　固定資産の減価償却の方法

	引当金の計上基準 収益及び費用の計上基準
	会社の財産又は損益の状態を正確に判断するために必要な事項を注記している。
	当期において会計方針の変更等があった場合、その内容及び影響額を注記している。

※この様式に係る通達は、「経営事項審査の事務取扱いについて（通知）〔平成20年1月31日国総建第269号〕」Ⅰの3の(5)のイを参照して下さい。

〔通知Ⅰの3の(5)〕
(5) 建設業の経理の状況
　イ　監査の受審状況については、次に掲げるいずれかの場合に加点して審査するものとする。
　　① 会計監査人設置会社において、会計監査人が当該会社の財務諸表に対して、無限定適正意見又は限定付適正意見を表明している場合
　　② 会計参与設置会社において、会計参与が会計参与報告書を作成している場合
　　③ 建設業に従事する職員（雇用期間を特に限定することなく常時雇用されているもの（法人である場合においては常勤の役員を、個人である場合においてはこの事業主を含む。）をいい、労務者（常用労務者を含む。）又はこれに準ずる者を除く。）のうち、経理実務の責任者であって、告示（平成20年1月31日付け国土交通省告示第85号）第一の四の5の(二)のイに掲げられた者が別添の建設業の経理が適正に行われたことに係る確認項目を用いて経理処理の適正を確認した旨を別記様式2の書類に自らの署名を付して提出している場合

〔告示第一の四の5〕
5　次に掲げる審査基準日における建設業の経理に関する状況
　(一) 監査の受審状況（会計監査人若しくは会計参与の設置の有無又は建設業の経理実務の責任者のうち(二)のイに該当する者が経理処理の適正を確認した旨の書類に自らの署名を付したものの提出の有無をいう。）
　(二) 審査基準日における建設業に従事する職員のうち次に掲げるものの数
　　イ　公認会計士、会計士補、税理士及びこれらとなる資格を有する者並びに建設業法施行規則第18条の3第3項第2号ロに規定する建設業の経理に必要な知識を確認するための試験であって国土交通大臣の登録を受けたもの（以下「登録経理試験」という。）の1級試験に合格した者
　　ロ　登録経理試験の2級試験に合格した者であってイに掲げる者以外の者

※建設業法施行規則第18条の3（経営事項審査の客観的事項）　法第27条の23第2項第2号に規定する客観的事項は、経営規模、技術的能力及び次の各号に掲げる事項とする。
　一　労働福祉の状況
　二　建設業の営業年数
　三　法令順守の状況
　四　建設業の経理に関する状況
　五　研究開発の状況

六　防災活動への貢献の状況
2　前項に規定する技術的能力は、次の各号に掲げる事項により評価することにより審査するものとする。
　　一　法第7条第2号イ、ロ若しくはハ又は法第15条第2号イ、ロ若しくはハに該当する者の数
　　二　工事現場において基幹的な役割を担うために必要な技能に関する講習であって、次条から第18条の3の4までの規定により国土交通大臣の登録を受けたもの（以下「登録基幹技能者講習」という。）を修了した者の数
　　三　元請完成工事高
3　第1項第4号に規定する事項は、次の各号に掲げる事項により評価することにより審査するものとする。
　　一　会計監査人又は会計参与の設置の有無
　　二　建設業の経理に関する業務の責任者のうち次に掲げる者による建設業の経理が適正に行われたことの確認の有無
　　　イ　公認会計士、会計士補、税理士及びこれらとなる資格を有する者
　　　ロ　建設業の経理に必要な知識を確認するための試験であって、第18条の4、第18条の5及び第18条の7において準用する第7条の5の規定により国土交通大臣の登録を受けたもの（以下「登録経理試験」という。）に合格した者
　　三　建設業に従事する職員のうち前号イ又はロに掲げる者で建設業の経理に関する業務を遂行する能力を有するものと認められる者の数

監査証明の例

独立監査人の監査報告書

平成×年×月×日

○○株式会社　取締役会御中

○○　監査法人
公認会計士　○○○○　印

　当監査法人は、会社法第436号第2項第1号（金融商品取引法第193条の2）の規定に基づく監査証明を行うため、○○株式会社の平成×年×月×日から平成×年×月×日までの第×期事業年度の計算書類、すなわち、貸借対照表、損益計算書、株主資本等変動計算書及び個別注記表並びにその附属明細書について監査を行った。この計算書類の作成責任は経営者にあり、当監査法人の責任は独立の立場から計算書類及びその附属明細書に対する意見を表明することにある。

　当監査法人は、我が国において一般に公正妥当と認められる監査の基準に準拠して監査を行った。監査の基準は当該監査法人に計算書類及びその附属明細書に重要な虚偽がないかどうかの合理的な保証を得ることを求めている。監査は、試査を基礎として行われ、経営者が採用した会計方針及びその適用方法並びに経営者によって行われた見積りの評価も含め全体としての計算書類及びその附属明細書の表示を検討することを含んでいる。当監査法人は、監査の結果として意見表明のための合理的な基礎を得たと判断している。

①無限定適正意見の文例
　　当監査法人は、上記の計算書類及びその附属明細書が、我が国において一般に公正妥当と認められる企業会計の基準に準拠して、当該計算書類及びその附属明細書に係る期間の財産及び損益の状況を<u>すべての重要な点において適正に表示しているものと認める。</u>

②限定付適正意見の文例
　　会社は、・・・・・について、・・・・・の計上を行っていない。我が国において一般に公正妥当と認められる企業会計の基準に従えば・・・・・を計上する必要がある。この結果、営業利益、経常利益及び税引前当期純利益はそれぞれ○○百万円過大に、当期純利益は○○百万円過大に表示されている。
　　当監査法人は、上記の計算書類及びその附属明細書が、<u>上記の除外事項を除き</u>、我が国において一般に公正妥当と認められる企業会計の基準に準拠して、当該計算書類及びその附属明細書に係る期間の財産及び損益の状況を<u>すべての重要な点において適正に表示しているものと認める。</u>

③不適正意見の文例
　　会社は、・・・・・について、・・・・・の計上を行っていない。我が国において一般に公正妥当と認められる企業会計の基準に従えば・・・・・を計上する必要がある。この結果、営業利益、経常利益及び税引前当期純利益はそれぞれ○○百万円過大に、当期純利益は○○百万円過大に表示されている。

当監査法人は、上記の計算書類及びその附属明細書が、上記の除外事項が計算書類及び附属明細書に与える影響の重要性にかんがみ、我が国において一般に公正妥当と認められる企業会計の基準に準拠して、当該計算書類及びその附属明細書に係る期間の財産及び損益の状況を<u>適正に表示していないものと認める。</u>

　会社と当監査法人又は業務執行社員との間には、公認会計士法の規定により記載すべき利害関係はない。

以上

会計参与報告書の文例

平成×年×月×日

会計参与報告

○○株式会社　会計参与　○○○○　印

1　私と○○株式会社は、会計参与の職務の実施に関して下記の合意をした。
　(1)　会社は私に対し、計算書類及びその附属明細書（以下「計算関係書類」という。）作成のための情報を適時に提供し、私は会社の業務、現況を十分理解して取締役と共同して計算関係書類を作成すること
　(2)　会社は申述書を私に提出すること
　(3)　私が業務上知り得た会社及びその関係者の秘密を他に漏らし、又は盗用してはならないこと。
　(4)　計算関係書類及び会計参与報告の閲覧・交付の請求に当たっては、株主及び債権者に対し、あらかじめ会社に閲覧・交付の請求をすることが必要である旨を明らかにする適切な方法を会社が講ずること

2　私が○○株式会社の経理担当の取締役の○○○○氏と共同して作成した書類
　　○○株式会社の平成×年×月×日から平成×年×月×日までの第×期事業年度の計算関係書類。

3　計算関係書類の作成のための基本となる事項
　(1)　試算の評価基準及び評価方法
　(2)　固定資産の減価償却の方法
　(3)　引当金の計上基準
　(4)　収益及び費用の計上基準
　(5)　その他計算関係書類の作成のための基本となる重要な事項

4　計算関係書類の作成のために用いた資料の種類その他計算関係書類の作成の過程及び方法は次のとおりである。
　　総勘定元帳、各種補助簿、棚卸表等
　　総勘定元帳等は取締役の責任で作成し、私は「会計参与の行動指針」に従って取締役と共同して計算関係書類を作成した。

5　計算関係書類の作成のために行った報告の徴収及び調査の結果
　　不良資産、陳腐化棚卸資産についての報告を聴取した結果、これらについては適切な処理が行われており、また簿外債務はない旨の回答を得た。また調査を実施すべき事態は生じなかった。

6　私が計算関係書類の作成に際して取締役○○○○氏及びその補助者である経理部門担当者と協議した主な事項は次のとおりである。

研究開発費の会計処理
有価証券の時価評価の方法

　　　　　　　　　　　　　　　　　　　　　　　　　　　　　　　　　　　　　　以上

第5　経営規模等評価結果及び総合評定値の読み方

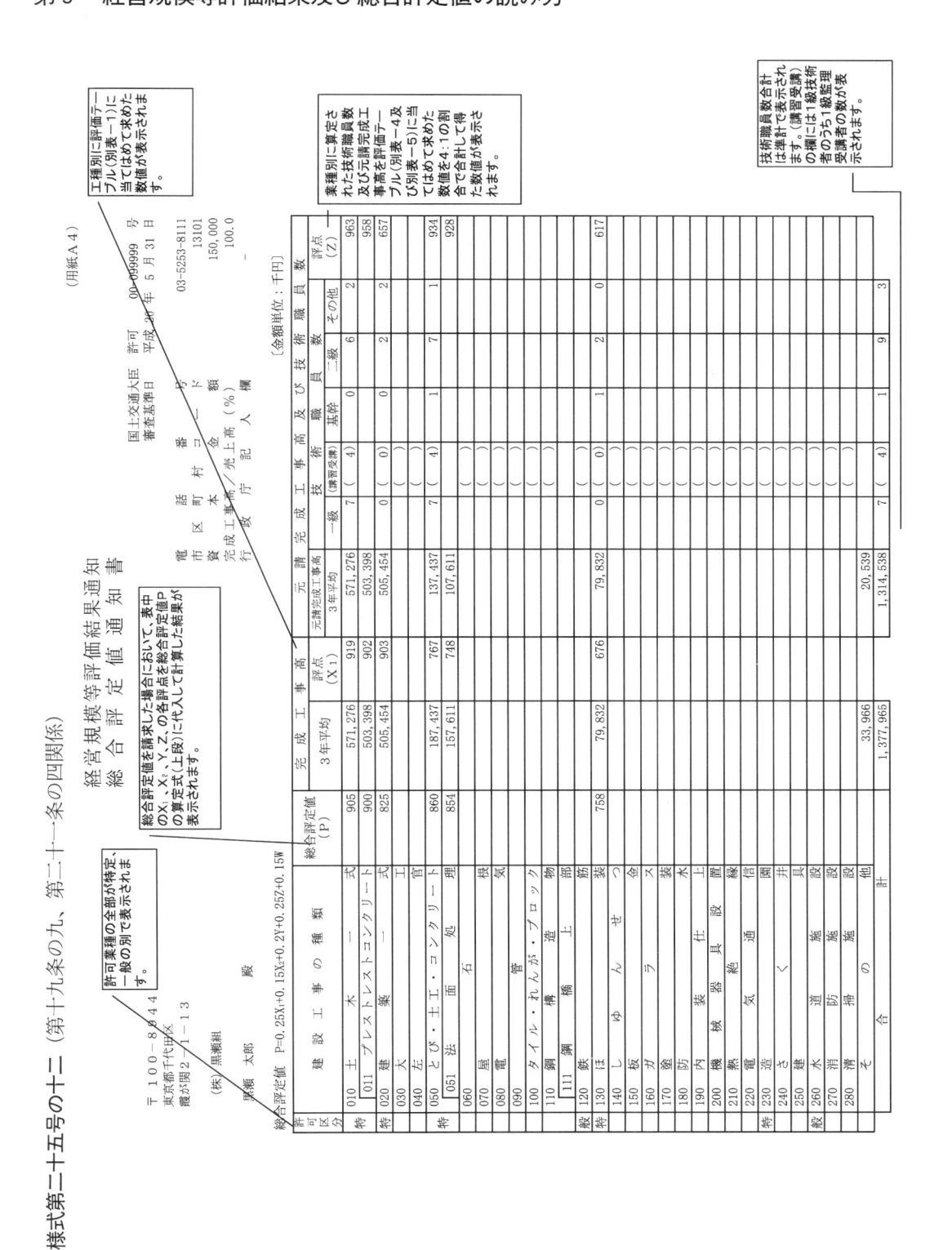

様式第二十五号の十二（第十九条の九、第二十一条の四関係）

経営規模等評価結果通知書
総合評定値通知書

（用紙A4）

国土交通大臣　許可　00-099999号
審査基準日　平成××年5月31日
　　　　　　　　　　　　13101
資本金額　　　　　　　　150,000
完成工事高／売上高（%）　100.0
行政庁コード入欄　　　　　　－

〒100-8944
東京都千代田区
霞が関2-1-13
(株)黒瀬組
黒瀬　太郎　殿

電話　03-5253-8111
市区町村コード

総合評定値 P=0.25X₁+0.15X₂+0.2Y+0.25Z+0.15W

【金額単位：千円】

許可区分	建設工事の種類		総合評定値(P)	完成工事高 3年平均	完成工事高 評点(X1)	元請完成工事高 3年平均	元請完成工事高 一級(講習受講)	技術職員数 一級	技術職員数 基幹	技術職員数 二級	技術職員数 その他	評点(Z)
特	010	土木一式	905	571,276	919	571,276	7	(4)	0	6	2	963
特	011	プレストレストコンクリート	900	503,398	902	503,398	0	(0)	0	2	2	958
特	020	建築一式	825	505,454	903	505,454						657
	030	大工										
	040	左官										
特	050	とび・土工・コンクリート	860	187,437	767	137,437	7	(4)	0	7	1	934
特	051	法面処理	854	157,611	748	107,611						928
	060	石										
	070	屋根										
	080	電気										
	090	管										
	100	タイル・れんが・ブロック										
	110	鋼構造物										
般	111	鋼橋上部	758	79,832	676	79,832	0	(0)	1	2	0	617
特	120	鉄筋										
	130	ほ装										
	140	しゅんせつ										
	150	板金										
	160	ガラス										
	170	塗装										
	180	防水										
	190	内装仕上										
	200	機械器具設置										
	210	熱絶縁										
	220	電気通信										
特	230	造園										
	240	さく井										
	250	建具										
般	260	水道施設										
	270	消防施設										
	280	清掃施設		20,539								
		その他		33,966								
		合計		1,377,965		1,314,538	7	(4)	1	9	3	

【注記ボックス】
- 許可業種の全部か特定、一般の別で表示されます。
- 総合評定値を請求した場合において、表中のX₁、X₂、Y、Z、Wの各評点を総合評定値Pの算定式（上段）に代入して計算した結果が表示されます。
- 工種別に評点テーブルに当てはめて求めた数値が表示されます。
- 業種別に算定された技術職員数及び元請完成工事高を評点テーブル（別表-4及び別表-5）に当てはめて求めた数値を4:1の割合で合計して得た数値が表示されます。
- 技術職員数合計は基準日で表示されます。（講習受講）の欄には1級技術者のうち1級監理受講者の数が表示されます。

自己資本額及び利益額	数値	点数
自己資本額	468,980	842
利益額	127,899	761
評点 (X2)		801

経営規模等評価の結果 を通知します。
総合評定値

平成 20年 11月 30日

関東地方整備局長

○○ ○○ 印

(参考) **経営状況分析結果が表示されます。**

経営状況	単独決算	経営状況	単独決算
純支払利息比率	0.326	自己資本対固定資産比率	123.003
負債回転期間	12.458	自己資本比率	26.936
売上総利益率	11.365	営業キャッシュ・フロー	1.956
売上高経常利益率	5.100	利益剰余金 (Y)	3.190
		評点	657

P92の①と②を評価式にあてはめて求めた数値の合計を2で除した数値が表示されます。

その他の審査項目（社会性等）	数値等	点数
雇用保険加入の有無	有	
健康保険及び厚生年金保険加入の有無	有	45
建設業退職金共済制度加入の有無	有	
退職一時金制度若しくは企業年金制度導入の有無	有	
法定外労働災害補償制度加入の有無	有	
労働福祉の状況		
建設業の営業年数	50年	60
民事再生法又は会社更生法の適用の有無		
防災活動への貢献の状況	有	15
営業停止処分の有無	無	
指示処分の有無	無	0
法令遵守の状況		
監査の受審状況		
公認会計士等の数	0	
二級登録経理試験合格者の数	1	2
公認会計士等数値		
建設業の経理の状況		
研究開発費 (W)	0	0
研究開発の状況		
評点		122

P97の③から⑨の合計式にあてはめて求めた数値が表示されます。

科目	単独決算	科目	単独決算
固定資産	381,276	売上高	1,225,397
流動負債	940,612	売上総利益	245,927
固定負債	331,512	受取利息配当金	5,280
利益剰余金	318,980	支払利息	9,272
自己資本	468,980	経常利益	106,925
総資本（当期）	1,741,104	営業キャッシュ・フロー（当期）	256,289
総資本（前期）	2,586,684	営業キャッシュ・フロー（前期）	134,941

決算書の内容が表示されます。

（『改訂7版新しい建設業経営事項審査申請の手引』より）

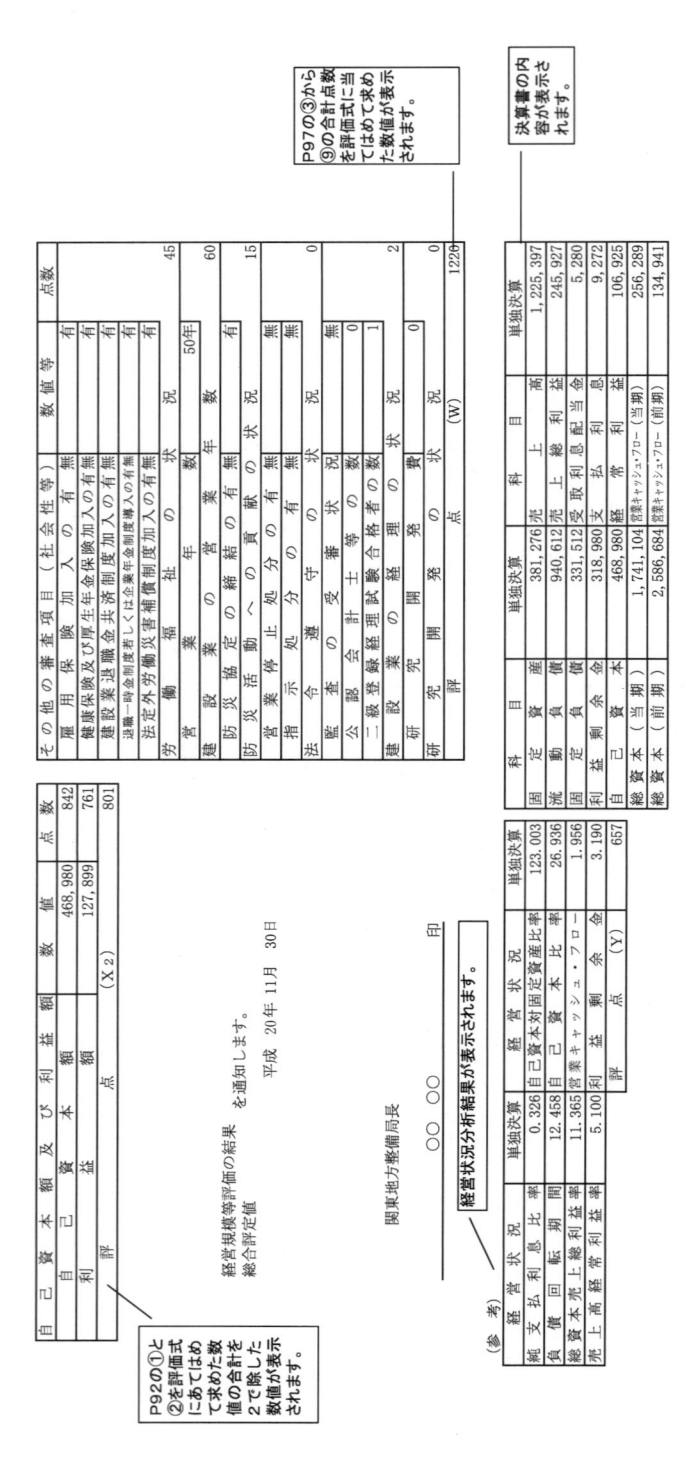

● 「自己資本額」の欄に「*」がある場合には、自己資本額数値の算出において2期平均を採用した場合の評点又は数値。
● 「行政庁記入欄」については、当該建設業者の営業に関する事項、経営状況に関することがあれば適宜記載するものとする。特記すべきことがあれば適宜記載するものとする。

第3編　建設業財務諸表の作り方

I 建設業者の法人税等確定申告用決算書類

第27-(1)号様式

GK0301

平成 年 月 日　　　税務署長殿

納税地　〒　東京都千代田区永田町1-1-1
（電話番号　00-000-0000）

（フリガナ）カブシキガイシャ　ニホン　ジュウタク
名称又は屋号　株式会社　日本住宅

（フリガナ）ニホン　タロウ
代表者氏名又は氏名　日本　太郎　㊞

経理担当者氏名　日本　花子

自 平成 19年 04月 01日
至 平成 20年 03月 31日

課税期間分の消費税及び地方消費税の（ 確定 ）申告書

中間申告の場合の対象期間　自 平成 年 月 日　至 平成 年 月 日

※税務署処理欄
一連番号
所管／要否／整理番号
申告年月日　平成 年 月 日
申告区分／指導等／庁指定／局指定
通信日付印／確認印／省略年月日
指導年月日／相談／区分1／区分2／区分3

平成九年四月一日以後終了課税期間分（一般用）

この申告書による消費税の税額の計算

課税標準額	①	7,698,880,000　03
消費税額	②	30,795,520　06
控除過大調整税額	③	07
控除対象仕入税額	④	21,316,825　08
返還等対価に係る税額	⑤	09
貸倒れに係る税額	⑥	10
控除税額小計（④+⑤+⑥）	⑦	21,316,825　11
控除不足還付税額（⑦-②-③）	⑧	13
差引税額（②+③-⑦）	⑨	9,478,600　15
中間納付税額	⑩	7,260,000　16
納付税額（⑨-⑩）	⑪	2,218,600　17
中間納付還付税額（⑩-⑨）	⑫	18
この申告書が修正申告である場合 既確定税額	⑬	19
差引納付税額	⑭	00　20
課税売上割合 課税資産の譲渡等の対価の額	⑮	7,698,889,30　21
資産の譲渡等の対価の額	⑯	7,757,098,90　22

この申告書による地方消費税の税額の計算

地方消費税の課税標準となる消費税額 控除不足還付税額（⑧）	⑰	51
差引税額（⑨）	⑱	9,478,600　52
譲渡割額 還付額（⑰×25％）	⑲	53
納税額（⑱×25％）	⑳	2,369,600　54
中間納付譲渡割額	㉑	1,815,000　55
納付譲渡割額（⑳-㉑）	㉒	554,600　56
中間納付還付譲渡割額（㉑-⑳）	㉓	57
この申告書が修正申告である場合 既確定譲渡割額	㉔	58
差引納付譲渡割額	㉕	00　59
消費税及び地方消費税の合計（納付又は還付）税額	㉖	2,773,200　60

㉖＝（⑪+㉒）-（（⑧+⑫+⑲+㉓）・修正申告の場合㉖＝⑭+㉕
㉖が還付税額となる場合はマイナス「-」を付してください。

付記事項・参考事項

項目	有	無	
割賦基準の適用	○	●	31
延払基準の適用	○	●	32
工事進行基準の適用	○	●	33
現金主義会計の適用	○	●	34
課税標準額に対する消費税額の計算の特例の適用	○	●	35

控除税額の計算方法

課税売上割合	方式
95％未満	個別対応方式 ○／一括比例配分方式 ○
95％以上	全額控除 ●
41

①・②の内訳

課税標準額	4 %分	769,888 千円
	旧税率3 %分	千円
消費税額	4 %分	30,795,520 円
	旧税率3 %分	円

基準期間の課税売上高　854,300,000 円

還付を受けようとする金融機関等

i 銀行・金庫・組合・農協・漁協　本店・支店／本所・支所
預金　口座番号

ii （窓口受取りの場合）　郵便局

iii 貯金記号番号（郵便貯金振込みの場合）　-

※税務署整理欄

税理士署名押印　㊞
（電話番号　-　-　）

○ 税理士法第30条の書面提出有
○ 税理士法第33条の2の書面提出有

第3編　建設業財務諸表の作り方　121

付表2　課税売上割合・控除対象仕入税額等の計算表　　　一般

| 課税期間 | 19・04・01～20・03・31 | 氏名又は名称 | 株式会社　日本住宅 |

項　目		金　額
課　税　売　上　額（税抜き）	①	769,888,930　円
免　税　売　上　額	②	
非課税資産の輸出等の金額、海外支店等へ移送した資産の価額	③	
課税資産の譲渡等の対価の額（①＋②＋③）	④	769,888,930　※申告書の⑮欄へ
課税資産の譲渡等の対価の額（④の金額）	⑤	769,888,930
非　課　税　売　上　額	⑥	5,820,960
資産の譲渡等の対価の額（⑤＋⑥）	⑦	775,709,890　※申告書の⑯欄へ
課　税　売　上　割　合（④／⑦）		〔　99.24　％〕※端数切捨て
課税仕入れに係る支払対価の額（税込み）	⑧	※注2参照　559,566,682
課税仕入れに係る消費税額（⑧×4／105）	⑨	※注3参照　21,316,825
課　税　貨　物　に　係　る　消　費　税　額	⑩	
納税義務の免除を受けない（受ける）こととなった場合における消費税額の調整（加算又は減算）額	⑪	
課税仕入れ等の税額の合計額（⑨＋⑩±⑪）	⑫	21,316,825
課税売上割合が95％以上の場合（⑫の金額）	⑬	21,316,825
課税売上割合が95％未満の場合　個別対応方式　⑫のうち、課税売上げにのみ要するもの	⑭	
⑫のうち、課税売上げと非課税売上げに共通して要するもの	⑮	
個別対応方式により控除する課税仕入れ等の税額〔⑭＋（⑮×④／⑦）〕	⑯	
一括比例配分方式により控除する課税仕入れ等の税額（⑫×④／⑦）	⑰	
控除税額の調整　課税売上割合変動時の調整対象固定資産に係る消費税額の調整（加算又は減算）額	⑱	
調整対象固定資産を課税業務用（非課税業務用）に転用した場合の調整（加算又は減算）額	⑲	
差引　控　除　対　象　仕　入　税　額〔（⑬、⑯又は⑰の金額）±⑱±⑲〕がプラスの時	⑳	21,316,825　※申告書の④欄へ
控　除　過　大　調　整　税　額〔（⑬、⑯又は⑰の金額）±⑱±⑲〕がマイナスの時	㉑	※申告書の③欄へ
貸　倒　回　収　に　係　る　消　費　税　額	㉒	※申告書の③欄へ

注意　1　金額の計算においては、1円未満の端数を切り捨てる。
　　　2　⑧欄には、値引き、割戻し、割引きなど仕入対価の返還等の金額がある場合（仕入対価の返還等の金額を仕入金額から直接減額している場合を除く。）には、その金額を控除した後の金額を記入する。
　　　3　上記2に該当する場合には、⑨欄には次の算式により計算した金額を記入する。
　　　　　課税仕入れに係る消費税額⑨＝〔課税仕入れに係る支払対価の額（仕入対価の返還等の金額を控除する前の税込金額）× $\frac{4}{105}$〕－〔仕入対価の返還等の金額（税込み）× $\frac{4}{105}$〕
　　　4　㉑欄と㉒欄のいずれにも記載がある場合は、その合計金額を申告書③欄に記入する。

別表一(一) 普通法人(特定の医療法人を除く。)及び人格のない社団等の分……平成十九・四・一以後終了事業年度分

FB0105

税務署長殿 平成　年　月　日

納税地	東京都千代田区永田町1-1-1　電話(00)000-0000
(フリガナ)	カブシキガイシャ ニホン ジュウタク
法人名	株式会社　日本住宅
(フリガナ)	ニホン タロウ
代表者自署押印	代表取締役　日本太郎　㊞
代表者住所	東京都三鷹市橋本町3-4-6

事業種目	建設業
期末現在の資本金の額又は出資金の額	16,000,000 円
同非区分	特定同族会社／同族会社／非同族会社(〇)
経理責任者自署押印	日本花子　㊞
旧納税地及び旧法人名等	
添付書類	貸借対照表、損益計算書、株主(社員)資本等変動計算書又は損益金処分表、勘定科目内訳明細書、事業概況書、組織再編成に係る契約書等の写し、組織再編成に係る移転資産等の明細書

事業年度　平成 19 年 04 月 01 日　～　平成 20 年 03 月 31 日

事業年度分の確定申告書

中間申告の場合の計算期間　平成　年　月　日　～　平成　年　月　日

区分	No.	金額
所得金額又は欠損金額 (別表四「38の①」)	1	36,792,318
法人税額 (36)又は(37)	2	10,397,600
法人税額の特別控除額	3	
差引法人税額 (2)-(3)	4	10,397,600
リース特別控除取戻税額	5	
土地譲渡税額 課税土地譲渡利益金額	6	
同上に対する税額 (38)+(39)+(40)+(41)	7	
留保金 課税留保金額 (別表三(一)「32」)	8	000
同上に対する税額 (別表三(一)「40」)	9	00
法人税額計 (4)+(5)+(7)+(9)	10	10,397,600
仮装経理に基づく過大申告の更正に伴う控除法人税額	11	
控除税額	12	823,511
差引所得に対する法人税額 (10)-(11)-(12)	13	9,574,000
中間申告分の法人税額	14	9,162,000
差引確定法人税額 (13)-(14)	15	865,780 0

中小法人等の場合の計算		
(1)の金額又は800万円×12/12当額のうち少ない金額 30	8,000,000
(1)のうち年800万円相当額を超える金額 (1)-(30) 31	28,792,000
所得金額(1) (30)+(31) 32	36,792,000
所得金額(1) 33	000

土地譲渡税額の内訳		
土地譲渡税額 (別表三(二)「27」) 38	0
同上 (別表三(二の二)「28」) 39	

控除税額の計算		
所得税の額等 42	823,511
外国税額 43	
計 (42)+(43) 44	823,511
控除した金額 (12) 45	823,511
控除しきれなかった金額 (44)-(45) 46	0

決算確定の日　平成 20 05 20

区分	No.	金額
所得税額等の還付金額 (46)	16	
中間納付額 (14)-(13)	17	
欠損金の繰戻しによる還付請求税額	18	
計 (16)+(17)+(18)	19	
この申告が修正申告である場合 所得金額又は欠損金額	20	
課税土地譲渡利益金額	21	
課税留保金額	22	
法人税額	23	
還付金額	24	
この申告により納付すべき法人税額又は減少する還付請求税額	25	00
欠損金又は災害損失金等の当期控除額	26	
翌期へ繰り越す欠損金又は災害損失金	27	
欠損金又は災害損失金等の当期控除額	28	
翌期に繰り越す欠損金又は災害損失金	29	
(30)の22%相当額	34	1,760,000
(31)の30%相当額	35	8,637,600
法人税額 (34)+(35)	36	10,397,600
法人税額 (33)の30%相当額	37	
土地譲渡税額 (別表三(三)「23」)	40	00
同上 (別表三(四)「15」)	41	
剰余金・利益の配当 (剰余金の分配)の金額	47	

第3編　建設業財務諸表の作り方　123

法人税申告書〔別表11（1の2）・16(1)・16(2)・16(4)・16(6)・16(7)・16(8)〕の解説

○法人税申告書〔別表11（1の2）〕一括評価金銭債権に係る貸倒引当金の損金算入に関する明細書（決算報告・経営状況分析申請兼用）の解説

　　注記表〔様式第17号の2〕の注3の貸借対照表関係(2)の「保証債務、手形遡及債務、重要な係争事件に係る損害賠償義務等の内容及び金額」（受取手形割引高及び受取手形裏書譲渡高の内訳がわかるように）を記載するために必要な明細書です。

○法人税申告書〔別表16(1)〕旧定額法又は定額法による減価償却資産の償却額の計算に関する明細書（決算報告・経営状況分析申請兼用）の解説

　　定額法とは、減価償却資産の取得価額からその残存価額を控除した金額に、その償却費の額が毎年同一となるように、その資産の耐用年数に応じた償却率を乗じて計算した金額を、各事業年度の償却限度額として償却する方法であり、毎年均等額が費用として配分されるので、均等償却法とも呼ばれています。

　　建設業の場合、税法の規定に基づいて、無形固定資産については定額法によって減価償却の計算を行っているのが一般的です。

○法人税申告書〔別表16(2)〕旧定率法又は定率法による減価償却資産の償却額の計算に関する明細書（決算報告・経営状況分析申請兼用）の解説

　　定率法とは、減価償却資産の取得価額（第2回目以後の償却の場合には、取得価額からすでに必要経費または損金の額に算入された金額を控除した金額、つまり未償却残高）にその償却費が毎年（期）一定の割合で逓減するように、その資産の耐用年数に応じた償却率を乗じて計算した金額を各事業年度の償却限度額とする方法であり、未償却残高法とも呼ばれています。

　　建設業の場合、税法の規定に基づいて、有形固定資産については定率法によって減価償却の計算を行っているのが一般的です。

○法人税申告書〔別表16(4)〕旧国外リース期間定額法若しくは旧リース期間定額法又はリース期間定額法による償却額の計算に関する明細書（経営状況分析申請兼用）の解説

　　明細書の裏面に「別表16(4)の記載の仕方」が掲載されておりますので、そちらを参照して下さい。

○法人税申告書〔別表16(6)〕繰延資産の償却額の計算に関する明細書（経営状況分析申請専用）の解説

　　損益計算書〔様式第16号〕のⅤ営業外費用のその他に計上される、貸借対照表〔様式第15号〕のⅢ繰延資産に計上した創立費、開業費、新株発行費、社債発行費、社債発行差金、開発費等の償却額の明細書です。

○法人税申告書〔別表16(7)〕少額減価償却資産の損金算入に関する明細書（経営状況分析申請専用）の解説

　　税法上、事業供用時に全額損金算入できる少額減価償却資産の取得価額基準は10万円未

満とされています（法人税法施行令第133条）。

○法人税申告書〔別表16(8)〕一括償却資産の損金算入に関する明細書（経営状況分析申請専用）の解説

　　税法上、取得価額が20万円未満の減価償却資産については、全部又は一部を、事業年度ごとに、一括して３年間で償却する方法を選択することもできます（法人税法施行令第133条の２）。

一括評価金銭債権に係る貸倒引当金の損金算入に関する明細書

事業年度又は連結事業年度: ・ ・
法人名: （ ）

別表十一(二)の二　平十八・四・一以後終了事業年度又は連結事業年度分

繰入限度額の計算

当期繰入額	1	円
期末一括評価金銭債権の帳簿価額の合計額 (26の計)	2	
貸倒実績率 (20)	3	
実質的に債権とみられないものの額を控除した期末一括評価金銭債権の帳簿価額の合計額 (28の計)	4	円
法定の繰入率	5	/1,000
繰入限度額 ((2)×(3))又は((4)×(5))	6	円
公益法人等・協同組合等の繰入限度額 ((2)×(3)×116/100)又は((4)×(5)×116/100)	7	
繰入限度超過額 (1)-((6)又は(7))	8	

貸倒実績率の計算

前3年内事業年度（設立事業年度である場合には当該事業年度又は連結事業年度）末における一括評価金銭債権の帳簿価額の合計額	9	円
(9)／前3年内事業年度における事業年度及び連結事業年度の数	10	円
前3年内事業年度又は連結事業年度（設立事業年度である場合には当該事業年度）の貸倒れによる損失の額等の合計額	令第96条第2項第2号イの貸倒れによる損失の額の合計額	11	
	損金の額に算入された令第96条第2項第2号ロの貸倒引当金勘定の金額等の合計額	12	
	損金の額に算入された令第96条第2項第2号ハの貸倒引当金勘定の金額等の合計額	13	
	益金の額に算入された令第96条第2項第2号ニの貸倒引当金勘定の金額等の合計額	14	
	益金の額に算入された令第96条第2項第2号ホの貸倒引当金勘定の金額等の合計額	15	
	益金の額に算入された令第96条第2項第2号ヘの貸倒引当金勘定の金額等の合計額	16	
	益金の額に算入された令第96条第2項第2号トの貸倒引当金勘定の金額等の合計額	17	
貸倒れによる損失の額等の合計額 (11)+(12)+(13)-(14)-(15)-(16)-(17)	18	
(18)×12／前3年内事業年度における事業年度及び連結事業年度の月数の合計	19	
貸倒実績率 (19)／(10) （小数点以下4位未満切上げ）	20	

一括評価金銭債権の明細

勘定科目	期末残高	売掛債権等とみなされる額及び貸倒否認額	(21)のうち税務上貸倒れがあったものとみなされる額及び売掛債権等に該当しないものの額	個別評価の対象となった売掛債権等の額及び非適格合併等により移転する売掛債権等の額	連結完全支配関係がある法人に対する売掛債権等の額	期末一括評価金銭債権の額 (21)+(22)-(23)-(24)-(25)	実質的に債権とみられないものの額	差引期末一括評価金銭債権の額 (26)-(27)
	21	22	23	24	25	26	27	28
	円	円	円	円	円	円	円	円
計								

基準年度の実績により実質的に債権とみられないものの額を計算する場合の明細

平成10年4月1日から平成12年3月31日までの間に開始した各事業年度末の一括評価金銭債権の額の合計額	29	円
同上の各事業年度末の実質的に債権とみられないものの額の合計額	30	
債権からの控除割合 (30)／(29) （小数点以下3位未満切捨て）	31	
実質的に債権とみられないものの額 (26の計)×(31)	32	円

御注意

(1) 「5」欄の「1,000」の分子の空欄には、中小法人（租税特別措置法第57条の10第1項に規定する法人をいいます。）が、同項の規定の適用を受ける場合に、その営む主たる事業の区分に応じて次の割合に係る分子の数を記載します。
(2) 卸売業及び小売業（飲食店業及び料理店業を含みます。） 10/1,000
(3) 製造業（電気業、ガス業、熱供給業、水道業及び修理業を含みます。） 8/1,000
(4) 金融及び保険業 3/1,000
(5) 割賦販売小売業及び割賦購入あっせん業 13/1,000
(6) その他の事業 6/1,000
割賦販売法に規定する割賦販売小売業及び割賦購入あっせん業

法 0301-1101-2

① 旧定率法又は定率法による減価償却資産の償却額の計算に関する明細書

事業年度又は連結事業年度：平成 19. 4. 1 ～ 平成 20. 3. 31
法人名：株式会社 日本住宅

別表十六（二） 平十九・四・一以後終了事業年度又は連結事業年度分

資産区分	項目	行				
	種類	1	設備造作	機械・装置	車輌運搬具	什器備品
	構造	2				
	細目	3				
	取得年月日	4				
	事業の用に供した年月	5				
	耐用年数	6	年	年	年	年
取得価額	取得価額又は製作価額	7	外 2,957,340 円	外 37,435,100 円	外 2,337,000 円	外 2,978,880 円
	圧縮記帳による積立金計上額	8				
	差引取得価額 (7)－(8)	9	2,957,340	37,435,100	2,337,000	2,978,880
償却額計算の基礎となる額	償却額計算の対象となる期末現在の帳簿記載金額	10	935,710	16,675,351	233,101	148,944
	期末現在の積立金の額	11				
	積立金の期中取崩額	12				
	差引帳簿記載金額 (10)－(11)－(12)	13	外△ 935,710	外△ 16,675,351	外△ 233,101	外△ 148,944
	損金に計上した当期償却額	14	154,550	2,178,294	109,191	0
	前期から繰り越した償却超過額	15	外	外	外	外
	合計 (13)＋(14)＋(15)	16	1,090,260	18,853,645	342,292	148,944
	前期から繰り越した特別償却不足額又は合併等特別償却不足額	17				
	償却額計算の基礎となる金額 (16)－(17)	18	1,090,260	18,853,645	342,292	148,944
当期分の普通償却限度額等	平成19年3月31日以前取得分 (16)＞(19)の場合	差引取得価額×5％ $(9)×\frac{5}{100}$	19		1,871,755	116,850	
		旧定率法の償却率	20				
		算出償却額 (18)×(20)	21	154,550 円	2,178,294 円	109,191 円	円
		増加償却額 (21)×割増率	22	( )	( )	( )	( )
		計 (21)＋(22) 又は ((18)－(19))	23	154,550	2,178,294	109,191	
	(16)≦(19)の場合	算出償却額 ((19)－1円)×$\frac{12}{60}$	24				
	平成19年4月1日以後取得分	定率法の償却率	25				
		調整前償却額 (18)×(25)	26	円	円	円	円
		保証率	27				
		償却保証額 (9)×(27)	28	円	円	円	円
	(26)＜(28)の場合	改定取得価額	29				
		改定償却率	30				
		改定償却額 (29)×(30)	31	円	円	円	円
		増加償却額 ((26)又は(31))×割増率	32	( )	( )	( )	( )
		計 (26)又は(31))＋(32)	33				
	当期分の普通償却限度額等 (23),(24)又は(33)	34	154,550	2,178,294	109,191	
当期分の償却限度額	特には償却割増償却の適用項	租税特別措置法適用条項	35	(条 項)	(条 項)	(条 項)	(条 項)
		特別償却限度額	36	外 円	外 円	外 円	外 円
		前期から繰り越した特別償却不足額又は合併等特別償却不足額	37				
	合計 (34)＋(36)＋(37)	38	154,550	2,178,294	109,191	
	当期償却額	39	154,550	2,178,294	109,191	0
差引	償却不足額 (38)－(39)	40				
	償却超過額 (39)－(38)	41				
償却超過額	前期からの繰越額	42	外	外	外	外
	当期損金認容額 償却不足によるもの	43				
	積立金取崩しによるもの	44				
	差引合計翌期への繰越額 (41)＋(42)－(43)－(44)	45				
特別償却不足額	翌期に繰り越すべき特別償却不足額 (((40)－(43))と((36)＋(37))のうち少ない金額)	46				
	当期において切り捨てる特別償却不足額又は合併等特別償却不足額	47				
	差引翌期への繰越額 (46)－(47)	48				
	翌期繰越額の内訳	平・・ 平・・	49				
		当期分不足額	50				
	適格組織再編成により引き継ぐべき合併等特別償却不足額 (((40)－(43))と(36)のうち少ない金額)	51				
備考						

① 旧定額法又は定額法による減価償却資産の償却額の計算に関する明細書

別表十六(一) 平十九・四・一以後終了事業年度又は連結事業年度分

| | 事業年度又は連結事業年度 | ・　・ | 法人名 | （　　　） |

御注意

1　この表には、減価償却資産の特別償却の耐用年数、種類等及び償却方法の異なることにまとめて別行にして、他の資産と区別して別行にして、その合計額を記載してください。なお、(1)の資産（(2)の資産に該当するものを除きます。）

　(2)　租税特別措置法の規定の適用を受ける資産については、耐用年数、種類等及び償却方法を同じくする他の資産の金額と通算して「36」欄及び「37」欄の金額を記載できます。

2　租税特別措置法による特別償却の規定の適用を受ける場合には、「特別償却限度額の計算に関する付表」を添付してください。

資産区分	種　　　　　類	1					
	構　　　　　造	2					
	細　　　　　目	3					
取得価額	取　得　年　月　日	4	・　・	・　・	・　・	・　・	・　・
	事業の用に供した年月	5					
	耐　用　年　数	6	年	年	年	年	年
	取得価額又は製作価額	7	外　　円	外　　円	外　　円	外　　円	外　　円
	圧縮記帳による積立金計上額	8					
	差引取得価額 (7)－(8)	9					
帳簿価額	償却額計算の対象となる期末現在の帳簿記載金額	10					
	期末現在の積立金の額	11					
	積立金の期中取崩額	12					
	差引帳簿記載金額 (10)－(11)－(12)	13	外△	外△	外△	外△	外△
	損金に計上した当期償却額	14					
	前期から繰り越した償却超過額	15	外	外	外	外	外
	合　　計 (13)＋(14)＋(15)	16					
当期分の普通償却限度額等	残　存　価　額	17					
	差引取得価額×5% (9)×5/100	18					
	平成19年3月31日以前取得分 (16)＞(18)の場合	旧定額法の償却額計算の基礎となる金額 (9)－(17)	19					
		旧定額法の償却率	20					
		算出償却額 (19)×(20)	21	円	円	円	円	円
		増加償却額 (21)×割増率	22	（　　）	（　　）	（　　）	（　　）	（　　）
		計 (21)＋(22)又は(16)－(18)	23					
	(16)≦(18)の場合	算出償却額 ((18)－1円)×1/60	24					
	平成19年4月1日以後取得分	定額法の償却額計算の基礎となる金額 (9)	25					
		定額法の償却率	26					
		算出償却額 (25)×(26)	27	円	円	円	円	円
		増加償却額 (27)×割増率	28	（　　）	（　　）	（　　）	（　　）	（　　）
		計 (27)＋(28)	29					
	当期分の普通償却限度額等 (23)、(24)又は(29)	30					
当期分の償却限度額	特別償却限度額又は割増償却限度額	租税特別措置法適用条項	31	条　　項	条　　項	条　　項	条　　項	条　　項
		特別償却限度額	32	外　　円	外　　円	外　　円	外　　円	外　　円
	前期から繰り越した特別償却不足額又は合併等特別償却不足額	33					
	合　　計 (30)＋(32)＋(33)	34					
当期償却額		㉟					
差引	償却不足額 (34)－(35)	36					
	償却超過額 (35)－(34)	37					
償却超過額	前期からの繰越額	38	外	外	外	外	外
	当期認容額	償却不足によるもの	39					
		積立金取崩しによるもの	40					
	差引合計翌期への繰越額 (37)＋(38)－(39)－(40)	41					
特別償却不足額	翌期に繰り越すべき特別償却不足額 (((36)－(39))と((32)＋(33))のうち少ない金額)	42					
	当期において切り捨てる特別償却不足額又は合併等特別償却不足額	43					
	差引翌期への繰越額 (42)－(43)	44					
	翌期への繰越額の内訳	平・・平・・	45					
		当期分不足額	46					
適格組織再編成により引き継ぐべき合併等特別償却不足額 (((36)－(39))と(32)のうち少ない金額)	47					
備考							

法　0301－1601

第3編　建設業財務諸表の作り方　127

旧国外リース期間定額法若しくは旧リース期間定額法又はリース期間定額法による償却額の計算に関する明細書	事業年度又は連結事業年度	・ ・	法人名	( )	別表十六(四) 平十九・四・一以後終了事業年度又は連結事業年度分

御注意　租税特別措置法による特別償却の規定の適用を受ける場合には、「特別償却限度額の計算に関する付表」を添付してください。

資産区分	種類	1					
	構造	2					
	細目	3					
	契約年月日	4	・ ・	・ ・	・ ・	・ ・	・ ・
	賃貸の用又は事業の用に供した年月	5					
償却額計算の基礎となる金額	旧国外リース期間定額法	取得価額又は製作価額	6	外　　円	外　　円	外　　円	外　　円	外　　円
		圧縮記帳による積立金計上額	7					
		差引取得価額 (6)-(7)	8					
		見積残存価額	9					
		償却額計算の基礎となる金額 (8)-(9)	10					
	旧リース期間定額法	旧リース期間定額法を採用した事業年度	11	平・・平	平・・平	平・・平	平・・平	平・・平
		取得価額又は製作価額	12	外　　円	外　　円	外　　円	外　　円	外　　円
		上記(12)のうち(11)の事業年度前に損金の額に算入された金額	13					
		差引取得価額 (12)-(13)	14					
		残価保証額	15					
		償却額計算の基礎となる金額 (14)-(15)	16					
	リース期間定額法	取得価額	17	外	外	外	外	外
		残価保証額	18					
		償却額計算の基礎となる金額 (17)-(18)	19					
帳簿記載金額	償却額計算の対象となる期末現在の帳簿記載金額	20						
	期末現在の積立金の額	21						
	積立金の期中取崩額	22						
	差引帳簿記載金額 (20)-(21)-(22)	23	外△	外△	外△	外△	外△
リース期間又は改定リース期間の月数	24	( )月	( )月	( )月	( )月	( )月
当期におけるリース期間又は改定リース期間の月数	25					
当期分の償却限度額	当期分の普通償却限度額 (10)、(16)又は(19)×(25)/(24)	26	円	円	円	円	円
	特別償却又は割増償却	租税特別措置法適用条項	27	(条 項)	(条 項)	(条 項)	(条 項)	(条 項)
		特別償却限度額	28	外　　円	外　　円	外　　円	外　　円	外　　円
	前期から繰り越した特別償却不足額又は合併等特別償却不足額	29					
	合計 (26)+(28)+(29)	30					
当期償却額	31					
差引	償却不足額 (30)-(31)	32					
	償却超過額 (31)-(30)	33					
償却超過額	前期からの繰越額	34	外	外	外	外	外
	当期損金認容額	償却不足によるもの	35					
		積立金取崩しによるもの	36					
	差引合計翌期への繰越額 (33)+(34)-(35)-(36)	37					
特別償却不足額	翌期に繰り越すべき特別償却不足額 (((32)-(35))と((28)+(29))のうち少ない金額)	38					
	当期において切り捨てる特別償却不足額又は合併等特別償却不足額	39					
	差引翌期への繰越額 (38)-(39)	40					
	翌期への繰越額の内訳		平・・平	41					
		当期分不足額	42					
適格組織再編成により引き継ぐべき合併等特別償却不足額 (((32)-(35))と(28)のうち少ない金額)	43					
備考						

別表十六（四）の記載の仕方

1 この明細書は、法人の減価償却資産について旧国外リース期間定額法若しくは旧リース期間定額法又はリース期間定額法により当該減価償却資産の償却限度額等の計算を行う場合に記載します。この場合、措置法による特別償却を行うものについても、この明細書により記載しますので、御注意ください。
　なお、措置法による特別償却の規定の適用を受ける場合には、特別償却限度額の計算に関し参考となるべき事項を別紙に記載し、添付してください。
2 連結法人については、適用を受ける各連結法人ごとにこの明細書を作成し、その連結法人の法人名を「法人名」のかっこの中に記載してください。
3 この明細書は、「法人税申告書の記載の手引」の別表十六（一）又は別表十六（二）の相当欄に準じて記載するほか、次により記載します。
　(1) 減価償却に関する明細書の提出について、令第63条第2項（減価償却に関する明細書）（令第155条の6（個別益金額又は個別損金額の計算における届出書等の規定の準用）において準用するものを含みます。）の規定の適用を受ける場合の同項に規定する合計額を記載した書類には、「構造2」から「賃貸の用又は事業の用に供した年月5」まで、「見積残存価額9」、「残価保証額15」、「残価保証額18」、「償却額計算の対象となる期末現在の帳簿記載金額20」から「積立金の期中取崩額22」まで、「リース期間又は改定リース期間の月数24」、「当期におけるリース期間又は改定リース期間の月数25」、「翌期への繰越額の内訳」の「41」及び「42」の各欄の記載は要しません。
　　（注）特別償却の対象となった減価償却資産については、措置法第46条及び第68条の30（経営基盤強化計画を実施する指定中小企業者の機械等の割増償却）並びに第46条の2第1項及び第68条の31第1項（障害者を雇用する場合の機械等の割増償却）の規定の適用を受けるものを除き、合計表によることはできませんので御注意ください。
　(2) 「種類1」、「構造2」及び「細目3」には、減価償却資産の耐用年数省令別表第一から第八までに定める種類、構造及び細目に従って記載します。
　(3) 「賃貸の用又は事業の用に供した年月5」は、当期の中途において賃貸の用又は事業の用に供した年月を記載します。
　(4) 「見積残存価額9」には、令第48条第1項第6号（旧国外リース期間定額法）に規定する国外リース資産（以下「国外リース資産」といいます。）について、当該国外リース資産をその賃貸借の終了の時において譲渡するとした場合に見込まれるその譲渡対価の額に相当する金額を記載します。
　(5) 「残価保証額15」及び「残価保証額18」は、それぞれ次により記載します。
　　イ 旧リース期間定額法　令第49条の2第1項（リース賃貸資産の償却の方法の特例）に規定するリース賃貸資産（以下「リース賃貸資産」といいます。）の令第48条第1項第6号に規定する改正前リース取引（以下「改正前リース取引」といいます。）に係る契約において定められている当該リース賃貸資産の賃貸借の期間の終了の時に当該リース賃貸資産の処分価額が当該改正前リース取引に係る契約において定められている保証額に満たない場合にその満たない部分の金額を当該改正前リース取引に係る賃借人その他の者がその賃貸人に支払うこととされている場合における当該保証額を記載します。なお、当該保証額の定めがない場合には、零と記載します。
　　ロ リース期間定額法　リース期間終了の時に令第48条の2第1項第6号（リース期間定額法）に規定するリース資産の処分価額が同条第5項第5号に規定する所有権移転外リース取引に係る契約において定められている保証額に満たない場合にその満たない部分の金額を当該所有権移転外リース取引に係る賃借人がその賃貸人に支払うこととされている場合における当該保証額を記載します。
　(6) 「リース期間又は改定リース期間の月数24」及び「当期におけるリース期間又は改定リース期間の月数25」は、それぞれ次により記載します。
　　イ 旧国外リース期間定額法　改正前リース取引に係る契約において定められている国外リース資産の賃貸借の期間の月数及び当期におけるその国外リース資産の賃貸借の期間の月数を記載します。
　　ロ 旧リース期間定額法　令第49条の2第1項の規定の適用を受けるリース賃貸資産のリース期間のうち同項の規定の適用を受ける最初の事業年度開始の日以後の期間の月数及び当期における当該リース賃貸資産の賃貸借の期間の月数を記載します。
　　　また、「リース期間又は改定リース期間の月数24」のかっこの中には、旧リース期間定額法を採用している場合におけるリース期間の月数を記載します。
　　ハ リース期間定額法　令第48条の2第5項第7号に規定するリース期間の月数及び当期におけるリース資産の賃貸借の期間の月数を記載します。
　　ニ なお、国外リース資産、リース資産及びリース賃貸資産（以下「リース資産等」といいます。）につき、令第48条第5項第3号、令第48条の2第4項及び令第49条の2第4項に規定する評価換え等（以下「評価換え等」といいます。）が行われたことによりその帳簿価額が増額又は減額された場合には、次に掲げる事業年度において、それぞれ次の月数を記載します。
　　　(イ) 期末評価換え等（評価換え等のうち、令第48条第5項第4号に規定する期中評価換え等（以下「期中評価換え等」といいます。）以外のものをいいます。以下同じ。）が行われた事業年度若しくは連結事業年度後の各事業年度若しくは各連結事業年度「24」には、そのリース資産等の賃貸借の期間のうちその期末評価換え等が行われた事業年度若しくは連結事業年度終了の日後の期間の月数を記載し、「25」には、「24」に記載したリース期間のうち当期に含まれる期間の月数を記載します。
　　　(ロ) 期中評価換え等が行われた事業年度若しくは連結事業年度以後の各事業年度若しくは各連結事業年度「24」には、そのリース資産等の賃貸借の期間のうちその期中評価換え等が行われた事業年度若しくは連結事業年度開始の日（当該事業年度若しくは連結事業年度がそのリース資産等を賃貸の用に供した日の属する事業年度若しくは連結事業年度である場合には、同日）以後の期間の月数を記載し、「25」には、「24」に記載したリース期間のうち当期に含まれる期間の月数を記載します。
　(7) 「租税特別措置法適用条項27」には、措置法による特別償却又は割増償却の規定の適用を受ける場合にその条項を記載し、同欄のかっこの中には、その特別償却又は割増償却の割合を記載します。
　(8) 「特別償却限度額28」の外書には、措置法第52条の3（準備金方式による特別償却）又は措置法第68条の41（準備金方式による特別償却）の規定の適用を受ける場合にその金額を記載します。
　(9) 当該減価償却資産について法第31条第5項（減価償却資産の償却費の計算及びその償却の方法）に規定する満たない金額（以下「帳簿記載等差額」といいます。）がある場合には、当該帳簿記載等差額を「前期からの繰越額34」の欄の上段に外書として、記載します。この場合、「償却不足によるもの35」、「積立金の取崩しによるもの36」及び「差引合計翌期への繰越額37」の各欄の記載に当たっては、「前期からの繰越額34」の欄の金額には当該帳簿記載等差額を含むものとして計算します。
　(10) 当該事業年度若しくは連結事業年度前の各事業年度若しくは各連結事業年度において期末評価換え等が行われた事業年度若しくは連結事業年度以前の各事業年度若しくは各連結事業年度において期中評価換え等が行われた減価償却資産についての記載は次によります。
　　イ 評価換え等によりその帳簿価額が増額された金額を「取得価額又は製作価額6」、「取得価額又は製作価額12」又は「取得価額17」の各欄の上段にそれぞれ外書として、記載します。この場合、「差引取得価額8」、「差引取得価額14」又は「償却額計算の基礎となる金額19」の各欄の記載に当たっては、当該増額された金額をそれぞれ「6」、「12」又は「17」に含めて計算します。
　　ロ 「償却額計算の基礎となる金額 (8)-(9) 10」、「償却額計算の基礎となる金額 (14)-(15) 16」、「償却額計算の基礎となる金額 (17)-(18) 19」、「当期におけるリース期間又は改定リース期間の月数24」及び「当期におけるリース期間又は改定リース期間の月数25」の各欄は、それぞれ「償却額計算の基礎となる金額（評価換え等の直後の帳簿価額）-(9) 10」、「償却額計算の基礎となる金額（評価換え等の直後の帳簿価額）-(15) 16」、「償却額計算の基礎となる金額（評価換え等の直後の帳簿価額）-(18) 19」、「リース期間又は改定リース期間（期末評価換え等が行われた事業年度若しくは連結事業年度終了の日後の期間又は期中評価換え等が行われた事業年度若しくは連結事業年度開始の日（当該事業年度又は連結事業年度が当該国外リース資産若しくはリース賃貸資産を賃貸の用に供した日又はリース資産を事業の用に供した日の属する事業年度又は連結事業年度である場合には、その用に供した日）以後の期間）の月数24」及び「当期における同上のリース期間又は改定リース期間の月数25」として記載します。

① 繰延資産の償却額の計算に関する明細書

事業年度 又は連結 事業年度	． ．	法人名	（　　　　　　　）

別表十六㈥　平十九・四・一以後終了事業年度又は連結事業年度分

I　均等償却を行う繰延資産の償却額の計算に関する明細書

繰 延 資 産 の 種 類	1					
支 出 し た 年 月	2	昭平　．	昭平　．	昭平　．	昭平　．	昭平　．
支 出 し た 金 額	3	円	円	円	円	円
償 却 期 間 の 月 数	4	月	月	月	月	月
当期の期間のうちに含まれる償却期間の月数	5					
当 期 分 の 償 却 限 度 額 (3) × (5)/(4)	6	円	円	円	円	円
当　期　償　却　額	⑦					
差引　償 却 不 足 額 (6) － (7)	8					
差引　償 却 超 過 額 (7) － (6)	9					
償却超過額　前期からの繰越額	10	外	外	外	外	外
償却超過額　同上のうち当期損金認容額 ((8)と(10)のうち少ない金額)	11					
償却超過額　翌 期 へ の 繰 越 額 (9) ＋ (10) － (11)	12					

II　一時償却が認められる繰延資産の償却額の計算に関する明細書

繰 延 資 産 の 種 類	13					
支 出 し た 金 額	14	円	円	円	円	円
前期までに償却した金額	15	外	外	外	外	外
当　期　償　却　額	⑯					
期 末 現 在 の 帳 簿 価 額	17					

法　0301－1606

少額減価償却資産の取得価額の損金算入の特例に関する明細書

事業年度又は連結事業年度	・ ・	法人名	( )

別表十六(七) 平十九・四・一以後終了事業年度又は連結事業年度分

御注意

この表は、資産の取得価額が30万円未満であるものについて、少額減価償却資産の取得価額の損金算入の特例（租税特別措置法第67条の5又は第68条の102の2）の適用を受ける場合に御使用ください。また、この場合に、その適用を受ける資産の取得価額の合計額である「8」欄の金額は、300万円（当期が1年に満たない場合には、300万円を12で除し、これに当期の月数を乗じて計算した金額）が限度となりますので御注意ください。

資産区分	種類	1					
	構造	2					
	細目	3					
	事業の用に供した年月	4					
取得価額	取得価額又は製作価額	5	円	円	円	円	円
	法人税法上の圧縮記帳による積立金計上額	6					
	差引改定取得価額 (5)－(6)	7					
資産区分	種類	1					
	構造	2					
	細目	3					
	事業の用に供した年月	4					
取得価額	取得価額又は製作価額	5	円	円	円	円	円
	法人税法上の圧縮記帳による積立金計上額	6					
	差引改定取得価額 (5)－(6)	7					
資産区分	種類	1					
	構造	2					
	細目	3					
	事業の用に供した年月	4					
取得価額	取得価額又は製作価額	5	円	円	円	円	円
	法人税法上の圧縮記帳による積立金計上額	6					
	差引改定取得価額 (5)－(6)	7					

当期の少額減価償却資産の取得価額の合計額 ((7)の計)	8	円

法 0301－1607

① 一括償却資産の損金算入に関する明細書

| 事業年度又は連結事業年度 | ・・ ・・ | 法人名 | ( ) |

別表十六(八) 平十九・四・一以後終了事業年度又は連結事業年度分

								(当期分)
事業の用に供した事業年度又は連結事業年度	1	平 ・ ・ 平 ・ ・	平 ・ ・ 平 ・ ・	平 ・ ・ 平 ・ ・	平 ・ ・ 平 ・ ・	平 ・ ・ 平 ・ ・		
同上の事業年度又は連結事業年度において事業の用に供した一括償却資産の取得価額の合計額	2	円	円	円	円	円		
当期の月数 (事業の用に供した事業年度の中間申告又は連結事業年度の連結中間申告の場合は、当該事業年度又は連結事業年度の月数)	3	月	月	月	月	月		月
当期分の損金算入限度額 (2) × (3)/36	4	円	円	円	円	円		円
当期損金算入額	⑤							
差引 損金算入不足額 (4)−(5)	6							
差引 損金算入限度超過額 (5)−(4)	7							
損金算入限度超過額 前期からの繰越額	8							
損金算入限度超過額 同上のうち当期損金認容額 ((6)と(8)のうち少ない金額)	9							
損金算入限度超過額 翌期への繰越額 (7)+(8)−(9)	10							

法 0301−1608

株式会社　日本住宅 ⑭

役員報酬手当等の内訳書

役員報酬手当等の内訳

役職名担当業務	氏名住所	代表者との関係	常勤・非常勤の別	役員給与計	使用人職務分	左の内訳					退職給与
						使用人職務分以外					
						定期同額給与	事前確定届出給与	利益連動給与	その他		
(代表者)代表取締役	日本 太郎 三鷹市橋本町3-4-6	本人	常・非	円 26,400,000	円 0	円 26,400,000	円 0	円 0	円 0		円 0
取締役	日本 花子 三鷹市橋本町3-4-6	妻	常・非	7,110,000	0	7,110,000	0	0	0		0
			常・非								
			常・非								
			常・非								
			常・非								
			常・非								
			常・非								
			常・非								
計				33,510,000	0	33,510,000	0	0	0		0

人件費の内訳

区分		総額	総額のうち代表者及びその家族分
役員報酬手当		33,510,000 円	33,510,000 円
従業員	給料手当	3,679,000	0
	賃金手当	94,531,573	0
	計	131,720,573	33,510,000

(注) 1．「役員給与計」欄には、役員に対して支給する報酬の金額のほか賞与の金額を含み、退職給与の金額を除いた金額を記入してください。
2．「左の内訳」の「使用人職務分」欄には、使用人兼務役員に支給した使用人職務分給与の金額を記入してください。
3．「使用人職務分以外」の「定期同額給与」欄には、その支給時期が1月以下の一定の期間ごとであり、かつ、当該事業年度の各支給時期における支給額が同額である給与など法人税法第34条第1項第1号に掲げる給与の金額を記入してください。
4．「使用人職務分以外」の「事前確定届出給与」欄には、その役員の職務につき所定の時期に確定額を支給する旨の定めに基づいて支給する法人税法第34条第1項第2号に掲げる給与の金額を記入してください。
5．「使用人職務分以外」の「利益連動給与」欄には、業務を執行する役員に対して支給する法人税法第34条第1項第3号に掲げる給与の金額を記入してください。
6．「使用人職務分以外」の「その他」欄には、上記3．4．5以外の給与の金額を記入してください。
7．「従業員」の「給料手当」欄には、事務員の給料・賞与等一般管理費に含まれるものを記入し、「賃金手当」欄には、工員等の賃金等製造原価（又は売上原価）に算入されるものを記入してください。

決 算 報 告 書

第 29 期

自 平成19年4月1日

至 平成20年3月31日

株式会社 日 本 住 宅

東京都千代田区永田町1－1－1

貸借対照表
平成20年3月31日現在　　　　　　　　　　　　　　　　（単位：円）

資産の部		負債の部	
科目	金額	科目	金額
【流動資産】	【264,261,388】	【流動負債】	【204,057,185】
現金・預金	139,956,231	支払手形	8,750,000
受取手形	34,225,981	工事未払金	99,753,013
完成工事未収金	86,317,187	短期借入金	15,945,000
未成工事支出金	1,664,800	未払金	15,749,659
原材料	2,047,598	前受金	46,084,203
貸付金	2,299,591	預り金	909,690
貸倒引当金	△2,250,000	法人税等充当金	14,092,420
【固定資産】	【67,064,876】	未払消費税等	2,773,200
（有形固定資産）	（17,993,106）	【固定負債】	【96,894,896】
建物	935,710	長期借入金	96,894,896
機械装置	16,675,351		
車両運搬具	233,101	負債合計	300,952,081
工具器具備品	148,944	純資産の部	
（無形固定資産）	（792,197）	【株主資本】	【30,374,183】
電話加入権	792,197	資本金	16,000,000
（投資その他の資産）	（48,279,573）	（利益剰余金）	（14,374,183）
出資金	70,000	（その他利益剰余金）	（14,374,183）
保証金	100,000	別途積立金	2,500,000
敷金	4,268,000	繰越利益剰余金	11,874,183
会員権	35,000,000		
保険積立金	8,841,573	純資産合計	30,374,183
資産合計	331,326,264	負債・純資産合計	331,326,264

損 益 計 算 書

自　平成19年４月１日
至　平成20年３月31日

（単位：円）

科　　　　目	金	額
【売　上　高】		
売　上　高	768,436,422	768,436,422
【売　上　原　価】		
当期完成工事原価	652,024,506	652,024,506
売　上　総　利　益		116,411,916
【販売費及び一般管理費】		80,465,981
営　業　利　益		35,945,935
【営　業　外　収　益】		
受　取　利　息	5,820,960	
雑　　収　　入	1,452,508	7,273,468
【営　業　外　費　用】		
支払利息・手形売却損	20,419,329	
繰　延　資　産　償　却	50,000	20,469,329
経　常　利　益		22,750,074
【特　別　利　益】		
貸倒引当金戻入	2,200,000	
法人税等還付金	67,202	2,267,202
税引前当期純利益		25,017,276
法人税、住民税及び事業税		14,000,000
当　期　純　利　益		11,017,276

販売費及び一般管理費

自　平成19年4月1日
至　平成20年3月31日

（単位：円）

科目	金	額
【人件費】		
役員報酬	33,510,000	
給料手当	3,679,000	
法定福利費	3,742,315	
福利厚生費	337,092	41,268,407
【経費】		
広告宣伝費	1,329,765	
旅費交通費	2,151,379	
接待交際費	1,855,985	
租税公課	6,912,870	
消耗品費	5,042,857	
事務用品費	198,919	
賃借料	2,808,000	
修繕費	2,540,358	
保険料	5,459,753	
支払手数料	6,372,145	
減価償却費	109,191	
貸倒引当金繰入	2,250,000	
雑費	2,166,352	39,197,574
合計		80,465,981

完成工事原価報告書

自 平成19年4月1日
至 平成20年3月31日

(単位:円)

科　　目	金　　額	
【材　料　費】		
期　首　材　料	5,302,838	
材　料　仕　入	494,158,351	
合　　　　　計	499,461,189	
期　末　材　料	2,047,598	497,413,591
【労　務　費】		
賃　金　手　当	94,531,573	
退　職　手　当	1,138,000	
雑　　　　　給	20,800	
法　定　福　利　費	9,576,677	
福　利　厚　生　費	3,043,296	108,310,346
【外　注　費】		
外　注　加　工　費	20,663,002	20,663,002
【経　　　費】		
動　　力　　費	2,249,864	
運　　　　　賃	108,356	
修　　繕　　費	53,560	
賃　　借　　料	9,464,600	
消　耗　品　費	2,524,825	
旅　費　交　通　費	3,183,446	
減　価　償　却　費	2,332,844	
事　務　用　品　費	220,522	
機　器　使　用　料	423,360	
諸　　会　　費	612,900	
接　待　交　際　費	3,234,649	
会　　議　　費	190,441	
雑　　　　　費	70,000	24,669,367
当 期 完 成 工 事 原 価		651,056,306
期 首 仕 掛 工 事 高		2,633,000
合　　　　　計		653,689,306
期 末 仕 掛 工 事 高		1,664,800
当 期 完 成 工 事 原 価		652,024,506

株主資本等変動計算書

自 平成19年4月1日
至 平成20年3月31日

(単位:円)

	株主資本									純資産合計
	資本金	資本剰余金		利益剰余金					株主資本合計	
		資本準備金	その他資本剰余金	資本剰余金合計	利益準備金	その他利益剰余金		利益剰余金合計	自己株式	
						任意積立金	繰越利益剰余金			
前期末残高	16,000,000					2,500,000	856,907	3,356,907		19,356,907	19,356,907
当期変動額											
当期純利益							11,017,276	11,017,276		11,017,276	11,017,276
当期変動額合計	0					0	11,017,276	11,017,276		11,017,276	11,017,276
当期末残高	16,000,000					2,500,000	11,874,183	14,374,183		30,374,183	30,374,183

[任意積立金の内訳]

別途積立金　　前期末残高　　2,500,000
　　　　　　　当期変動額　　　　　　0
　　　　　　　当期末残高　　2,500,000

<u>個 別 注 記 表</u>
自 平成19年4月1日
至 平成20年3月31日

1．この計算書類は、中小企業の会計に関する指針によって作成しています。
2．重要な会計方針に係る事項に関する注記
　(1) 資産の評価基準及び評価方法
　　①たな卸資産の評価基準及び評価方法
　　　未成工事支出金・・・最終仕入原価法による原価法
　　　原材料・・・最終仕入原価法に基づく低価法
　(2) 固定資産の減価償却の方法
　　　有形固定資産・・・定率法
　(3) 引当金の計上基準
　　　貸倒引当金・・・法人税法の規定による法定繰入率により計上しています。
　(4) 消費税等の会計処理
　　　消費税等の会計処理は税抜方式により処理しております。
3．貸借対照表に関する注記
　(1) 有形固定資産の減価償却累計額　　　27,715,214円
　(2) 受取手形割引高　　　　　　　　　127,951,910円
　(3) 受取手形裏書譲渡高　　　　　　　127,651,496円
4．株主資本等変動計算書に関する注記
　(1) 発行済株式の種類及び総数に関する事項
　　　　発行済株式
　　　　　普通株式（発行済株式）
　　　　　　前期末株式数（発行済普通株式）　　　320株
　　　　　　当期増加株式数（発行済普通株式）　　　0株
　　　　　　当期減少株式数（発行済普通株式）　　　0株
　　　　　　当期末株式数（発行済普通株式）　　　320株

別紙の通り報告致します。
　　　　平成20年5月20日
　　　　　株式会社　日　本　住　宅

　　　　　　　　　　　　　　　　　　　代表取締役　　　　日　本　太　郎

別紙監査の結果、適法正確である事を認めます。
　　　　平成20年5月20日

　　　　　　　　　　　　　　　　　　　監査役　　　　　　日　本　五　郎

Ⅱ 建設業財務諸表（法人用）の記入例及び記載要領

表1 建設業者の種類別及び建設業の手続き別財務諸表の要否一覧
（根拠条文 建設業法施行規則第4条、第10条、第13条、第19条の4）

建設業者の種類	建設業の手続き	様式第15号 貸借対照表	様式第16号 損益計算書 完成工事原価報告書	様式第17号 株主（社員）資本等変動計算書	様式第17号の2 注記表	様式第17号の3 附属明細表	様式任意 事業報告書
大株式会社	新規許可申請	○	○	○	○	○	×
	決算報告届出	○	○	○	○	○	○
	経営状況分析申請	○	○	○	○	×	×
小株式会社	新規許可申請	○	○	○	○	×	×
	決算報告届出	○	○	○	○	×	○
	経営状況分析申請	○	○	○	○	×	×
特例有限会社	新規許可申請	○	○	○	○	添付不要	要
	決算報告届出	○	○	○	○		
	経営状況分析申請	○	○	○	○		
持分会社	新規許可申請	○	○	○	○	添付不要	要
	決算報告届出	○	○	○	○		
	経営状況分析申請	○	○	○	○		
個人事業者	新規許可申請	様式第18号 貸借対照表	様式第19号 損益計算書	添付不要			
	決算報告届出						
	経営状況分析申請						

【凡例】 1 ○…添付要、×…添付不要
2 様式第17号のうち、株式会社及び特例有限会社は株主資本等変動計算書を、持分会社は社員資本等変動計算書を添付すること。

表2　会社の種類別・記載を要する注記項目一覧

（注記表〔様式第17号の2〕記載要領1）

	株式会社			持分会社
	会計監査人設置会社	会計監査人なし		※2
		公開会社	株式譲渡制限会社 ※1	
1　継続企業の前提に重要な疑義を抱かせる事象又は状況	○	×	×	×
2　重要な会計方針	○	○	○	○
3　貸借対照表関係	○	○	×	×
4　損益計算書関係	○	○	×	×
5　株主資本等変動計算書関係	○	○	○	×
6　税効果会計	○	○	×	×
7　リースにより使用する固定資産	○	○	×	×
8　関連当事者との取引	○	○	×	×
9　一株当たり情報	○	○	×	×
10　重要な後発事象	○	○	×	×
11　連結配当規制適用の有無	○	×	×	×
12　その他	○	○	○	○

【凡例】　○…記載要、×…記載不要
　　　　※1…特例有限会社は、この欄に該当する。
　　　　※2…合名会社、合資会社、合同会社はこの欄に該当する。

建設業財務諸表の作成上の注意点

1　法人の確定申告決算書、個人の青色申告決算書又は白色申告収支内訳書から、建設業法上の財務諸表を作成するには、次のようなことに注意して、当該勘定科目の金額の組み替え作業を進めてください。

「法人の確定申告決算書」の場合

①　株式会社のうちの「株式譲渡制限会社等の小会社」、特例有限会社、合同・合名・合資会社等の持分会社等の法人建設業者の確定申告決算書は、法人税法に基づいて作成されています。一方、法人建設業者の財務諸表は、建設業法によってその様式が規定されています。従って、財務諸表の作成に当たっては、確定申告決算書の金額をそのまま財務諸表に転記できないことはもちろん、確定申告決算書と財務諸表の勘定科目が同じである場合でも、単純にその金額を財務諸表に転記するだけでは、法規上の審査基準を満たすことはできません。

②　そこでまず、確定申告決算書の勘定科目に計上された金額が、財務諸表ではどの勘定科目に該当するのか、その付属明細書（別表）及び勘定科目内訳書を精査して判断しま

す。
③　その上で、法人用財務諸表の記載要領及び勘定科目の分類（建設省告示第1660号）にしたがって、財務諸表の勘定科目に対応する上記②の金額をそれぞれ転記していきます。

「個人の青色申告決算書又は白色申告収支内訳書」の場合
①　個人建設業者の確定申告書と青色申告決算書又は白色申告収支内訳書は、所得税法に基づいて作成されています。一方、個人建設業者の財務諸表は、建設業法によってその様式が規定されています。従って、財務諸表の作成に当たっては青色申告決算書等の金額をそのまま財務諸表に転記できないことはもちろん、青色申告決算書等と財務諸表の勘定科目が同じである場合でも、単純にその金額を財務諸表に転記するだけでは、法規上の審査基準を満たすことはできません。
②　そこでまず、青色申告決算書等の勘定科目に計上された金額が、財務諸表ではどの勘定科目に該当するのか、青色申告決算書等に併記された勘定科目の内訳書を精査して判断します。
③　その上で、個人用財務諸表の記載要領にしたがい、法人用財務諸表の記載要領及び勘定科目の分類（建設省告示第1660号）を参考にして、財務諸表の勘定科目に対応する上記②の金額をそれぞれ転記していきます。

最初の事業年度が終了していない法人の開始貸借対照表

<u>開始貸借対照表</u>

日本建設株式会社

平成20年5月1日現在

資産の部		負債及び純資産の部	
科　　　　目	金　　　額	科　　　　目	金　　　額
現　金　・　預　金	20,000,000円	資　　本　　金	20,000,000円
合　　　　計	20,000,000円	合　　　　計	20,000,000円

〈提出を要する場合〉

　新しく設立した会社で最初の事業年度（決算期）が終了していない場合には、［財務諸表］として提出するのはこの「貸借対照表」だけでよく「損益計算書」は不要です。

〈添付書類〉

　建設業新規申請の場合、大臣許可にあっては、財務署への法人設立届出書の写し又は個人事業開始届出書の写し、都道府県知事許可にあっては、都道府県税事務所への法人事業開始等申告書の写し又は個人事業開始申告書の写しがそれぞれ必要になります。

財　務　諸　表

(法人用)

様式第15号　貸　借　対　照　表
様式第16号　損　益　計　算　書
　　　　　　完成工事原価報告書
様式第17号　株主資本等変動計算書
様式第17号の2　注記表

営業年度　〔自　平成19年4月1日
　　　　　　至　平成20年3月31日〕

（会社名）　株式会社　日本住宅

（消費税抜き処理方式）

注1　毎事業年度終了報告用兼経営状況分析申請用財務諸表
注2　平成20年3月31日以後に決算期が到来した事業年度に係る財務諸表
注3　小会社（資本の額が1億円以下で、かつ負債の額が200億円未満の株式会社）、特例有限会社及び持分会社に係る財務諸表
注4　根拠省令　建設業法施行規則（昭和24年7月28日建設省令第14号）
　　　　　〔最終改正　平成20年1月31日国土交通省令第3号〕

様式第十五号（第四条、第十条、第十九条の四関係）

（用紙Ａ４）

貸 借 対 照 表
平成20年3月31日現在

（会社名）　株式会社日本住宅

資 産 の 部

Ⅰ 流 動 資 産　　　　　　　　　　　　　　　　　　　　　千円
　　現　金　預　金　　　　　　　　　　　　　　　　　　　139,956
　　受　取　手　形　　　　　　　　　　　　　　　　　　　 34,226
　　完 成 工 事 未 収 入 金　　　　　　　　　　　　　　　 86,317
　　有　価　証　券
　　未 成 工 事 支 出 金　　　　　　　　　　　　　　　　　 1,665
　　材　料　貯　蔵　品　　　　　　　　　　　　　　　　　　 2,048
　　短　期　貸　付　金　　　　　　　　　　　　　　　　　　 2,299
　　前　払　費　用
　　繰　延　税　金　資　産
　　そ　　の　　他
　　貸　倒　引　当　金　　　　　　　　　　　　　△　 2,250
　　　流　動　資　産　合　計　　　　　　　　　　　　　　264,261

Ⅱ 固 定 資 産
(1) 有形固定資産
　　建　物 ・ 構　築　物　　　　　　　　　 2,957
　　　減 価 償 却 累 計 額　　　　　　△　 2,021　　　　　　 936
　　機　械 ・ 運　搬　具　　　　　　　　　39,772
　　　減 価 償 却 累 計 額　　　　　　△　22,864　　　　　 16,908
　　工 具 器 具 ・ 備　品　　　　　　　　　 2,979
　　　減 価 償 却 累 計 額　　　　　　△　 2,830　　　　　　 149
　　土　　　　　　　　地
　　建　設　仮　勘　定
　　そ　　の　　他
　　　減 価 償 却 累 計 額　　　　　　△
　　　有 形 固 定 資 産 計　　　　　　　　　　　　　　　 17,993
(2) 無形固定資産
　　特　　許　　権
　　借　　地　　権
　　の　　れ　　ん
　　そ　　の　　他　　　　　　　　　　　　　　　　　　　　 792
　　　無 形 固 定 資 産 計　　　　　　　　　　　　　　　　　 792
(3) 投資その他の資産
　　投　資　有　価　証　券
　　関係会社株式・関係会社出資金
　　長　期　貸　付　金
　　破産債権、更生債権等

長 期 前 払 費 用	
繰 延 税 金 資 産	
そ の 他（敷金＋会員権＋保険積立金等）	48,280
貸 倒 引 当 金	△
投資その他の資産計	48,280
固 定 資 産 合 計	67,065

Ⅲ 繰 延 資 産

創 立 費	
開 業 費	
株 式 交 付 費	
社 債 発 行 費	
開 発 費	
繰 延 資 産 合 計	0
資 産 合 計	331,326

負 債 の 部

I 流 動 負 債
  支 払 手 形   8,750
  工 事 未 払 金   99,753
  短 期 借 入 金   15,945
  未 払 金
  未 払 消 費 税 等   2,773
  未 払 費 用（役員報酬＋従業員給料他）   15,750
  未 払 法 人 税 等   14,092
  繰 延 税 金 負 債
  未 成 工 事 受 入 金   46,084
  預 り 金   910
  前 受 収 益
  ＿＿＿＿＿引 当 金
  そ の 他
   流 動 負 債 合 計   204,057

II 固 定 負 債
  社 債
  長 期 借 入 金   96,895
  繰 延 税 金 負 債
  ＿＿＿＿＿引 当 金
  負 の の れ ん
  そ の 他
   固 定 負 債 合 計   96,895
   負 債 合 計   300,952

純 資 産 の 部

I 株主資本
 (1) 資本金   16,000
 (2) 出資金申込証拠金   _____
 (3) 資本剰余金   _____
   資本準備金   _____
   その他資本剰余金   _____
   資本剰余金合計   _____
 (4) 利益剰余金   _____
   利益準備金   _____
   その他利益剰余金   _____
   _____準備金   _____
   別途積立金   2,500
   繰越利益剰余金   11,874
   利益剰余金合計   14,374
 (5) 自己株式   △_____
 (6) 自己株式申込証拠金   _____
   株主資本合計   30,374

II 評価・換算差額等
 (1) その他有価証券評価差額金   _____
 (2) 繰延ヘッジ損益   _____
 (3) 土地再評価差額金   _____
   評価・換算差額等合計   _____

III 新株予約権   _____
   純資産合計   30,374
   負債純資産合計   331,326

(注) 持分会社である場合においては、「関係会社株式」を「投資有価証券」に、「関係会社出資金」を投資その他の資産の「その他」に含めて記載することができる（記載要領16）。
   持分会社である場合においては、「株主資本」とあるのは「社員資本」と、「新株式申込証拠金」とあるのは、「出資金申込証拠金」として記載することとし、資本剰余金及び利益剰余金については、「準備金」と「その他」に区分しての記載を要しない（記載要領18）。

記載要領
1 貸借対照表は、一般に公正妥当と認められる企業会計の基準その他の企業会計の慣行をしん酌し、会社の財産の状態を正確に判断することができるよう明瞭に記載すること。
2 勘定科目の分類は、国土交通大臣が定めるところによること。
3 記載すべき金額は、千円単位をもって表示すること。
  ただし、会社法（平成17年法律第86号）第2条第6号に規定する大会社にあっては、百万円単位をもって表示することができる。この場合、「千円」とあるのは「百万円」として記載すること。
4 金額の記載に当たって有効数字がない場合においては、科目の名称の記載を要しない。

5 「流動資産」、「有形固定資産」、「無形固定資産」、「投資その他の資産」、「流動負債」、「固定負債」に属する科目の掲記が「その他」のみである場合においては、科目の記載を要しない。

6 建設業以外の事業を併せて営む場合においては、当該事業の営業取引に係る資産についてその内容を示す適当な科目をもって記載すること。
　　ただし、当該資産の金額が資産の総額の100分の1以下のものについては、同一の性格の科目に含めて記載することができる。

7 「流動資産」の「有価証券」又は「その他」に属する親会社株式の金額が資産の総額の100分の1を超えるときは、「親会社株式」の科目をもって記載すること。「投資その他の資産」の「関係会社株式・関係会社出資金」に属する「親会社株式」についても同様に、「投資その他の資産」に「親会社株式」の科目をもって記載すること。

8 流動資産、有形固定資産、無形固定資産又は投資その他の資産の「その他」に属する資産でその金額が資産の総額の100分の1を超えるものについては、当該資産を明示する科目をもって記載すること。

9 記載要領6及び8は、負債の部の記載に準用する。

10 「材料貯蔵品」、「短期貸付金」、「前払費用」、「特許権」、「借地権」及び「のれん」は、その金額が資産の総額の100分の1以下であるときは、それぞれ流動資産の「その他」、無形固定資産の「その他」に含めて記載することができる。

11 記載要領10は、「未払金」、「未払費用」、「預り金」、「前受収益」及び「負ののれん」の表示に準用する。

12 「繰延税金資産」及び「繰延税金負債」は、税効果会計の適用にあたり、一時差異（会計上の簿価と税務上の簿価との差額）の金額に重要性がないために、繰延税金資産又は繰延税金負債を計上しない場合には記載を要しない。

13 流動資産に属する「繰延税金資産」の金額及び流動負債に属する「繰延税金負債」の金額については、その差額のみを「繰延税金資産」又は「繰延税金負債」として流動資産又は流動負債に記載する。固定資産に属する「繰延税金資産」の金額及び固定負債に属する「繰延税金負債」の金額についても、同様とする。

14 各有形固定資産に対する減損損失累計額は、各資産の金額から減損損失累計額を直接控除し、その控除残高を各資産の金額として記載する。

15 「関係会社株式・関係会社出資金」については、いずれか一方がない場合においては、「関係会社株式」又は「関係会社出資金」として記載すること。

16 持分会社である場合においては、「関係会社株式」を投資有価証券に、「関係会社出資金」を投資その他の資産の「その他」に含めて記載することができる。

17 「のれん」の金額及び「負ののれん」の金額については、その差額のみを「のれん」又は「負ののれん」として記載する。

18 持分会社である場合においては、「株主資本」とあるのは「社員資本」と、「新株式申込証拠金」とあるのは「出資金申込証拠金」として記載することとし、資本剰余金及び利益剰余金については、「準備金」と「その他」に区分しての記載を要しない。

19 その他利益剰余金又は利益剰余金合計の金額が負となった場合は、マイナス残高として記載する。

20 「その他有価証券評価差額金」、「繰延ヘッジ損益」及び「土地再評価差額金」のほか、評価・換算差額等に計上することが適当であると認められるものについては、内容を明示する科目をもって記載することができる。

様式第十六号（第四条、第十条、第十九条の四関係）

（用紙Ａ４）

損 益 計 算 書

自　平成19年4月1日
至　平成20年3月31日

（会社名）　株式会社日本住宅

Ⅰ　売　上　高		千円
完　成　工　事　高	768,436	
兼　業　事　業　売　上　高	0	768,436
Ⅱ　売　上　原　価		
完　成　工　事　原　価	652,024	
兼　業　事　業　売　上　原　価	0	652,024
売上総利益（売上総損失）		
完成工事総利益（完成工事総損失）	116,412	
兼業事業総利益（兼業事業総損失）	0	116,412
Ⅲ　販売費及び一般管理費		
役　　員　　報　　酬	33,510	
従　業　員　給　料　手　当	3,679	
退　　　職　　　金		
法　定　福　利　費	3,742	
福　利　厚　生　費	337	
修　繕　維　持　費	2,540	
事　務　用　品　費	199	
通　信　交　通　費	2,151	
動　力　用　水　光　熱　費		
調　査　研　究　費		
広　告　宣　伝　費	1,330	
貸　倒　引　当　金　繰　入　額	2,250	
貸　　倒　　損　　失		
交　　　際　　　費	1,856	
寄　　　付　　　金		
地　　代　　家　　賃	2,808	
減　価　償　却　費	109	
開　発　費　償　却		
租　　税　　公　　課	6,913	
保　　　険　　　料	5,460	
雑　　　　　費（消耗品費＋支払手数料＋雑費）	13,581	80,466
営業利益（営業損失）		35,946
Ⅳ　営　業　外　収　益		
受　取　利　息　配　当　金	5,821	

その他	1,452	7,273
Ⅴ 営業外費用		
支払利息	20,419	
貸倒引当金繰入額		
貸倒損失		
その他	50	20,469
経常利益（経常損失）		22,750
Ⅵ 特別利益		
前期損益修正益		
その他（貸倒引当金戻入額等）	2,267	2,267
Ⅶ 特別損失		
前期損益修正損		
その他		
税引前当期純利益（税引前当期純損失）		25,017
法人税、住民税及び事業税	14,000	
法人税等調整額		14,000
当期純利益（当期純損失）		11,017

記載要領

1　損益計算書は、一般に公正妥当と認められる企業会計の基準その他の企業会計の慣行をしん酌し、会社の損益の状態を正確に判断することができるよう明瞭に記載すること。
2　勘定科目の分類は、国土交通大臣が定めるところによること。
3　記載すべき金額は、千円単位をもって表示すること。
　　ただし、会社法（平成17年法律第86号）第2条第6号に規定する大会社にあっては、百万円単位をもって表示することができる。この場合、「千円」とあるのは「百万円」として記載すること。
4　金額の記載に当たって有効数字がない場合においては、科目の名称の記載を要しない。
5　「兼業事業」とは、建設業以外の事業を併せて営む場合における当該建設業以外の事業をいう。この場合において兼業事業の表示については、その内容を示す適当な名称をもって記載することができる。
　　なお、「兼業事業売上高」（二以上の兼業事業を営む場合においては、これらの兼業事業の売上高の総計）の「売上高」に占める割合が軽微な場合においては、「売上高」、「売上原価」及び「売上総利益（売上総損失）」を建設業と兼業事業とに区分して記載することを要しない。
6　「雑費」に属する費用で「販売費及び一般管理費」の総額の10分の1を超えるものについては、それぞれ当該費用を明示する科目を用いて掲記すること。
7　記載要領6は、営業外収益の「その他」に属する収益及び営業外費用の「その他」に属する費用の記載に準用する。
8　「前期損益修正益」の金額が重要でない場合においては、特別利益の「その他」に含めて記載することができる。
9　特別利益の「その他」については、それぞれ当該利益を明示する科目を用いて掲記すること。
　　ただし、各利益のうち、その金額が重要でないものについては、当該利益を区分掲記しないことができる。

10 「特別利益」に属する科目の掲記が「その他」のみである場合においては、科目の記載を要しない。
11 記載要領8は「前期損益修正損」の記載に、記載要領9は特別損失の「その他」の記載に、記載要領10は「特別損失」に属する科目の記載にそれぞれ準用すること。
12 「法人税等調整額」は、税効果会計の適用に当たり、一時差異（会計上の簿価と税務上の簿価との差額）の金額に重要性がないために、繰延税金資産又は繰延税金負債を計上しない場合には記載を要しない。
13 税効果会計を適用する最初の事業年度については、その期首に繰延税金資産に記載すべき金額と繰延税金負債に記載すべき金額とがある場合には、その差額を「過年度税効果調整額」として株主資本等変動計算書に記載するものとし、当該差額は「法人税等調整額」には含めない。

完成工事原価報告書

（用紙Ａ４）

自　平成19年４月１日
至　平成20年３月31日

（会社名）　株式会社日本住宅

千円

Ⅰ　材　料　費　　　　　　　　　　　　　　　　　　　注1　　498,154

Ⅱ　労　務　費　　　　　　　　　　　　　　　　　注1・2　　　　　0

　　（うち労務外注費　　　　　　　　　　　　　　　　　　0）

Ⅲ　外　注　費　　　　　　　　　　　　　　　　　　　注1　　 20,694

Ⅳ　経　　　費　　　　　　　　　　　　　　　　　　　注1　　133,177

　　（うち人件費　　　　　　　　注3　　108,471）

　　完成工事原価　　　　　　　　　　　　　　　　　　注1　　652,025

〔記載上の注意〕

注1　完成工事原価報告書には、「期首仕掛工事高」及び「期末仕掛工事高」勘定での計上が認められていませんので、「期首仕掛工事高」と「期末仕掛工事高」との差額を、当期総工事費用に占める【材料費】・【労務費】・【外注費】・【経費】の構成比に応じて、Ⅰ材料費・Ⅱ労務費（うち労務外注費）・Ⅲ外注費・Ⅳ経費（うち人件費）にそれぞれ比例配分しました。単位千円（なお、千円未満は四捨五入して計算してあります。）。

「期首仕掛工事高」－「期末仕掛工事高」＝2,633－1,665＝968

Ⅰ　材料費の算出計算式
　【材料費】＋【材料費】÷当期総工事費用×期首と期末の仕掛工事高の差額
　497,414＋497,414÷651,056×968＝498,154

Ⅱ　労務費（うち労務外注費）の算出計算式
　該当なし

Ⅲ　外注費の算出計算式
　【外注費】＋【外注費】÷当期総工事費用×期首と期末の仕掛工事高の差額
　20,663＋20,663÷651,056×968＝20,694

Ⅳ　経費（うち人件費）の算出計算式
　＊（うち人件費）の算出計算式
　【人件費】＋【人件費】÷当期総工事費用×期首と期末の仕掛工事高の差額
　108,310＋108,310÷651,056×968＝108,471
　＊（うち人件費）を除く経費の算出計算式
　【経費】－【経費】÷当期総工事費用×期首と期末の仕掛工事高の差額
　24,669－24,669÷651,056×968＝24,706
　＊経費（うち人件費）＝108,471＋24,706＝133,177

注2　労務費：工事に従事した直接雇用の作業員に対する賃金、給料及び手当等。工種・工程別等の工事の完成を約する契約でその大部分が労務費であるものは、労務費に含めて記載することができます。

　　本例では、直接雇用の作業員はいませんので労務費を0円としました。

　　（うち労務外注費）：労務費のうち、工種・工程別等の工事の完成を約する契約でその大部分が労務費であるものに基づく支払い額。

注3　（うち人件費）：経費のうち従業員給料手当、退職金、法定福利費及び福利厚生費。

　　本例では、有資格技術者9人とその他の技術者17人、計26人に対する人件費を計上しました。なお、その他の有資格技術者3人は会社の役員ですので、その給料等は役員報酬に計上してあります。

様式第十七号（第四条、第十条、第十九条の四関係）

株主資本等変動計算書

自 平成19年4月1日
至 平成20年3月31日

(会社名) 株式会社日本住宅

千円

	株主資本									評価・換算差額等					
	資本金	資本剰余金			利益剰余金				自己株式	株主資本合計	その他有価証券評価差額金	繰延ヘッジ損益	土地再評価差額金	評価・換算差額等合計	新株予約権	純資産合計
		資本準備金	その他資本剰余金	資本剰余金合計	利益準備金	その他利益剰余金		利益剰余金合計								
						任意積立金	繰越利益剰余金									
前期末残高	16,000					2,500	857	3,357		19,357						19,357
当期変動額																
新株の発行																
剰余金の配当																
当期純利益							11,017	11,017		11,017						11,017
自己株式の処分																
任意積立金の積立																
株主資本以外の項目の当期変動額（純額）																
当期変動額合計							11,017	11,017		11,017						11,017
当期末残高	16,000					2,500	11,874	14,374		30,374						30,374

（注） 持分会社である場合においては、「株主資本等変動計算書」とあるのは「社員資本等変動計算書」と、「株主資本」とあるのは「社員資本」として記載する（記載要領17）。

記載要領

1 株主資本等変動計算書は、一般に公正妥当と認められる企業会計の基準その他の企業会計の慣行をしん酌し、純資産の部の変動の状態を正確に判断することができるよう明瞭に記載すること。
2 勘定科目の分類は、国土交通大臣が定めるところによること。
3 記載すべき金額は、千円単位をもって表示すること。
　ただし、会社法（平成17年法律第86号）第2条第6号に規定する大会社にあっては、百万円単位をもって表示することができる。この場合、「千円」とあるのは「百万円」として記載すること。
4 金額の記載に当たって有効数字がない場合においては、項目の名称の記載を要しない。
5 その他利益剰余金については、その内訳科目の前期末残高、当期変動額（変動事由ごとの金額）及び当期末残高を株主資本等変動計算書に記載することに代えて、注記により開示することができる。この場合には、その他利益剰余金の前期末残高、当期変動額、当期末残高の各合計額を株主資本等変動計算書に記載する。
6 評価・換算差額等については、その内訳科目の前期末残高、当期変動額（当期変動額については主な変動事由にその金額）及び当期末残高を表示する。変動事由ごとの金額を含む。）及び当期末残高を表示することに代えて、注記により開示することができる。この場合には、評価・換算差額等の前期末残高、当期変動額及び当期末残高の各合計額を株主資本等変動計算書に記載する。
7 各合計額の記載は、株主資本合計を除き省略することができる。
8 株主資本の各項目の変動事由及びその金額の記載は、概ね貸借対照表における表示の順序による。
9 株主資本の各項目の変動事由には、例えば以下のものが含まれる。
　(1) 当期純利益又は当期純損失
　(2) 新株の発行又は自己株式の処分
　(3) 剰余金（その他資本剰余金又はその他利益剰余金）の配当
　(4) 自己株式の取得
　(5) 自己株式の消却
　(6) 企業結合（合併、会社分割、株式交換、株式移転など）による増加又は分割型の会社分割による減少
　(7) 株主資本の計数の変動
　　① 資本金から準備金又は剰余金への振替
　　② 準備金から資本金又は剰余金への振替
　　③ 剰余金から資本金又は準備金への振替
　　④ 剰余金の内訳科目間の振替
10 剰余金の配当については、剰余金の変動事由として当期変動額に表示する。
11 税効果会計を適用する最初の事業年度については、その期首の繰延税金資産に記載すべき金額と繰延税金負債に記載すべき金額とがある場合

には、その差額を「過年度税効果調整額」として繰越利益剰余金の当期変動額に表示する。

12 新株の発行の効力発生日に資本準備金又は資本金又は資本準備金の額の減少の額を減少させた場合には、変動事由の表示方法として、新株の発行により増加すべき資本金又は資本準備金と同額の資本金又は資本準備金の額を記載する（資本金又は資本準備金の額の減少に伴うその他資本剰余金の額の増加）として、以下のいずれかの方法により記載するものとする。また、資本金の計数の変動手続き（資本金又は資本準備金の額の減少に伴うその他資本剰余金の額の増加）として、直接、資本金又は資本準備金の額の増加の額を記載する方法。

(1) 新株の発行の効力発生日に資本金又は資本準備金の額の増加の額を記載する方法。

(2) 企業結合の効力発生日に資本金又は資本準備金の額の増加の額を記載する場合についても同様に取り扱う。

13 株主資本以外の各項目の当期変動額は、純額で表示するが、主な変動事由及びその金額を表示することができる。また、項目ごとに選択することができる。当該表示は、変動事由金額の重要性などを勘案し、事業年度ごとに選択する。

14 株主資本以外の各項目の主な変動事由及びその金額を表示する場合、以下の方法により表示することができる。

(1) 株主資本等変動計算書に主な変動事由及びその金額を表示する方法

(2) 株主資本等変動計算書に当期変動額を純額で記載し、主な変動事由及びその金額を注記する方法

15 株主資本以外の各項目の主な変動事由及びその金額を表示する場合、当該変動事由は、例えば以下のものが含まれる。

(1) 評価・換算差額等

① その他有価証券評価差額金

  その他有価証券の売却又は減損処理による増減

  純資産の部に直接計上されたその他有価証券評価差額金の増減

② 繰延ヘッジ損益

  ヘッジ対象の損益認識又はヘッジ会計の終了による増減

  純資産の部に直接計上された繰延ヘッジ損益の増減

(2) 新株予約権

  新株予約権の発行

  新株予約権の取得

  新株予約権の行使

  新株予約権の失効

  自己新株予約権の消却

  自己新株予約権の処分

16 株主資本以外の各項目のうち、その他有価証券評価差額金について、主な変動事由及びその金額を表示する場合、時価評価の対象となるその他有価証券の売却又は減損処理による増減は、原則として、以下のいずれかの方法により計算する。

(1) 損益計算書に計上されたその他有価証券の売却損益等の額に税効果を調整した後の額を表示する方法
(2) 損益計算書に計上されたその他有価証券の売却損益等の額を表示する方法

この場合、評価・換算差額等に対する税効果の額は、当該税効果の内訳項目ごとに行う方法、その他有価証券評価差額金を含む評価・換算差額等の変動事由として表示する。また、評価・換算差額等の表示は、別の変動事由として表示する。また、当該税効果の額の合計による方法のいずれかによることもできる。なお、繰延ヘッジ損益についても同様に取り扱う。

なお、税効果の調整の方法としては、例えば、評価・換算差額等の増減があった事業年度の法定実効税率を使用する方法や繰延税金資産の回収可能性を考慮した税率を使用する方法などがある。

17 持分会社である場合においては、「株主資本等変動計算書」とあるのは「社員資本等変動計算書」と、「株主資本」とあるのは「社員資本」として記載する。

[株主資本等変動計算書の定義]

株主資本等変動計算書は、貸借対照表の純資産の部の一会計期間における変動額のうち、主として株主に帰属する部分である株主資本の各項目の変動事由を報告するものである。

[株主資本等変動計算書の解説]

株主資本等変動計算書は、今回の会社法施行及び建設業法施行規則改正により新設された財務諸表であり、実質的に純資産の部の「変動事由別明細表」である。

旧商法では、取締役は毎決算期に貸借対照表、損益計算書、営業報告書及びその附属明細書とともに、「利益の処分又は損失の処理に関する議案」を作成し、監査役の監査（会計監査人設置会社においては、監査役及び会計監査人の監査）を受けた後に、定時総会に提出して、その承認を求めなければならないと規定していた。

会社法施行後は、株主総会又は取締役会の決議により、剰余金の配当や株主資本の計数の変動等が、いつでも何回でも行うことができることとされ、利益処分案（損失処理案）は廃止となった。

これに伴い、貸借対照表及び損益計算書だけでは、資本金、準備金及び剰余金の数値の連続性を把握することが困難になるため株主資本等変動計算書が導入されることとなった。

それにより、旧商法では、損益計算書の末尾に記載されていた当期未処分利益（又は当期未処理損失）の計算に係る部分と、商法附属明細書に記載されていた「資本金、資本剰余金及び利益準備金及び任意積立金の増減」が、株主資本等変動計算書の記載事項としてまとめられることとなった。

従って、株主資本等変動計算書の表示項目は、原則として様式第17号に定められているが、その項目は、様式第15号の純資産の部の区分と一致することとなる。

(建設工業経営研究会編「平成19年全訂版建設業会計提要」250〜251頁より)

第3編 建設業財務諸表の作り方 161

様式第十七号の二（第四条、第十条、第十九条の四関係）　　　　　　（用紙Ａ４）

注　記　表

自　平成19年4月1日
至　平成20年3月31日

（会社名）株式会社日本住宅
（注）本社は、株式譲渡制限会社である。

注
1　継続企業の前提に重要な疑義を抱かせる事象又は状況
2　重要な会計方針
　(1)　資産の評価基準及び評価方法
　　　該当なし
　(2)　固定資産の減価償却の方法
　　　有形固定資産　定率法を採用　　無形固定資産　定額法を採用
　(3)　引当金の計上基準
　　　貸倒引当金の計上基準
　　　　一般債権については法人税法の規定による法定繰入率、その他の債権については個々の債権の回収可能性を勘案して計上している。
　(4)　収益及び費用の計上基準
　　　該当なし
　(5)　消費税及び地方消費税に相当する額の会計処理の方法
　　　消費税等の会計処理は税抜き方式を採用しております
　(6)　その他貸借対照表、損益計算書、株主資本等変動計算書、注記表作成のための基本となる重要な事項
　　　該当なし
3　貸借対照表関係
　(1)　担保に供している資産及び担保付債務
　　①　担保に供している資産の内容及びその金額
　　②　担保に係る債務の金額
　(2)　保証債務、手形遡及債務、重要な係争事件に係る損害賠償義務等の内容及び金額
　(3)　関係会社に対する短期金銭債権及び長期金銭債権並びに短期金銭債務及び長期金銭債務
　(4)　取締役、監査役及び執行役との間の取引による取締役、監査役及び執行役に対する金銭債権及び金銭債務
　(5)　親会社株式の各表示区分別の金額
4　損益計算書関係
　(1)　工事進行基準による完成工事高
　(2)　「売上高」のうち関係会社に対する部分
　(3)　「売上原価」のうち関係会社からの仕入高
　(4)　関係会社との営業取引以外の取引高
　(5)　研究開発費の総額（会計監査法人を設置している会社に限る。）
5　株主資本等変動計算書関係
　(1)　事業年度末日における発行済株式の種類及び数
　　　普通株式　320株
　(2)　事業年度末日における自己株式の種類及び数
　　　該当なし

(3) 剰余金の配当
      該当なし
  (4) 事業年度末において発行している新株予約権の目的となる株式の種類及び数
      該当なし
6 税効果会計
7 リースにより使用する固定資産
8 関連当事者との取引
  取引の内容

属性	会社等の名称又は氏名	議決権の所有（被所有）割合	関係内容	科　目	期末残高（千円）

  但し、会計監査人を設置している会社は以下の様式により記載する。
  (1) 取引の内容

属性	会社等の名称又は氏名	議決権の所有（被所有）割合	関係内容	取引の内容	取引金額	科　目	期末残高（千円）

  (2) 取引条件及び取引条件の決定方針
  (3) 取引条件の変更の内容及び変更が貸借対照表、損益計算書に与える影響の内容
9 一株当たり情報
  (1) 一株当たりの純資産額
  (3) 一株当たりの当期純利益又は当期純損失
10 重要な後発事象
11 連結配当規制適用の有無
12 その他
   該当なし

記載要領

1 記載を要する注記は、以下の通りとする。

	株式会社			持分会社 ※2
	会計監査人設置会社	会計監査人なし		
		公開会社	株式譲渡制限会社※1	
1 継続企業の前提に重要な疑義を抱かせる事象又は状況	○	×	×	×
2 重要な会計方針	○	○	○	○
3 貸借対照表関係	○	○	×	×
4 損益計算書関係	○	○	×	×
5 株主資本等変動計算書関係	○	○	○	×
6 税効果会計	○	○	×	×
7 リースにより使用する固定資産	○	○	×	×
8 関連当事者との取引	○	○	×	×
9 一株当たり情報	○	○	×	×
10 重要な後発事象	○	○	×	×
11 連結配当規制適用の有無	○	×	×	×
12 その他	○	○	○	○

【凡例】○···記載要、×···記載不要
※1···特例有限会社はこの欄に該当する。
※2···合同会社、合資会社、合名会社はこの欄に該当する。

2 注記事項は、貸借対照表、損益計算書、株主資本等変動計算書の適当な場所に記載することができる。この場合、注記表の当該部分への記載は要しない。

3 記載すべき金額は、注9を除き千円単位をもって表示すること。
　ただし、会社法（平成17年法律第86号）第2条第6号に規定する大会社にあっては、百万円単位をもって表示することができる。この場合、「千円」とあるのは「百万円」として記載すること。

4 注に掲げる事項で該当事項がない場合においては、「該当なし」と記載すること。

5 貸借対照表、損益計算書、株主資本等変動計算書の特定の項目に関連する注記については、その関連を明らかにして記載する。

6 注に掲げる事項の記載にあたっては、以下の要領に従って記載する。
　注1　事業年度の末日において財務指標の悪化の傾向、重要な債務の不履行等財政破綻の可能性その他会社が将来にわたって事業を継続するとの前提に重要な疑義を抱かせる事象又は状況が存在する場合、当該事象又は状況が存在する旨及びその内容、重要な疑義の存在の有無、当該事象又は状況を解消又は大幅に改善するための経営者の対応及び経営計画、当該重要な疑義の影響の貸借対照表、損益計算書、株主資本等変動計算書及び注記表への反映の有無を記載する。
　注2　会計処理の原則又は手続を変更したときは、その旨、変更の理由及び当該変更が貸借対照

表、損益計算書、株主資本等変動計算書及び注記表に与えている影響の内容を、表示方法を変更したときは、その内容を追加して記載する。重要性の乏しい変更は、記載を要しない。
　(5) 税抜方式及び税込方式のうち貸借対照表及び損益計算書の作成に当たって採用したものを記載する。ただし、経営状況分析申請書又は経営規模等評価申請書に添付する場合には、税抜方式を採用すること。
注3
　(1) 担保に供している資産及び担保に係る債務は、勘定科目別に記載する。
　(2) 保証債務、手形遡及債務、損害賠償義務等（負債の部に計上したものを除く。）の種類別に総額を記載する。
　(3) 総額を記載するものとし、関係会社別の金額は記載することを要しない。
　(4) 総額を記載するものとし、取締役、執行役、会計参与又は監査役別の金額は記載することを要しない。
　(5) 貸借対照表に区分掲記している場合は、記載を要しない。
注4
　(1) 工事進行基準を採用していない場合は、記載を要しない。
　(2) 総額を記載するものとし、関係会社別の金額は記載することを要しない。
　(3) 総額を記載するものとし、関係会社別の金額は記載することを要しない。
　(4) 総額を記載するものとし、関係会社別の金額は記載することを要しない。
注5
　(3) 事業年度中に行った剰余金の配当（事業年度末日後に行う剰余金の配当のうち、剰余金の配当を受ける者を定めるための会社法第124条第1項に規定する基準日が事業年度中のものを含む。）について、配当を実施した回ごとに、決議機関、配当総額、一株当たりの配当額、基準日及び効力発生日について記載する。
注6　繰延税金資産及び繰延税金負債の発生原因を定性的に記載する。
注7　ファイナンス・リース取引（リース取引のうち、リース契約に基づく期間の中途において当該リース契約を解除することができないもの又はこれに準ずるもので、リース物件（当該リース契約により使用する物件をいう。）の借主が、当該リース物件からもたらされる経済的利益を実質的に享受することができ、かつ、当該リース物件の使用に伴って生じる費用等を実質的に負担することとなるものをいう。）の借主である株式会社が当該ファイナンス・リース取引について通常の売買取引に係る方法に準じて会計処理を行っていない重要な固定資産について、定性的に記載する。
　　「重要な固定資産」とは、リース資産全体に重要性があり、かつ、リース資産の中に基幹設備が含まれている場合の当該基幹設備をいう。リース資産全体の重要性の判断基準は、当期支払リース料の当期支払リース料と当期減価償却費との合計に対する割合についておおむね1割程度とする。
　　ただし、資産の部に計上するものは、この限りでない。
注8　「関連当事者」とは、会社計算規則第140条第4項に定める者をいい、記載にあたっては、関連当事者ごとに記載する。重要性の乏しい取引については記載を要しない。
　(1) 関連当事者との取引のうち以下の取引は記載を要しない。
　　① 一般競争入札による取引並びに預金利息及び配当金の受取りその他取引の性質からみて取引条件が一般の取引と同様であることが明白な取引
　　② 取締役、執行役、会計参与又は監査役に対する報酬等の給付
　　③ その他、当該取引に係る条件につき市場価格その他当該取引に係る公正な価格を勘案して一般の取引の条件と同様のものを決定していることが明白な取引
注11　会社計算規則第186条第4号に規定する配当規制を適用する場合に、その旨を記載する。

注12　注1から注11に掲げた事項のほか、貸借対照表、損益計算書及び株主資本等変動計算書により会社の財産又は損益の状態を正確に判断するために必要な事項を記載する。

小会社の「事業報告書」の根拠条文等と記載例

会社法第435条（計算書類等の作成及び保存）
 2　株式会社は、法務省令で定めるところにより、各事業年度に係る計算書類（貸借対照表、損益計算書その他株式会社の財産及び損益の状況を示すために必要かつ適当なものとして法務省令で定めるものをいう。以下この章において同じ。）及び事業報告並びにこれらの附属明細書を作成しなければならない。

会社法施行規則第118条（事業報告の内容）　事業報告は、次に掲げる事項をその内容としなければならない。
　一　当該株式会社の状況に関する重要な事項（計算書類及びその附属明細書並びに連結計算書類の内容となる事項を除く。）
　二　法第348条（業務の執行）第3項第4号、第362条（取締役会の権限等）第4項第6号並びに第416条（委員会設置会社の取締役会の権限）第1項第1号ロ及びホに規定する体制の整備についての決定又は決議があるときは、その決定又は決議の内容の概要

会社法施行規則第119条（公開会社の特則）　株式会社が当該事業年度の末日において公開会社である場合には、前条各号に掲げる事項のほか、次に掲げる事項を事業報告の内容としなければならない。
　一　株式会社の現況に関する事項
　二　株式会社の会社役員（直前の定時総会の終結の日の翌日以降に在任していたものであって、当該事業年度の末日までに退任したものを含む。以下この款において同じ。）に関する事項
　三　株式会社の株式に関する事項
　四　株式会社の新株予約権等に関する事項

建設業法施行規則第10条（毎事業年度経過後に届出を必要とする書類）　法第11条第2項の国土交通省令で定める書類は、次に掲げるものとする。
　一　株式会社[*1]以外の法人である場合においては、別記様式第15号から第17号の2までによる貸借対照表、損益計算書、株主資本等変動計算書及び注記表、小会社である場合においてはこれらの書類及び事業報告書、株式会社（小会社を除く。）である場合においては別記様式第15号から第17号の3までによる貸借対照表、損益計算書、株主資本等変動計算書、注記表及び附属明細表[*2]並びに事業報告書
　二　個人である場合においては、別記様式第18号及び第19号による貸借対照表及び損益計算書
　三　（以下省略）
＊1　会社法の施行に伴う関係法律の整備等に関する法律（平成17年法律第87号）第3条第2項に規定する特例有限会社を除く。
＊2　会社法435条2項、計算規則91条1項または整備法26条2項などでは、<u>附属明細書</u>と

なっているので注意を要する。

建設業許可事務ガイドライン
　［第5条及び第6条関係］
　２．許可申請書類の審査要領について
　　⒀　事業報告書について
　　　会社法（平成17年法律第86号）第438条の規定に基づき取締役が定時株主総会に提出してその内容を報告した事業報告書と同一のものを、毎事業年度経過後、届け出ることを求めるものであり、様式については問わない。
　　　事業報告書が、定時株主総会に株主を招集するための通知書等として、貸借対照表及び損益計算書等とともに同一の冊子にまとめられる場合にあっては、当該冊子を届け出ることで足りるものとする。

　以上の「事業報告書」に関する根拠条文等により、「事業報告書」は、個人、合同会社等の持分会社及び特例有限会社においては添付不要とされ、それらを除く株式会社においてのみ添付が必要とされていますが、その様式は任意とされておりますので、以下にその記載例を掲載します。
① 確定申告決算書付属の「法人事業概況説明書」の写しを添付した、後掲「記載例A」のような事業報告書を作成する。
② ①の説明書に記載された「当期の事業成績の概要」を参考にして、後掲「記載例B」のような事業報告書を作成する。
③ 「毎事業年度終了報告書」を援用した、後掲「記載例C」のような事業報告書を作成する。
④ 一般に市販されている事業報告書の様式を利用して、後掲「記載例D」のような事業報告書を作成する。

【記載例A】

事業報告書

自　平成19年4月1日
至　平成20年3月31日

　　　　　　　　　　　　　　　　　　　　　　　　　　　会社名　株式会社　日本住宅

　当社の第29期の経営状況その他につきましては、別紙「法人事業概況説明書」のとおりであります。

法人事業概況説明書

FB1004

別添「法人事業概況説明書の書き方」を参考に記載し、法人税申告書等に一部添付して提出してください。
なお、記載欄が不足する項目につきましては、お手数ですが、適宜の用紙に別途記載の上、添付願います。

整理番号 □□□□□□□□

法人名	屋号（　　　　　）		事業年度	自平成 □□年 □□月 □□日	税務署処理欄	
				至平成 □□年 □□月 □□日		

納税地 〒　　　　　　　　　　電話番号（　　）　　−　　　　応答者氏名
ホームページアドレス

1 事業内容

2 支店・海外取引状況
- (1) 総支店数 □□□
  - 主な所在地
  - 上記のうち海外支店数 □□□
  - 所在国　　　　従業員数
- (2) 子会社
  - 海外子会社の数 □□□
  - 所在国　　　　出資割合(％)
- (3) 取引種類
  - ○輸入　○輸出　○無
  - 輸入 相手国　　　商品　　　取引金額(千円)
  - 輸出
- (4) 貿易外取引
  - ○有　○無
  - ○手数料　○ロイヤルティー　○役務の提供　○証券の売買
  - ○金銭の貸借　○不動産の売買　○その他（　　）

3 期末従事員の状況（単位・人）
- (1) 常勤役員 □□□
- (2) 期末従事員の状況
  - 計 □□□
  - 計のうち代表者家族数 □□□
  - 計のうちアルバイト数 □□□
- (2) 賃金の定め方 ○A固定給 ○B歩合給 ○AB併用
- (3) 社宅・寮の有無 ○有 ○無

4 電子計算機の利用状況
- (1) 利用 ○有 ○無
- (2) 電子商取引 ○有 ○無
- (3) プログラム ○自社作成 ○一部自社作成 ○他社作成 ○市販ソフト
- (4) 適用業務 ○給与管理 ○販売管理 ○生産管理 ○生産管理 ○財務管理 ○その他（　）○固定資産
- (5) 機種名　　　　　　リース料月額　　千円
- (6) 市販会計ソフトの名称
- (7) 委託先　　　　　　委託料月額　　千円
- (8) LAN ○無線LAN ○有線LAN ○無
- (9) 保存媒体 ○FD ○MO ○MT ○CD-R ○その他（　）

5 経理の状況
- (1) 管理者
  - 区分　氏名　代表者との関係
  - 現金　　　　○親族 ○他人
  - 小切手　　　○親族 ○他人
- (2) 試算表の作成状況 ○毎月 ○おおむね月ごと ○決算時のみ
- (3) 源泉徴収対象所得 ○給与 ○報酬・料金 ○利子等 ○配当 ○非居住者 ○退職
- (4) 経理 売上・仕入 ○税抜 ○税込 固定資産 ○税抜 ○税込 経費 ○税抜 ○税込
  消費税 当期課税売上高（単位・千円）

6 株主又は株式所有異動の有無 ○有 ○無

7 主要科目（単位・千円）

※各科目の単位：千円

売上原価のうち	売上（収入）高	□□□□□□	資産の部合計 注3	□□□□□□
	上記のうち兼業売上(収入)高	□□□□□□	現金預金	□□□□□□
	売上（収入）原価	□□□□□□	受取手形 ※貸倒引当金控除前	□□□□□□
	期首棚卸高	□□□□□□	売掛金 ※貸倒引当金控除前、注2	□□□□□□
	原材料費（仕入高）注1	□□□□□□	棚卸資産（未成工事支出金）	□□□□□□
	労務費 ※福利厚生費等を除いてください	□□□□□□	貸付金	□□□□□□
	外注費	□□□□□□	建物 ※減価償却累計額控除後	□□□□□□
	期末棚卸高	□□□□□□	機械装置 ※減価償却累計額控除後	□□□□□□
	減価償却費	□□□□□□	車両・船舶 ※減価償却累計額控除後	□□□□□□
	地代家賃・租税公課	□□□□□□	土地	□□□□□□
販管費のうち	売上（収入）総利益	□□□□□□	負債の部合計 注3	□□□□□□
	役員報酬	□□□□□□	支払手形	□□□□□□
	従業員給料	□□□□□□	買掛金 注2	□□□□□□
	交際費	□□□□□□	個人借入金	□□□□□□
	減価償却費	□□□□□□	その他借入金	□□□□□□
	地代家賃・租税公課	□□□□□□	資本の部合計 注3	□□□□□□
	営業損益	□□□□□□		
	支払利息割引料	□□□□□□		
	税引前当期損益	□□□□□□		

注1 運送業においては燃料費、金融業・保険代理業においては、支払利息割引料を記載してください。
注2 金融業・保険代理業においては、売掛金欄には未収利息、買掛金欄には未払利息を記載してください。
注3 資産の部合計＝負債の部合計＋資本の部合計

貴社（貴法人）が同族会社の場合は、以下の欄についても記載してください。

8 代表者に対する報酬等の金額

※各科目の単位：千円

報酬	□□□□□□	貸付金	□□□□□□	仮払金	□□□□□□
賃借料	□□□□□□	支払利息	□□□□□□	借入金	□□□□□□	仮受金	□□□□□□

OCR入力用（この用紙は機械で読み取ります。折ったり汚したりしないでください。）

この用紙はとじこまないでください

9 事業形態	(1) 兼業の状況	(兼業種目)		(兼業割合)	%		10 主な設備等の状況				
	(2) 事業内容の特異性										
							11 インターネットバンキング等の利用状況				
							(1) インターネットバンキングの利用		◯ 有		◯ 無
							(2) ファームバンキングの利用		◯ 有		◯ 無
	(3) 売上区分	現金売上	%	掛売上	%						
12 決済日等の状況	売 上	締切日		決済日		14 税理士の関与状況	(1) 氏 名				
	仕 入	締切日		決済日			(2) 事務所在地				
	外注費	締切日		決済日			(3) 電話番号				
	給 料	締切日		支給日			(4) 関与状況	◯ 申告書の作成 ◯ 調査立会 ◯ 税務相談 ◯ 決算書の作成 ◯ 伝票の整理 ◯ 補助簿の記帳 ◯ 総勘定元帳の記帳 ◯ 源泉徴収関係事務			
13 帳簿類の備付状況	帳 簿 書 類 の 名 称					15 加入組合等の状況					
							(役職名)				
							(役職名)				
							営業時間	開店 時		閉店 時	
							定休日	毎週(毎月)	曜日(		日)

	月別	売上(収入)金額	仕 入 金 額	外注費	人件費	源泉徴収税額	従事員数
16 月別の売上高等の状況	月	千円	千円	千円	千円	円	人
	月						
	月						
	月						
	月						
	月						
	月						
	月						
	月						
	月						
	月						
	月						
	計						
	前期の実績						

17 当期の営業成績の概要	

第3編　建設業財務諸表の作り方　169

税務署

法人事業概況説明書の書き方

1 はじめに
 (1) この「法人事業概況説明書の書き方」は、特に記載要領を明らかにしておく必要があると思われる項目のみを取りまとめたもので、記載項目のすべてを説明しているものではありません。
　記載に当たりなお不明の点がありましたら、税務署の法人課税（第一）部門へ御照会ください。
 (2) 記載を了した法人事業概況説明書は、他の書類とホチキスどめ等をしないで、申告書に挟み込んで御提出ください。

2 一般的留意事項
　次の事項に留意して、黒のボールペン等で丁寧に記載してください。
 (1) □の枠が設けられている数字の記載欄は、位取りを誤らないように注意して、1枠内に1文字を、右詰めで記載してください。
　なお、桁あふれが生ずる場合は、枠を無視して記載してください。
 (2) 金額は、千円単位（千円未満切捨て）で記載してください（「取引金額」欄については、百万円単位（百万円未満切捨て）で、「源泉徴収税額」欄については、円単位で記載してください。）。
　なお、千円未満（「取引金額」欄については、百万円未満）を切り捨てたことにより記載すべき金額がなくなった場合又はもともと記載すべき金額がない場合には、空欄のままとしてください。
 (3) 記載すべき金額がマイナスのときは、その数字の一つ上の桁の枠内に「－」又は「△」を付してください。
　なお、「▲」は使用しないでください。
 (4) 複数の項目から該当項目を選択する欄については、該当項目の□内の○印を実線でなぞる方法により表示してください。

3 記載要領

欄			記　載　要　領
1	事業内容		営む事業の内容を記載してください。 （注）詳細は裏面「事業形態」欄に記載してください。
2 支店・海外取引状況	(1) 支店数	・総支店数 ・主な所在地	支店、営業所、出張所、工場、倉庫等の総数を記載するとともに、主要支店等の所在地を記載してください。
		・上記のうち海外支店数 ・所在国 ・従業員数	総支店数のうち、海外に所在するものの数を記載するとともに、その主な所在国を記載してください。 また、海外支店において勤務する従業員数を記載してください。
	(2)	子会社	海外子会社の数を記載するとともに、その主な所在国を記載してください。 また、海外子会社に対する出資割合を記載してください。（海外子会社が複数ある場合は、その出資割合が一番高いものを記載してくだ

	(3)	取引種類	海外取引の有無（海外取引がある場合は輸入又は輸出の区分）を□内に○印を付して表示するとともに、輸入及び輸出の区分ごとに主な相手国名及び取引商品名並びに取引金額を<u>百万円単位</u>で記載してください。
	(4)	貿易外取引	貿易外取引の有無を□内に○印を付して表示するとともに、貿易外取引がある場合には、手数料等の取引内容について□内に○印を付して表示してください。 なお、掲記の貿易外取引以外のものがある場合には、「その他」に○印を付すとともに、（　）内に取引内容を記載してください。
3 期末従事員等の状況	(1) 期末従事員の状況		常勤役員以下の空欄には該当の職種を記載するとともに、それぞれの人数を記載してください。 （職種の記載例） 　工具、事務員、技術者、販売員、労務者、料理人、ホステス等
		・計のうち代表者家族数	期末従事員のうち代表者の家族の人数を記載してください。 （注）同居、別居は問いません。
4 電子計算機の利用状況	(4)	適用業務	電子計算機（コンピュータ）の適用業務について、該当項目の□内に○印を表示してください。 なお、掲記の適用業務以外のものがある場合には、「その他」に○印を付すとともに、（　）内に適用業務を記載してください。 （注）　電子計算機の利用形態（自己所有、リース、外部委託）にかかわらず記載してください。
	(5)	機種名	利用している電子計算機の機種の名称を記載するとともに、リースの場合にはそのリース料の月額を記載してください。
	(6)	市販会計ソフトの名称	(3) プログラムにおいて市販会計ソフトを利用している場合にはその名称を記載してください。
	(7)	委託先	電子計算機の利用形態が外部委託である場合に、その委託先の名称等及び委託料の月額を記載してください。 （注）　電子計算機による処理業務以外の業務を併せて委託している場合で、その電子計算機による処理業務に係る委託料を区分できないときは、委託料月額の記載を省略して差し支えありません。
	(8)	LAN	社内でLANを使用している場合については、該当項目の□内に○印を表示してください。
	(9)	保存媒体	データの保存媒体について、該当項目の□内に○印を表示してください。 なお、掲記の保存媒体以外のものがある場合には、「その他」に○印を付すとともに、（　）内にその媒体を記載してください。
5 経理	(1)	管理者	現金出納及び小切手振出しの管理責任者の氏名を記載するとともに、当該管理責任者と代表者との関係を該当項目の□内に○印を付して表示してください。

の状況	(3)	源泉徴収対象所得	当期の取り扱った源泉徴収の対象所得について、該当項目の□内に○印を付して表示してください。
	(4) 消費税	・経理	掲記の各項目ごとの消費税の経理処理の方法を、それぞれの□内に○印を付して表示してください。
		・当期課税売上高	当期の消費税の課税売上高を千円単位で記載してください。
6	株主又は株式所有異動の有無		自社の株主の異動又は株主間の持株数の異動の有無について、該当項目の□内に○印を付して表示してください。
7	主要科目		基本的には決算額によりますが、申告調整（申告書別表四又は申告書別表五㈠での加減算）がある場合には、「交際費」を除き、その調整後の額を記載するほか、以下に留意してください。 　なお、千円単位で記載してください。 ⑴　値引き、割戻し等がある場合の該当科目欄の記載は、それを控除した後の額によってください。 ⑵　退職金は、掲記の人件費に関する各科目には含めないでください。 ⑶　「労務費」欄には、福利厚生費等を除いた金額を記載してください。 ⑷　「交際費」欄には、交際費等の支出額の合計額を記載してください。 ⑸　「地代家賃・租税公課」欄は、支払地代家賃及び租税公課の合計額を記載してください。 ⑹　「受取手形」「売掛金」欄は、貸倒引当金の控除前の額を記載してください。 ⑺　「受取手形」欄には、融通手形の額を含めないでください。 ⑻　「建物」「機械装置」「車両・船舶」欄は、減価償却累計額控除後の額を記載してください。 ⑼　「土地」欄には、借地権等の額を含めてください。 ⑽　「支払手形」欄には、固定資産の購入に係るもので区分可能なもの及び融通手形を含めないでください。 ⑾　「買掛金」欄には、原価性を有する未払金等を含めてください。 ⑿　「個人借入金」欄には、銀行・信用金庫・信用組合からの借入金以外の借入金の合計額を記載してください。 ⒀　「その他借入金」欄には、「個人借入金」欄に記載した以外の借入金の合計額を記載してください。 ⒁　「資産の部合計」欄は、「負債の部合計」欄と「純資産の部合計」欄の計と一致するよう検算願います。 　（注）　1　不動産賃貸業における原価性を有する支払地代家賃・リース料は、「原材料費（仕入高）」欄に含めてください。 　　　　　2　運送業における原価性を有する燃料費は、「原材料費（仕入高）」欄に記載してください。 　　　　　3　金融業・保険代理業における原価性を有する支払利息割引料は、「原材料費（仕入高）」欄に記載してください。

			4　金融業・保険代理業における未収利息は「売掛金」欄に記載してください。 5　金融業・保険代理業における未払利息は「買掛金」欄に記載してください。
8 インターネットバンキング等の利用の有無	(1)	インターネットバンキング	インターネットバンキングの利用の有無について、該当項目の□内に○印を付して表示してください。 （注）　インターネットバンキングとは、インターネットを利用した金融機関の取引サービスをいいます。
	(2)	ファームバンキング	ファームバンキングの利用の有無について、該当項目の□内に○印を付して表示してください。 （注）　ファームバンキングとは、1対1の専用（通信）回線を利用した金融機関の取引サービスをいいます。
9	役員又は役員報酬額の異動の有無		役員の異動又は役員報酬の異動の有無について、該当項目の□内に○印を付して表示してください。
10	代表者に対する報酬等の金額		同族会社の場合には、代表者に対する「報酬」「賃借料」「支払利息」「貸付金」「仮払金」及び代表者からの「借入金」「仮受金」の額を千円単位で記載してください。
11 事業形態	(1)	兼業の状況	2以上の種類の事業を営んでいる場合に、従たる事業内容をできるだけ具体的に記載するとともに、総売上（収入）に占める兼業種目の売上高の割合を記載してください。
	(2)	事業内容の特異性	同業種の法人と比較してその事業内容が相違している事項を記載してください。
	(3)	売上区分	総売上（収入）に占める現金売上及び掛売上の割合を記載してください。
12	主な設備等の状況		事業の用に供している主な設備等の状況について、名称・用途・型・大きさ・台数・面積・部屋数等について以下を参照し、記載してください。 なお、申告書の内訳明細書等に記載がある事項については省略して差し支えありません。 （例） 　○　機械装置の状況については、名称・用途・大きさ・型・台数等について記載してください。 　○　車両等の状況については、名称・用途・台数等について記載してください。 　○　店舗等の状況については、店舗名・住所・延床面積・テーブル数・収容人員等について記載してください。 　○　倉庫等の利用状況については、住所・延床面積・自社所有・賃貸等について記載してください。 　○　客室等の状況には、広さ（畳）・部屋数・収容人員等について記載してください。 　（注）　機械装置の用途は、製造（又は作業）の工程と関連させて記載してください。

14	帳簿類の備付状況	作成している帳簿類について記載してください。 （記載例） 　受注簿、発注簿、作業（生産）指示簿、作業（生産）日報、原材料受払簿、商品受払簿、レジシート、売上日計表、工事日報、工事台帳、出面帳、運転日報、注文書、外交員日報、客別売上明細表、出前帳、予約帳、部屋割表、取引台帳、営業日誌など。
15	税理士の関与状況	税理士の関与の状況について、該当項目の□内に○印を付して表示してください。 （注）　複数の税理士が関与している場合は、主な1名について記載してください。
17	月別の売上高等の状況	売上（収入）高、売上（収入）原価等の月別の状況を記載してください。 （注）1　複数の売上（収入）がある場合には、その主なもの2つについて、原価とともに記載してください。 　　　2　「源泉徴収税額」欄の右側の空欄には掲記以外の主要な科目の状況を記載してください。 　　　3　「人件費」欄には、その月の俸給・給与及び賞与の支給総額（役員に対するものを含む。）を記載してください。 　　　4　「源泉徴収税額」欄には、「人件費」欄に記載した支給総額について、源泉徴収して納付すべき税額（年末調整による過不足額の精算をした場合には、精算後の税額）を円単位で記載してください。 　　　5　「従事員数」欄には、その月の俸給・給与及び賞与の支給人員（役員を含む。）を記載してください。
18	当期の営業成績の概要	経営状況の変化によって特に影響のあった事項、経営方針の変更によって影響のあった事項などについて具体的に記載してください。 （注）　同様の内容を記載した別途の書類を作成している場合には、その書類を添付することにより、この欄の記載を省略して差し支えありません。

【記載例B】

事業報告書

　　　　　　　　　　自　平成19年4月1日
　　　　　　　　　　至　平成20年3月31日

　　　　　　　　　　　　　　　　　　　　会社名　株式会社　日本住宅

　当社の第29期の経営状況その他につきましては、以下のとおりであります。
　前期売上は543,272千円、今期売上は768,436千円で、当期は前期に比べて141％増の売上となりました。このように事業が拡大したのは、①全社員が一丸となって当社発展のために努力したこと、②当社の取引先に強い支援をいただいたことなどによるものです。
　来期におきましても、気を引き締めて業務の発展に努力する所存です。

III 建設業者の所得税確定申告用決算書類

第27-(2)号様式

GK0401 (簡)

平成 年 月 日　税務署長殿

納税地：〒 東京都千代田区永田町1丁目1番2号
（電話番号 00-000-0000）

（フリガナ）ニッポンジュウタクケンセツ
名称又は屋号：日本住宅建設

（フリガナ）ニッポンジロウ
代表者氏名又は氏名：日本次郎 ㊞

経理担当者氏名：日本花子

自 平成 19年01月01日
至 平成 19年12月31日

課税期間分の消費税及び地方消費税の（確定）申告書

平成九年四月一日以後終了課税期間分（簡易課税用）

この申告書による消費税の税額の計算

項目	番号	金額
課税標準額	①	648,21,000 03
消費税額	②	25,928,40 06
貸倒回収に係る消費税額	③	07
控除対象仕入税額	④	18,149,88 08
返還等対価に係る税額	⑤	09
貸倒れに係る税額	⑥	10
控除税額小計 (④+⑤+⑥)	⑦	18,149,88
控除不足還付税額 (⑦-②-③)	⑧	13
差引税額 (②+③-⑦)	⑨	7,778,00 15
中間納付税額	⑩	
納付税額 (⑨-⑩)	⑪	7,778,00 17
中間納付還付税額 (⑩-⑨)	⑫	18
この申告書が修正申告である場合 既確定税額	⑬	19
この申告書が修正申告である場合 差引納付税額	⑭	00 20
この課税期間の課税売上高	⑮	648,213,48 21
基準期間の課税売上高	⑯	432,650,00

この申告書による地方消費税の税額の計算

地方消費税の課税標準となる消費税額 控除不足還付税額(⑧)	⑰	51
差引税額(⑨)	⑱	7,778,00 52
譲渡割額 還付額(⑰×25%)	⑲	53
納税額(⑱×25%)	⑳	1,944,00 54
中間納付譲渡割額	㉑	00 55
納付譲渡割額 (⑳-㉑)	㉒	1,944,00 56
中間納付還付譲渡割額 (㉑-⑳)	㉓	57
この申告書が修正申告である場合 既確定譲渡割額	㉔	58
差引納付譲渡割額	㉕	00 59
消費税及び地方消費税の合計（納付又は還付）税額	㉖	9,722,00 60

㉖=(⑪+⑳)-(⑧+⑫+⑲+㉓)・修正申告の場合㉖=⑭+㉕
㉖が還付税額となる場合はマイナス「-」を付してください。

付記事項

割賦基準の適用	有 / ●無	31
延払基準の適用	有 / ●無	32
工事進行基準の適用	有 / ●無	33
現金主義会計の適用	有 / ●無	34
課税標準額に対する消費税額の計算の特例の適用	有 / ●無	35

参考事項 事業区分

区分	課税売上高（免税売上高を除く）	売上割合%	番号
第1種	千円	.	36
第2種			37
第3種	64,821	100.0	38
第4種			39
第5種		.	42
計	64,821		

特例計算適用(令57③) 有 / ●無 40

①・②の内訳

課税標準額	4%分	64,821 千円
	旧税率3%分	千円
		千円
消費税額	4%分	2,592,840 円
	旧税率3%分	円
		円

還付を受けようとする金融機関等
i 銀行/金庫・組合/農協・漁協 本店・支店/本所・支所
預金 口座番号
ii （窓口受取りの場合） 郵便局
iii 貯金記号番号 －
（郵便貯金振込みの場合）
※税務署整理欄

税理士署名押印 ㊞
（電話番号 - - ）

○ 税理士法第30条の書面提出有
○ 税理士法第33条の2の書面提出有

区　分	人　数	平　均　年　齢	平均勤続年数
男			
女			
合　　計			

〔8〕主要な借入先と借入額に関する事項（事業年度末日）

(単位：千円)

主　な　借　入　先	借　入　額

〔9〕当社の現況における重要事項

〔2〕直前三事業年度の業績の推移

区　分	第　　期	第　　期	第　　期
完成工事高			
兼業事業売上高			
当期純利益			

〔3〕本社（主たる営業所）　..

　　　　　支店等（その他の営業所）　..

　　　　　　　　　　　　　　　　　　..

　　　　　　　　　　　　　　　　　　..

　　　　　　　　　　　　　　　　　　..

　　　　　　　　　　　　　　　　　　..

〔4〕株主の状況

氏名・会社名	持　株　数

〔5〕重要な親会社及び子会社の状況

親会社名	持　株　数	当社株の持株比率
子会社名	持　株　数	当社株の持株比率

〔6〕役員に関する事項（　　年　　月　　日現在）

代表取締役		常　勤　非常勤
取　締　役		

〔7〕使用人の状況（　　年　　月　　日現在）

【記載例C】

事業報告書

自　平成19年 4 月 1 日
至　平成20年 3 月31日

会社名　株式会社　日本住宅

　当社の第29期の経営状況その他につきましては、東京都知事あて提出する工事経歴書、直前三年の各事業年度における工事施工金額、財務諸表その他届出のとおりであります。
　今期の完成工事売上高については、消費税抜き768,436千円を計上することができました。
　今後も、政府の建設業界への景気浮揚策に期待すると共に、当社としては建築工事の受注増と施工技術の向上を目標に、より一層経営の改善に努めることといたします。

【記載例D】

事業報告書

第　　　期 $\begin{pmatrix} 自 \quad 年 \quad 月 \quad 日 \\ 至 \quad 年 \quad 月 \quad 日 \end{pmatrix}$

$\begin{pmatrix} 会　社　名 \\ 及び所在地 \end{pmatrix}$ ＿＿＿＿＿＿＿＿＿＿＿＿＿＿＿＿＿＿＿＿

〔1〕当期における事業の経過及びその成果

付表5　控除対象仕入税額の計算表

　　簡　易

| 課税期間 | 19・01・01～19・12・31 | 氏名又は名称 | 日本住宅建設 |

項　　　　　　　　　目		金　　　　額
課税標準額に対する消費税額（申告書②欄の金額）	①	2,592,840 円
貸倒回収額に係る消費税額（申告書③欄の金額）	②	
売上対価の返還等に係る消費税額（申告書⑤欄の金額）	③	
控除対象仕入税額計算の基礎となる消費税額（①＋②－③）	④	2,592,840
1種類の事業の専業者の場合〔控除対象仕入税額〕 ④×みなし仕入率（90％・80％・⑦0％・60％・50％）	⑤	※申告書④欄へ 1,814,988

	区　　　　　分		事業区分別の課税売上高（税抜き）		左の課税売上高に係る消費税額
2種類以上の事業を営む事業者の場合	課税売上高に係る消費税額の計算	事業区分別の合計額	⑥	※申告書「事業区分」欄へ　　　　円	売上割合	⑫ 　　　円
		第一種事業（卸売業）	⑦	※　〃	％	⑬
		第二種事業（小売業）	⑧	※　〃		⑭
		第三種事業（製造業等）	⑨	※　〃		⑮
		第四種事業（その他）	⑩	※　〃		⑯
		第五種事業（サービス業等）	⑪	※　〃		⑰

控　除　対　象　仕　入　税　額　の　計　算　式　区　分		算　出　額
原　則　計　算　を　適　用　す　る　場　合 〔（⑬×90％＋⑭×80％＋⑮×70％＋⑯×60％＋⑰×50％）／⑫〕	⑱	円
特例計算を適用する場合	1種類の事業で75％以上 （⑦／⑥・⑧／⑥・⑨／⑥・⑩／⑥・⑪／⑥）≧75％ ④×みなし仕入率（90％・80％・70％・60％・50％）	⑲
	2種類の事業で75％以上	（⑦＋⑧）／⑥≧75％	④×〔⑬×90％＋（⑫－⑬）×80％〕／⑫	⑳
		（⑦＋⑨）／⑥≧75％	④×〔⑬×90％＋（⑫－⑬）×70％〕／⑫	㉑
		（⑦＋⑩）／⑥≧75％	④×〔⑬×90％＋（⑫－⑬）×60％〕／⑫	㉒
		（⑦＋⑪）／⑥≧75％	④×〔⑬×90％＋（⑫－⑬）×50％〕／⑫	㉓
		（⑧＋⑨）／⑥≧75％	④×〔⑭×80％＋（⑫－⑭）×70％〕／⑫	㉔
		（⑧＋⑩）／⑥≧75％	④×〔⑭×80％＋（⑫－⑭）×60％〕／⑫	㉕
		（⑧＋⑪）／⑥≧75％	④×〔⑭×80％＋（⑫－⑭）×50％〕／⑫	㉖
		（⑨＋⑩）／⑥≧75％	④×〔⑮×70％＋（⑫－⑮）×60％〕／⑫	㉗
		（⑨＋⑪）／⑥≧75％	④×〔⑮×70％＋（⑫－⑮）×50％〕／⑫	㉘
		（⑩＋⑪）／⑥≧75％	④×〔⑯×60％＋（⑫－⑯）×50％〕／⑫	㉙
【控除対象仕入税額】 （選択可能な計算方法による⑱～㉙の内から選択した金額）		㉚ ※申告書④欄へ

注意1　金額の計算においては、1円未満の端数を切り捨てる。
　　2　課税売上げにつき返品を受け又は値引き・割戻しをした金額（売上対価の返還等の金額）があり、売上（収入）金額から減算しない方法で経理して経費に含めている場合には、⑥から⑪の欄にはその売上対価の返還等の金額（税抜き）を控除した後の金額を記入する。

＿＿＿＿＿＿税務署長
＿＿年＿＿月＿＿日

平成 19 年分の所得税の 確定 申告書B

控用

第一表 ○この用紙は控用です。

住所（又は事業所 事務所 居所など）	〒100-0014 東京都千代田区永田町１丁目１番２号	フリガナ	ニホン シ゛ロウ	印
		氏名	日本次郎	
		性別 男 女	職業	屋号・雅号 日本住宅建設
		世帯主の氏名 日本次郎	世帯主との続柄 本人	
平成20年1月1日の住所	同上	生年月日	電話番号 自宅・勤務先・携帯 − −	

種類 青色 分離 損失 修正 特農の表示 特農　番号　　翌年以降送付不要

（単位は円）

区分	項目		番号	金額
収入金額等	事業	営業等	㋐	6482134 8
		農業	㋑	
	不動産		㋒	
	利子		㋓	
	配当		㋔	
	給与		㋕	
	雑	公的年金等	㋖	
		その他	㋗	
	総合譲渡	短期	㋘	
		長期	㋙	
	一時		㋚	
所得金額	事業	営業等	①	4369954
		農業	②	
	不動産		③	
	利子		④	
	配当		⑤	
	給与		⑥	
	雑		⑦	
	総合譲渡・一時 ㋘＋{(㋙＋㋚)×1/2}		⑧	
	合計		⑨	4369954
所得から差し引かれる金額	雑損控除		⑩	
	医療費控除		⑪	
	社会保険料控除		⑫	527640
	小規模企業共済等掛金控除		⑬	
	生命保険料控除		⑭	50000
	地震保険料控除		⑮	19400
	寄付金控除		⑯	
	寡婦、寡夫控除		⑱	0000
	勤労学生、障害者控除		⑲〜⑳	0000
	配偶者控除		㉑	0000
	配偶者特別控除		㉒	0000
	扶養控除		㉓	0000
	基礎控除		㉔	380000
	合計		㉕	977040

区分	項目		番号	金額
税金の計算	課税される所得金額（⑨−㉕）又は第三表		㉖	3392000
	上の㉖に対する税額 又は第三表の⑱		㉗	250900
	配当控除		㉘	
	区分		㉙	
	（特定増改築等）住宅借入金等特別控除		㉚	
	政党等寄付金特別控除		㉛	
	住宅耐震改修特別控除		㉜	
	電子証明書等特別控除		㉝	
	差引所得税額（㉗−㉘−㉙−㉚−㉛−㉜−㉝）		㉞	250900
	災害減免額、外国税額控除		㉟〜㊱	
	源泉徴収税額		㊲	
	申告納税額（㉞−㉟−㊱−㊲）		㊳	250900
	予定納税額（第1期分・第2期分）		㊴	
	第3期分の税額（㊳−㊴）	納める税金	㊵	250900
		還付される税金	㊶	△
その他	配偶者の合計所得金額		㊷	
	専従者給与（控除）額の合計額		㊸	3000000
	青色申告特別控除額		㊹	650000
	雑所得・一時所得の源泉徴収税額の合計額		㊺	
	未納付の源泉徴収税額		㊻	
	本年分で差し引く繰越損失額		㊼	
	平均課税対象金額		㊽	
	変動・臨時所得金額 区分		㊾	
延納の届出	申告期限までに納付する金額		㊿	00
	延納届出額		(51)	000
この申告書が修正申告書である場合	申告納税額の増加額		(52)	
	第3期分の税額の増加額		(53)	00

還付される税金の受取場所		銀行 金庫・組合 農協・漁協		本店・支店 本所・支所
		郵便局	預金種類	普通 当座 納税準備 貯蓄
	口座番号 記号番号			

○ 所得税の申告書を提出される方は、住民税・事業税の申告書を提出する必要がありません。

○ 収受事実を確認されたい方は、収受日付印を押なつしますので、申告書提出時に請求してください（内容を証明するものではありません。）。
※ 所得金額の証明が必要な方は、納税証明書をご利用ください。

平成⒚年分の所得税の確定申告書B

番号 　　　　　　　　　　（控用）

第二表 ○この用紙は控用です。

住　所	東京都千代田区永田町1丁目1番2号
屋　号	日本住宅建設
フリガナ	ニホン ジロウ
氏　名	日 本 次 郎

○ 所得の内訳（源泉徴収税額）

所得の種類	種目・所得の生ずる場所又は給与などの支払者の氏名・名称	収入金額	源泉徴収税額
		円	円
	㊲ 源泉徴収税額の合計額		円

○ 事業専従者に関する事項

氏　名		続柄	従事月数・程度 仕事の内容	専従者給与（控除）額
日本花子		妻	12ヶ月事務 毎日8時間 程度従事	3,000,000 円
生年月日	明・大 昭・平			
氏　名				
生年月日	明・大 昭・平			
氏　名				
生年月日	明・大 昭・平			
			㊸ 専従者給与（控除）額の合計額	3,000,000 円

○ 特例適用条文等

○ 配当所得・雑所得（公的年金等以外）・総合課税の譲渡所得・一時所得に関する事項

所得の種類	種目・所得の生ずる場所	収入金額	必要経費等	差引金額
		円	円	円

○ 所得から差し引かれる金額に関する事項

⑩ 雑損控除	損害の原因	損害年月日	損害を受けた資産の種類など
		・　・	
	損害金額 円	保険金などで補てんされる金額 円	差引損失額のうち災害関連支出の金額 円

⑪ 医療費控除	支払医療費 円		保険金などで補てんされる金額 円

⑫ 社会保険料控除	社会保険の種類	支払保険料	⑬ 小規模企業共済等掛金控除	掛金の種類	支払掛金
	国民健康保険	368,040 円			
	国民年金	159,600			
	合　計	527,640		合　計	

⑭ 生命保険料控除	一般の保険料の計	600,300 円	⑮ 地震保険料控除	地震保険料の計	19,400 円
	個人年金保険料の計			旧長期損害保険料の計	

⑯ 寄付金控除	寄付先の所在地・名称	寄付金
		円
		上のうち都道府県等や住所地の共同募金会、日赤支部分 円

⑱〜⑲ 本人該当事項	□ 寡婦（寡夫）控除　□ 死別　□ 生死不明　□ 離婚　□ 未帰還	□ 勤労学生控除（学校名　　　　　）

⑳ 障害者控除	氏　名	

㉑〜㉓ 配偶者特別控除・扶養控除	配偶者の氏名	生年月日 明・大 昭・平 ・ ・	□ 配偶者控除　□ 配偶者特別控除
	扶養親族の氏名	続柄	生年月日	控除額
			明・大 昭・平 ・ ・	万円
			明・大 昭・平 ・ ・	
			明・大 昭・平 ・ ・	
	㉓ 扶養控除額の合計			万円

○ 住民税・事業税に関する事項

給与所得以外の住民税の徴収方法の選択	□ 給与から差引き（特別徴収）　□ 自分で納付（普通徴収）		
別居の控除対象配偶者・扶養親族・事業専従者の氏名・住所	氏名	住所	
所得税で控除対象配偶者などとした専従者	氏名	給与	円

住民税	配当に関する住民税の特例	円
	非居住者の特例	
	配当割額控除額	
	株式等譲渡所得割額控除額	

事業税	非課税所得など	番号	所得金額 円
	損益通算の特例適用前の不動産所得		円
	不動産所得から差し引いた青色申告特別控除額		
	事業用資産の譲渡損失など		
	前年中の開（廃）業　開始・廃止　　月　　日	□ 他都道府県の事務所等	

（税理士署名押印　　　　　　　　　　　　　㊞）
（電話番号　　　－　　　－　　　）

□ 税理士法第30条の書面提出有　　□ 税理士法第33条の2の書面提出有

平成 19 年分所得税青色申告決算書（一般用）

住所: 東京都千代田区永田町1丁目2番2号
事業所所在地: 同上
業種名: 建築業
屋号: 日本建設
フリガナ: ニッポン ツギジロウ
氏名: 日本 次郎 ㊞
電話番号: (自宅) 03-0000-0000 (事業所) 03-0000-0000
加入団体名:

依頼税理士等: 事務所所在地／氏名（名称）／電話番号

損益計算書 (自 1月1日 至 12月31日)

科目	金額（円）
① 売上（収入）金額（雑収入を含む）	64821348
② 期首商品棚卸高	
③ 仕入金額（製品製造原価）	48691112
④ 小計 (②+③)	48691112
⑤ 期末商品（製品）棚卸高	
⑥ 差引原価 (④-⑤)	48691112
⑦ 差引金額 (①-⑥)	16125236
⑧ 租税公課	532550
⑨ 荷造運賃	244563
⑩ 水道光熱費	481047
⑪ 旅費交通費	375651
⑫ 通信費	206119
⑬ 広告宣伝費	120000
⑭ 接待交際費	1038700
⑮ 損害保険料	688704
⑯ 修繕費	201604
⑰ 消耗品費	1619399
⑱ 減価償却費	1409130
⑲ 福利厚生費	512831
⑳ 給料賃金	1163063
㉑ 外注工賃	
㉒ 利子割引料	331780
㉓ 地代家賃	1800000
㉔ 貸倒金	
㉕	
㉖	
㉗	
㉘	
㉙	
㉚	
㉛	
㉜ 雑費	824482
㉝ 計	
差引金額 (⑦-㉜)	7907542

科目	金額（円）
㉞ 各種引当金・準備金等　繰戻額等	325800
㉟ 計	325800
㊱ 各種引当金・準備金等　繰入額等	3000000
㊲ 専従者給与	2066000
㊳ 貸倒引当金	
㊴	
㊵	
㊶ 計	5066000
㊷ 青色申告特別控除前の所得金額 (㉝+㉟-㊶)	3201954
㊸ 青色申告特別控除額	650000
㊹ 所得金額 (㊷-㊸)	4369954

●青色申告特別控除については、決算の手引きの「青色申告特別控除」の項を読んでください。

控用 ○申告には、必ず
提出用 を使ってください。

平成 [1][9] 年分

フリガナ ニホン ジ ロウ
氏名　日本　次郎

控 用

○月別売上(収入)金額及び仕入金額

月	売上(収入)金額	仕入金額
1	1,858,773 円	2,946,110 円
2	2,056,406	6,166,065
3	1,654,696	4,900,739
4	2,048,265	6,966,105
5	2,170,850	8,093,107
6	1,942,962	6,669,375
7	1,675,329	6,375,295
8	1,224,010	2,823,571
9	1,895,322	4,493,235
10	1,007,646	2,451,333
11	1,020,645	4,146,075
12	1,005,389	6,747,493
家事消費等		
雑収入	4|2|8|4|5	
計		6|4|8|2|1|3|4|8

○給料賃金の内訳

	氏名	年齢	従事月数	給料賃金	賞与	合計	源泉徴収税額
1	東京 太郎	38 歳	12 月	3,397,500 円	300,000 円	3,697,500 円	134,690 円
2	東京 次郎	34	12	3,114,000	350,000	3,464,000	151,880
3	山川 ハナ	18	6	1,163,063		1,163,063	26,300
4	その他(3 人分)		30	6,046,413		6,046,413	481,770
	計		延べ従事月数 [6][0]	13,720,976	650,000	14,370,976	[7][9][4][6][4][0]

○専従者給与の内訳

	氏名	続柄	年齢	従事月数	給料	賞与	合計	源泉徴収税額
	日本 花子	妻	42 歳	12 月	2,400,000 円	600,000 円	3,000,000 円	155,200 円
	計			延べ従事月数 [1][2]	2,400,000	600,000	3,000,000	[1][5][5][2][0][0]

○貸倒引当金繰入額の計算 (この計算に当たっては、決算の手引きの「貸倒引当金」の項を読んでください。)

		金額
個別評価による貸倒引当金繰入額 (個別評価に関する明細書の(ホ)欄の金額を書いてください。)	①	円
一括評価に年末における一括評価による貸倒引当金の繰入対象となる貸金の合計額	②	3,756,625
よる繰入額 本年分繰入限度額 (②×5.5%(金融業は3.3%))	③	206,614
本年分繰入額	④	206,600
本年分の貸倒引当金繰入額 (①+④)	⑤	206,600

(注) 貸倒引当金、専従者給与や3ページの割増(特別)償却以外の特典を利用する人は、適宜の用紙にその明細を記載し、この決算書に添付してください。

○青色申告特別控除額の計算 (この計算に当たっては、決算の手引きの「青色申告特別控除」の項を読んでください。)

		金額
本年分の不動産所得の金額 (青色申告特別控除前の金額)	⑥	円 (赤字のときは0)
青色申告特別控除前の所得金額の⑥欄の金額を差し引く前の金額を書いてください。)	⑦	5,019,954 (赤字のときは0)
65万円の青色 65万円と⑥のいずれか少ない方の金額 (不動産所得から差し引かれる青色申告特別控除額です。)	⑧	
申告特別控除 青色申告特別控除額 (⑦－⑧と65万円－⑧のいずれか少ない方の金額)	⑧	650,000
上記以外 10万円と⑥のいずれか少ない方の金額 (不動産所得から差し引かれる青色申告特別控除額です。)	⑨	
の場合 青色申告特別控除額 (10万円－⑧と⑦のいずれか少ない方の金額)	⑨	

上記以外の場合で、適宜以外の用紙にその明細を記載し、この決算書に添付してください。

○この用紙は [控用] です。申告には、必ず [提出用] を使ってください。

○減価償却費の計算

減価償却資産の名称等（繰延資産を含む）	面積又は数量	取得年月	取得価額（償却保証額）	償却の基礎になる金額	償却方法	耐用年数	償却率又は改定償却率	本年中の償却期間	本年分の普通償却費（ⓒ×ⓓ×ⓔ）	割増（特別）償却費	本年分の償却費合計（ⓕ+ⓖ）	事業専用割合	本年分の必要経費算入額（ⓗ×ⓘ）	未償却残高（期末残高）	摘要
三菱ソフ	1	17. 2	1,116,470円 (1,004,823)	1,004,823	旧定額	4年	.250	12/12	251,205		251,205	100%	251,205	383,789	1
トヨタワゴン	1	18. 7	2,636,370 ( )	2,372,733	〃	5	.200	12/12	474,546		474,546	100	474,546	1,924,551	2
中古小トラック	1	18.11	800,000 ( )	720,000	〃	2	.500	12/12	360,000		360,000	100	360,000	380,000	3
イスズトラック	1	19. 5	2,270,000 ( )	2,270,000	定額	5	.200	8/12	302,666		302,666	100	302,666	1,967,334	4
ニッサン小型 パンフアオシャベル	1	18.11	2,800,000 ( )	2,520,000	旧定額	5	.200	12/12	504,000		504,000	100	504,000	1,708,000	5
電器	1	18. 7	290,000 ( )	261,000	〃	10	.100	12/12	26,100		26,100	100	26,100	250,850	6
コンピュータ	1	17. 9	587,000 ( )	528,300	〃	6	.166	12/12	87,697		87,697	100	87,697	382,374	7
システムフロッピー	1	19. 2	198,000 ( )	178,200	〃	6	.166	11/12	27,116		27,116	100	27,116	170,884	8
		. .	( )					12							
		. .	( )					12							
		. .	( )					12							
計									2,033,330		2,033,330		2,033,330	7,167,782	

(注) 平成19年4月1日以後に取得した減価償却資産について定額法を採用する場合にのみⓒ欄のカッコ内に償却保証額を記入します。

○利子割引料の内訳（金融機関を除く）

支払先の住所・氏名	期末現在の借入金等の金額	本年中の利子割引料	左のうち必要経費算入額
	円	円	円

○税理士・弁護士等の報酬・料金の内訳

支払先の住所・氏名	本年中の報酬等の金額	左のうち必要経費算入額	源泉徴収税額
	円	円	円

○地代家賃の内訳

支払先の住所・氏名	賃借物件	本年中の賃借料・権利金等	左の賃借料のうち必要経費算入額
千代田区永田町2-1-1 田 中 太 郎	事務所 車庫	権 賃 1,800,000	1,800,000 円
千代田区永田町2-1-2 田 中 二 郎	資材置場	権 賃 720,000	2 720,000

○本年中における特殊事情

貸借対照表（資産負債調）

（平成19年12月31日現在）

資産の部

科目	1月1日（期首）		12月31日（期末）
現金	1,016,088 円		927,563 円
当座預金	438,352	1	257,497
定期預金	7,200,000	2	7,213,014
その他の預金	5,580,395	3	5,504,661
受取手形		4	1,000,000
売掛金	7,924,137	5	6,756,625
有価証券		6	
棚卸資産	2,807,119	7	3,238,633
前払金		8	
貸付金		9	
建物		10	
建物附属設備	2,212,000	11	1,708,000
機械装置	3,915,466	12	4,655,674
車両運搬具	747,021	13	804,108
工具器具備品		14	
土地		15	
電話加入権	72,800	16	72,800
未成工事支出金	2,688,734	17	3,494,306
		18	
事業主貸		19	1,587,665
合計	34,602,112		37,220,546

負債・資本の部

科目	1月1日（期首）		12月31日（期末）
支払手形	3,193,000 円	20	2,074,144 円
買掛金	7,081,736	21	4,700,059
借入金	14,797,768	22	12,226,124
未払金		23	
前受金	2,457,000	24	3,430,000
預り金	594,130	25	1,232,870
未払消費税		26	972,200
貸倒引当金	325,800	27	206,600
事業主借		28	1,205,917
元入金	6,152,678	29	6,152,678
青色申告特別控除前の所得金額		30	5,019,954
合計	34,602,112		37,220,546

（注）「元入金」は、「期首の資産の総額」から「期首の負債の総額」を差し引いて計算します。

● 65万円の青色申告特別控除を受ける人は、必ず記入してください。それ以外の人でもわかる箇所はできるだけ記入してください。

製造原価の計算

（原価計算を行っていない人は、記入する必要はありません。）

	科目		金額
原材料費	期首原材料棚卸高	①	2,807,119 円
	原材料仕入高	②	19,560,293
	小計（①＋②）	③	22,367,412
	期末原材料棚卸高	④	3,238,633
	差引原材料費（③－④）	⑤	19,128,779
労務費		⑥	6,046,413
	外注工賃	⑦	7,233,676
	電力費	⑧	526,657
	水道光熱費	⑨	474,018
	修繕費	⑩	1,406,130
その他の経費	減価償却費	⑪	1,892,417
	人件費	⑫	7,161,500
	旅費交通費	⑬	699,300
	リース代	⑭	1,532,550
製造経費	地代家賃	⑮	720,000
	損害保険料	⑯	378,860
	消耗品費	⑰	1,139,163
		⑱	
	雑費	⑲	
	計	⑳	1,162,221
総製造費（⑤+⑥+㉑）		㉒	24,326,492
期首半製品・仕掛品棚卸高		㉓	49,501,684
小計（㉒+㉓）		㉔	2,688,734
期末半製品・仕掛品棚卸高		㉕	52,190,418
製品製造原価（㉔－㉕）		㉖	3,494,306

（注）⑯欄の金額は、1ページの「損益計算書」の③欄に移記してください。

48,696,112

平成　　　年分収支内訳書（一般用）

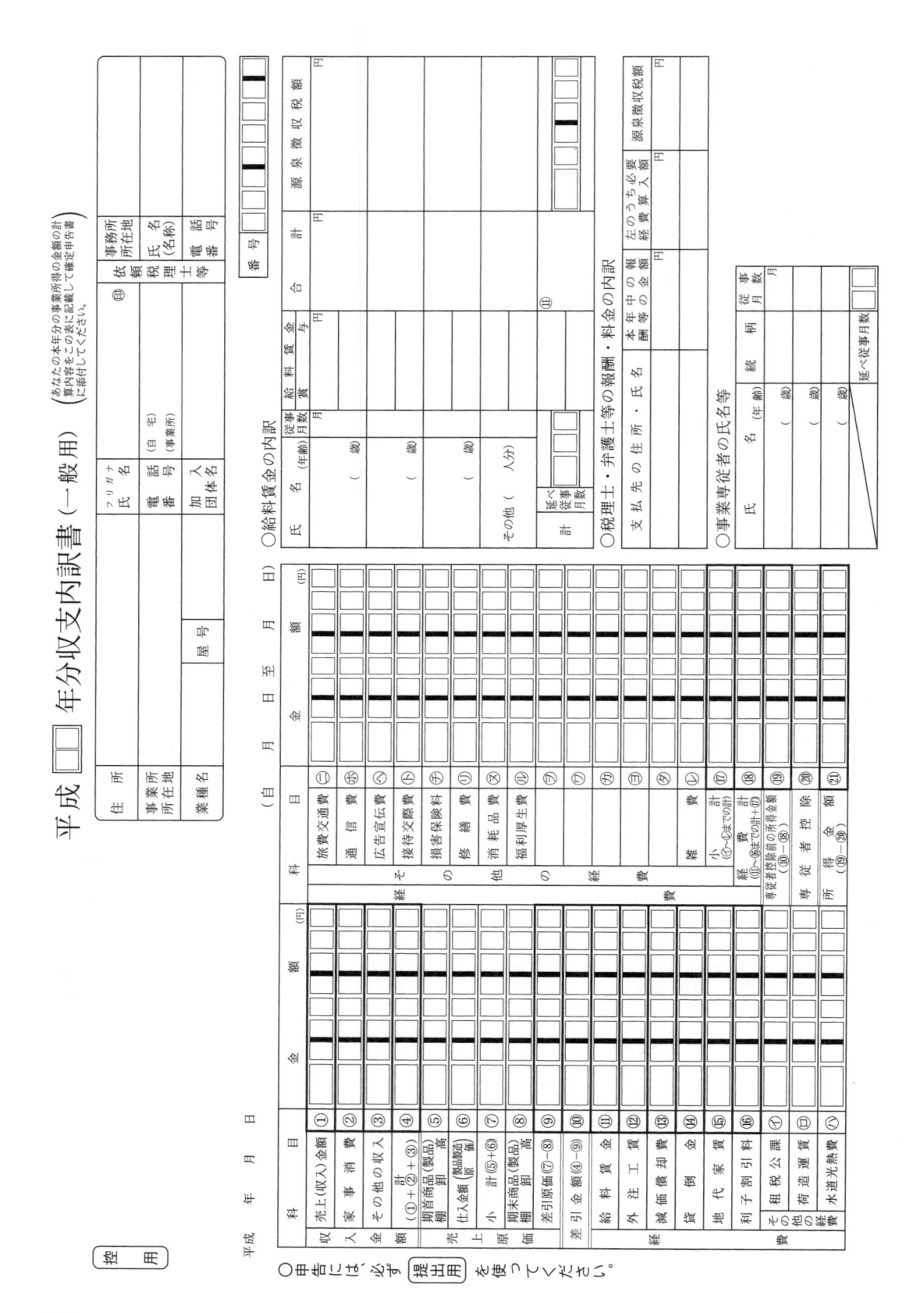

（あなたの本年分の事業所得の金額の計算内容をこの表に記載して確定申告書に添付してください。）

住所		フリガナ　氏名	
事業所所在地		電話番号（自宅）（事業所）	
業種名		加入団体名	屋号

㊞

依頼税理士等
事務所所在地	
氏名（名称）	
電話番号	

番号 □□□□□□□□□□□□

平成　　年　　月　　日

（自　　月　　日　至　　月　　日）

科目		金額（円）
収入金額	売上（収入）金額 ①	
	家事消費 ②	
	その他の収入 ③	
	計（①+②+③）④	
売上原価	期首商品（製品）棚卸高 ⑤	
	仕入金額（製品製造原価）⑥	
	小計（⑤+⑥）⑦	
	期末商品（製品）棚卸高 ⑧	
	差引原価（⑦-⑧）⑨	
	差引金額（④-⑨）⑩	
経費	給料賃金 ⑪	
	外注工賃 ⑫	
	減価償却費 ⑬	
	貸倒金 ⑭	
	地代家賃 ⑮	
	利子割引料 ⑯	
	租税公課 ㋑	
	荷造運賃 ㋺	
	水道光熱費 ㋩	

科目	金額（円）
旅費交通費 ㋥	
通信費 ㋭	
広告宣伝費 ㋬	
接待交際費 ㋣	
損害保険料 ㋠	
修繕費 ㋷	
消耗品費 ㋦	
福利厚生費 ㋴	
㋵	
㋷	
㋰	
㋲	
雑費 ㋱	
小計（㋑～㋱までの計）⑰	
経費計（⑪～⑯までの計+⑰）⑱	
専従者控除前の所得金額（⑩-⑱）⑲	
専従者控除 ⑳	
所得金額（⑲-⑳）㉑	

○給料賃金の内訳

氏名	年齢	従事月数	給料賃金	賞与	計	源泉徴収税額
	（　歳）					
	（　歳）					
	（　歳）					
その他（　人分）						
計						

○税理士・弁護士等の報酬・料金の内訳

支払先の住所・氏名	本年中の報酬等の金額	左のうち必要経費算入額	源泉徴収税額

○事業専従者の氏名等

氏名	年齢	続柄	従事月数		
	（　歳）			延べ従事月数	月
	（　歳）				
	（　歳）				

控用

○申告には、必ず「提出用」を使ってください。

○この用紙は 控用 です。申告には、必ず 提出用 を使ってください。

○売上(収入)金額の明細

売上先名	住所	売上(収入)金額
		円
上記以外の売上先の計		
計		①

○仕入金額の明細

仕入先名	住所	仕入金額
		円
上記以外の仕入先の計		
計		⑥

○減価償却費の計算

減価償却資産の名称等(繰延資産を含む)	面積又は数量	㋑取得年月	㋺取得価額(償却保証額)	㋩償却の基礎になる金額	償却方法	耐用年数	㋥償却率又は改定償却率	㋭本年中の償却期間	㋬本年分の普通償却費(㋩×㋥×㋭)	㋣特別償却費	㋠本年分の償却費合計(㋬+㋣)	㋷事業専用割合	㋦本年分の必要経費算入額(㋠×㋷)	㋸未償却残高(期末残高)	摘要
		年 月	円 ( )	円		年		12	円	円	円	%	円	円	
		・ ・	( )					12							
		・ ・	( )					12							
		・ ・	( )					12							
		・ ・	( )					12							
計													⑬		

(注) 平成19年4月1日以後に取得した減価償却資産について定率法を採用する場合にのみ㋺欄のカッコ内に償却保証額を記入します。

○地代家賃の内訳

支払先の住所・氏名	賃借物件	本年中の賃借料・権利金等	左の賃借料のうち必要経費算入額
		権更賃賃	円

○利子割引料の内訳(金融機関を除く)

支払先の住所・氏名	期末現在の借入金等の金額	本年中の利子割引料	左のうち必要経費算入額
	円	円	円

◎本年における特殊事情

第3編 建設業財務諸表の作り方

Ⅳ　建設業財務諸表（個人用）の記入例及び記載要領

（用紙Ａ４）

財　務　諸　表
（個人用）

様式第18号　貸　借　対　照　表

様式第19号　損　益　計　算　書

営業年度　〔 自　平成19年１月１日
　　　　　　 至　平成19年12月31日 〕

（商号又は名称）　日本住宅建設

（消費税抜き処理方式）

注１　毎事業年度終了報告用兼経営状況分析申請用財務諸表
注２　「財務諸表」の貸借対照表及び損益計算書に付した貸１、損１、原１、減１、地１及び給１の番号は、それぞれ青色申告決算書の貸借対照表、損益計算書、製造原価の計算書、減価償却費の計算書、地代家賃の内訳書及び給料賃金の内訳書に付された番号ですが、個人建設業者の青色申告決算の仕方によって、必ずしも前者の番号が後者の勘定科目等の番号に対応しない場合もありますので、ご注意ください。
注３　根拠省令　建設業法施行規則（昭和24年７月28日建設省令第14号）
　　　　　　　（最終改正　平成20年１月31日国土交通省令第３号）

様式第十八号（第四条、第十条、第十九条の四関係）

（用紙Ａ４）

貸 借 対 照 表

平成19年12月31日　現在

（商号又は名称）　日本住宅建設

資　産　の　部

千円

I　流動資産
　　現　金　預　金　　　　　　　　　　　　　　貸１〜４　　　13,903
　　受　取　手　形　注１　　　　　　　　　　　貸５　　　　　1,000
　　完成工事未収入金　　　　　　　　　　　　　貸６　　　　　6,757
　　有　価　証　券　　　　　　　　　　　　　　貸７　　　　
　　未成工事支出金　　　　　　　　　　　　　　貸18　　　　　3,494
　　材　料　貯　蔵　品　　　　　　　　　　　　貸８　　　　　3,239
　　そ　　の　　他　　　　　　　　　　　　　　貸９・10
　　　貸　倒　引　当　金　注２　　　　　　　　貸27　　△　　　207
　　　流　動　資　産　合　計　　　　　　　　　　　　　　　28,186

II　固定資産
　　建　物　・　構　築　物　　　　　　　　　　貸11・12
　　機　械　・　運　搬　具　　　　　　　　　　貸13・14　　　6,364
　　工　具　器　具　・　備　品　　　　　　　　貸15　　　　　　804
　　土　　　　　　　地　　　　　　　　　　　　貸16
　　建　設　仮　勘　定
　　破産債権、更生債権等
　　そ　　の　　他　　　　　　　　　　　　　　貸17　　　　　　73
　　　固　定　資　産　合　計　　　　　　　　　　　　　　　　7,241
　　　資　産　合　計　　　　　　　　　　　　　　　　　　　35,427

負　債　の　部

I　流動負債
　　支　払　手　形　　　　　　　　　　　　　　貸20　　　　　2,074
　　工　事　未　払　金　　　　　　　　　　　　貸21　　　　　4,700
　　短　期　借　入　金　注３　　　　　　　　　貸22　　　　　2,400
　　未　　払　　金　　　　　　　　　　　　　　貸23
　　未　払　消　費　税　　　　　　　　　　　　貸26　　　　　　972
　　未成工事受入金　　　　　　　　　　　　　　貸24　　　　　3,430
　　預　　り　　金　　　　　　　　　　　　　　貸25　　　　　1,233
　　　　　　　　引当金　注２
　　そ　　の　　他
　　　流　動　負　債　合　計　　　　　　　　　　　　　　　14,809

Ⅱ 固定負債
　　長　期　借　入　金　注3　　　　　　　　　　　　　9,826
　　そ　　　の　　　他　　　　　　　　　　　　　　　　────
　　　固　定　負　債　合　計　　　　　　　　　　　　　9,826
　　　　負　　債　　合　　計　　　　　　　　　　　　 24,635

純　資　産　の　部

　　期　首　資　本　金　　　　　　　　　　貸29　　　　6,153※
　　事　業　主　借　勘　定　　　　　　　　貸28　　　　1,206※
　　事　業　主　貸　勘　定　　　　　　　　貸19　　△　1,587※
　　事　業　主　利　益　　　　　　　　　　貸30　　　　5,020※
　　　純　資　産　合　計　　　　　　　　　　　　　　 10,792※
　　　　負　債　純　資　産　合　計　　　　　　　　　 35,427

注　消費税及び地方消費税に相当する額の会計処理の方法　消費税抜処理方式

記載要領
1 貸借対照表は、財産の状態を正確に判断することができるよう明りょうに記載すること。
2 下記以外の勘定科目の分類は、法人の勘定科目の分類によること。
　　期首資本金　―　前期末の資本合計
　　事業主借勘定　―　事業主が事業外資金から事業のために借りたもの
　　事業主貸勘定　―　事業主が営業の資金から家事費等に充当したもの
　　事業主利益（事業主損失）　―　損益計算書の事業主利益（事業主損失）
3 記載すべき金額は、千円単位をもって表示すること。
4 金額の記載に当たって有効数字がない場合においては、科目の名称の記載を要しない。
5 「流動資産」、「有形固定資産」、「無形固定資産」、「投資その他の資産」、「流動負債」、「固定負債」に属する科目の掲記が「その他」のみである場合においては、科目の記載を要しない。
6 流動資産の「その他」又は固定資産の「その他」に属する資産で、その金額が資産の総額の100分の1を超えるものについては、当該資産を明示する科目をもって記載すること。
7 記載要領6は、負債の部の記載に準用する。
8 「・・・引当金」には、完成工事補償引当金その他の当該引当金の設定科目を示す名称を付した科目をもって掲記すること。
9 注は、税抜方式及び税込方式のうち貸借対照表及び損益計算書の作成に当たって採用したものをいう。
　　ただし、経営状況分析申請書又は経営規模等評価申請書に添付する場合には、税抜方式を採用すること。

※　当期自己資本額＝期首資本金＋事業主借勘定－事業主貸勘定＋事業主利益
　　　　　　　　　＝6,153＋1,206－1,587＋5,020＝10,792＞前記自己資本額
注1　受取手形の金額に受取手形割引高が含まれている場合には、その金額を受取手形の勘定科目の下に注記します。
注2　引当金増減額を算出する科目です。
注3　借入金のうち、1年以内に返済期限が到来する借入金は短期借入金へ、それ以外の借入金は長期借入金へ計上します。

様式第十九号（第四条、第十条、第十九条の四関係）

（用紙Ａ４）

損 益 計 算 書

自　平成19年１月１日
至　平成19年12月31日

（商号又は名称）　日本住宅建設

千円

Ⅰ　完　成　工　事　高　注１　　　　　　　　　　　　　　　　損１　64,778
Ⅱ　完　成　工　事　原　価　注２・３
　　　材　　　料　　　費　注４　　　　原５　　18,818
　　　労　　　務　　　費　注５　　　　原６　　 5,948
　　　（うち労務外注費　　　　0）
　　　外　　　注　　　費　　　　　　　原７　　 7,116
　　　経　　　　　　　費　注６　　　　原８〜20　16,814　　原26　48,696
　　　完成工事総利益（完成工事総損失）　　　　　　　　　　　　　　16,082
Ⅲ　販売費及び一般管理費
　　　従　業　員　給　料　手　当　　　損20・38　 4,163
　　　退　　　職　　　金
　　　法　定　福　利　費
　　　福　利　厚　生　費　　　　　　　損19　　　 513
　　　修　繕　維　持　費　　　　　　　損16　　　 202
　　　事　務　用　品　費　　　　　　　損17　　　 162
　　　通　信　交　通　費　　　　　　　損11・12　 582
　　　動　力　用　水　光　熱　費　　　損10　　　 481
　　　広　告　宣　伝　費　　　　　　　損13　　　 120
　　　交　　　際　　　費　　　　　　　損14　　 1,039
　　　寄　　　付　　　金
　　　地　　代　　家　　賃　　　　　　損23（地１）1,800
　　　減　価　償　却　費　　　　　　　損18（減６〜８） 141
　　　租　　税　　公　　課　　　　　　損８　　　 533
　　　保　　　険　　　料　　　　　　　損15　　　 69
　　　雑　　　　　　　費　　　　　　　損９・31・39　1,295　　11,100
　　　営　業　利　益（営　業　損　失）　　　　　　　　　　　　　　 4,982

Ⅳ　営　業　外　収　益
　　　受　取　利　息　配　当　金　注７　　　　　　43
　　　そ　　　の　　　他　　　　　　　損37　　　 326　　　　　　　 369

Ⅴ　営　業　外　費　用
　　　支　　払　　利　　息　　　　　　　　　　　 331
　　　そ　　　の　　　他　　　　　　　　　　　　　　　　　　　　　 331
　　　事業主利益（事業主損失）　　　　　　　　　　　　損43　　　　5,020※
注　工事進行基準による「完成工事高」

記載要領
1 損益計算書は、損益の状態を正確に判断することができるよう明りょうに記載すること。
2 「事業主利益（事業主損失）」以外の勘定科目の分類は、法人の勘定科目の分類によること。
3 記載すべき金額は、千円単位をもって表示すること。
4 金額の記載に当たって有効数字がない場合においては、科目の名称の記載を要しない。
5 建設業以外の事業（以下「兼業事業」という。）を併せて営む場合において兼業事業における売上高が総売上高の10分の1を超えるときは、兼業事業の売上高及び売上原価を建設業と区分して表示すること。
6 「雑費」に属する費用で、「販売費及び一般管理費」の総額の10分の1を超えるものについては、それぞれ当該費用を明示する科目を用いて掲記すること。
7 記載要領6は、営業外収益の「その他」に属する収益及び営業外費用の「その他」に属する費用の記載に準用する。
8 注は、工事進行基準による完成工事高が完成工事高の総額の10分の1を超える場合に記載すること。

注1 完成工事高＝売上金額－雑収入＝64,821,348－42,845＝64,778,503
注2 青色申告決算書で「製造原価の計算」をしていない場合には、損益計算書の経費欄から完成工事原価に係る経費を抽出して、完成工事原価の各勘定科目に計上します。
注3 青色申告決算書で「製造原価の計算」をしている場合には、そのまま完成工事原価の各勘定科目に転記します。但し、期首半製品・仕掛品棚卸高及び期末半製品・仕掛品棚卸高の計上はこの様式では認められていませんので、前掲「完成工事原価報告書」の注記「期首・期末仕掛工事高の比例配分の仕方」を参照して、その差額を完成工事原価の各勘定科目に比例配分してください。
　なお、本記載例の場合の各勘定科目の算出計算式は以下のとおりです。単位千円（但し、千円未満は四捨五入して計算してあります。）

期首半製品・仕掛品棚卸高－期末半製品・仕掛品棚卸高＝2,689－3,494＝△805
「材料費」の算出計算式
19,129＋19,129÷49,502×△805＝18,818
「労務費」の算出計算式
6,046＋6,046÷49,502×△805＝5,948
「外注費」の算出計算式
7,234＋7,234÷49,502×△805＝7,116
「経費」の算出計算式
24,326－7,234＝17,092
17,092＋17,092÷49,502×△805＝16,814

注4 「給料賃金の内訳」中、その他（3人分）の給料。
注5 工事に従事した直接雇用の作業員に対する賃金、給料及び手当等。
注6 工事関係の従業員給料手当、退職金、法定福利費及び福利厚生費は経費に含める。
注7 「月別売上（収入）金額及び仕入金額」中、雑収入の金額。
※ 損益計算書の事業主利益は、貸借対照表の事業主利益と一致します。

第4編　建設業の諸手続きに係る法令等

○建設業許可申請、事業年度終了報告、経営事項審査申請に係る法令

○建設業法（抄）

（昭和24年5月24日法律第100号）
（最終改正平成19年5月30日法律第66号）

第1章　総則

（目的）
第1条　この法律は、建設業を営む者の資質の向上、建設工事の請負契約の適正化等を図ることによって、建設工事の適正な施工を確保し、発注者を保護するとともに、建設業の健全な発達を促進し、もって公共の福祉の増進に寄与することを目的とする。

（定義）
第2条　この法律において「建設工事」とは、土木建築に関する工事で別表第一の上欄に掲げるものをいう。
2　この法律において「建設業」とは、元請、下請その他いかなる名義をもつてするかを問わず、建設工事の完成を請け負う営業をいう。
3　この法律において「建設業者」とは、第3条第1項の許可を受けて建設業を営む者をいう。
4　この法律において「下請契約」とは、建設工事を他の者から請け負つた建設業を営む者と他の建設業を営む者との間で当該建設工事の全部又は一部について締結される請負契約をいう。
5　この法律において「発注者」とは、建設工事（他の者から請け負つたものを除く。）の注文者をいい、「元請負人」とは、下請契約における注文者で建設業者であるものをいい、「下請負人」とは、下請契約における請負人をいう。

第2章　建設業の許可
第1節　通則

（建設業の許可）
第3条　建設業を営もうとする者は、次に掲げる区分により、この章で定めるところにより、2以上の都道府県の区域内に営業所（本店又は支店若しくは政令で定めるこれに準ずるものをいう。以下同じ。）を設けて営業しようとする場合にあつては国土交通大臣の、一の都道府県の区域内にのみ営業所を設けて営業しようとする場合にあつては当該営業所の所在地を管轄する都道府県知事の許可を受けなければならない。ただし、政令で定める軽微な建設工事のみを請け負うことを営業とする者は、この限りでない。
一　建設業を営もうとする者であつて、次号に掲げる者以外の者
二　建設業を営もうとする者であつて、その営業に当たつて、その者が発注者から直接請け負う1件の建設工事につき、その工事の全部又は一部を下請代金の額（その工事に係る下請契約が2以上あるときは、下請代金の額の総額）が政令で定める金額以上となる下請契約を締結して施工しようとするもの
2　前項の許可は、別表第一の上欄に掲げる建設工事の種類ごとに、それぞれ同表の下欄に掲げる建設業に分けて与えるものとする。
3　第1項の許可は、5年ごとにその更新を受けなければ、その期間の経過によつて、その効力を失う。
4　前項の更新の申請があつた場合において、同項の期間（以下「許可の有効期間」という。）の満了の日までにその申請に対する処分がされないときは、従前の許可は、許可の有効期間の満了後もその処分がされるまでの間は、なおその効力を有する。

5　前項の場合において、許可の更新がされたときは、その許可の有効期間は、従前の許可の有効期間の満了の日の翌日から起算するものとする。
6　第1項第1号に掲げる者に係る同項の許可（第3項の許可の更新を含む。以下「一般建設業の許可」という。）を受けた者が、当該許可に係る建設業について、第1項第二号に掲げる者に係る同項の許可（第3項の許可の更新を含む。以下「特定建設業の許可」という。）を受けたときは、その者に対する当該建設業に係る一般建設業の許可は、その効力を失う。
　　（注）　1項の「政令で定める」＝施行令1条
　　　　　　1項ただし書きの「政令で定める軽微な建設工事」＝施行令1条の2
　　　　　　1項二号の「政令で定める金額」＝施行令2条
　　　　　　3項の「許可の更新の申請」＝施行規則5条
　　　　　　「許可の取消し」＝29条
　　　　　　1項・3項の「罰則」＝47条・53条

（許可の条件）
第3条の2　国土交通大臣又は都道府県知事は、前条第1項の許可に条件を付し、及びこれを変更することができる。
2　前項の条件は、建設工事の適正な施工の確保及び発注者の保護を図るため必要な最小限度のものに限り、かつ、当該許可を受ける者に不当な義務を課することとならないものでなければならない。
　　（注）　「許可の取消し」＝29条2項

（附帯工事）
第4条　建設業者は、許可を受けた建設業に係る建設工事を請け負う場合においては、当該建設工事に附帯する他の建設業に係る建設工事を請け負うことができる。
　　（注）　「附帯工事の施工」＝26条の2

　　　　第2節　一般建設業の許可

（許可の申請）
第5条　一般建設業の許可（第8条第2号及び第3号を除き、以下この節において「許可」という。）を受けようとする者は、国土交通省令で定めるところにより、2以上の都道府県の区域内に営業所を設けて営業しようとする場合にあつては国土交通大臣に、一の都道府県の区域内にのみ営業所を設けて営業しようとする場合にあつては当該営業所の所在地を管轄する都道府県知事に、次に掲げる事項を記載した許可申請書を提出しなければならない。
　一　商号又は名称
　二　営業所の名称及び所在地
　三　法人である場合においては、その資本金額（出資総額を含む。以下同じ。）及び役員の氏名
　四　個人である場合においては、その者の氏名及び支配人があるときは、その者の氏名
　五　許可を受けようとする建設業
　六　他に営業を行つている場合においては、その営業の種類
　　（注）　「国土交通省令で定めるところ」＝施行規則2条・6条・7条
　　　　　　「罰則」＝50条・53条

（許可申請書の添付書類）
第6条　前条の許可申請書には、国土交通省令の定めるところにより、次に掲げる書類を添付しなければならない。
　一　工事経歴書
　二　直前3年の各事業年度における工事施工金額を記載した書面

三　使用人数を記載した書面
　四　許可を受けようとする者（法人である場合においては当該法人、その役員及び政令で定める使用人、個人である場合においてはその者及び政令で定める使用人）及び法定代理人が第8条各号に掲げる欠格要件に該当しない者であることを誓約する書面
　五　次条第一号及び第二号に掲げる基準を満たしていることを証する書面
　六　前各号に掲げる書面以外の書類で国土交通省令で定めるもの
2　許可の更新を受けようとする者は、前項の規定にかかわらず、同項第一号から第三号までに掲げる書類を添付することを要しない。
　　（注）1項の「国土交通省令の定めるところ」＝施行規則2条・3条・4条2項・3項
　　　　　1項四号の「政令で定める使用人」＝施行令3条
　　　　　1項六号の「国土交通省令で定めるもの」＝施行規則4条1項
　　　　　1項の「罰則」＝50条・53条

（変更等の届出）
第11条　許可に係る建設業者は、第5条第一号から第四号までに掲げる事項について変更があつたときは、国土交通省令の定めるところにより、30日以内に、その旨の変更届出書を国土交通大臣又は都道府県知事に提出しなければならない。
2　許可に係る建設業者は、毎事業年度終了の時における第6条第1項第一号及び第二号に掲げる書類その他国土交通省令で定める書類を、毎事業年度経過後4月以内に、国土交通大臣又は都道府県知事に提出しなければならない。
3　許可に係る建設業者は、第6条第1項第三号に掲げる書面その他国土交通省令で定める書類の記載事項に変更を生じたときは、毎事業年度経過後4月以内に、その旨を書面で国土交通大臣又は都道府県知事に届け出なければならない。
4　許可に係る建設業者は、第7条第一号イ又はロに該当する者として証明された者が、法人である場合においてはその役員、個人である場合においてはその支配人でなくなつた場合若しくは同号ロに該当しなくなつた場合又は営業所に置く同条第二号イ、ロ若しくはハに該当する者として証明された者が当該営業所に置かれなくなつた場合若しくは同号ハに該当しなくなつた場合において、これに代わるべき者があるときは、国土交通省令の定めるところにより、2週間以内に、その者について、第6条第1項第五号に掲げる書面を国土交通大臣又は都道府県知事に提出しなければならない。
5　許可に係る建設業者は、第7条第一号若しくは第二号に掲げる基準を満たさなくなつたとき、又は第8条第一号及び第七号から第十一号までのいずれかに該当するに至つたときは、国土交通省令の定めるところにより、2週間以内に、その旨を書面で国土交通大臣又は都道府県知事に届け出なければならない。
　　（注）1項の「国土交通省令の定めるところ」＝施行規則9条・11条・12条
　　　　　2項の「国土交通省令で定める書類」＝施行規則10条1項
　　　　　3項の「国土交通省令で定める書類」＝施行規則10条2項
　　　　　3項の「届出」＝施行規則10条3項
　　　　　4項の「国土交通省令の定めるところ」＝施行規則11条・12条
　　　　　5項の「国土交通省令の定めるところ」＝施行規則10条の2・11条・12条
　　　　　「罰則」＝50条・53条

　　第3節　特定建設業の許可
（準用規定）
第17条　第5条、第6条及び第8条から第14条までの規定は、特定建設業の許可及び特定建設業の

許可を受けた者（以下「特定建設業者」という。）について準用する。（以下省略）
　（注）「罰則」＝50条・53条・55条一号
　　　　第4章の2　建設業者の経営に関する事項の審査等
　（経営事項審査）
第27条の23　公共性のある施設又は工作物に関する建設工事で政令で定めるものを発注者から直接請け負おうとする建設業者は、国土交通省令で定めるところにより、その経営に関する客観的事項について審査を受けなければならない。
2　前項の審査（以下「経営事項審査」という。）は、次に掲げる事項について、数値による評価をすることにより行うものとする。
　一　経営状況
　二　経営規模、技術的能力その他の前号に掲げる事項以外の客観的事項
3　前項に定めるもののほか、経営事項審査の項目及び基準は、中央建設業審議会の意見を聴いて国土交通大臣が定める。
　　（注）　1項の「制令で定めるもの」＝施行令27条の13
　　　　　　1項の「国土交通省令の定めるところ」＝施行規則19条
　　　　　　3項の「審査の項目及び基準」＝平成6年建設省告示1461号
　（経営状況分析）
第27条の24　前条第2項第一号に掲げる事項の分析（以下「経営状況分析」という。）については、第27条の31及び第27条の32において準用する第26条の5の規定により国土交通大臣の登録を受けた者（以下「登録経営状況分析機関」という。）が行うものとする。
2　経営状況分析の申請は、国土交通省令で定める事項を記載した申請書を登録経営状況分析機関に提出してしなければならない。
3　前項の申請書には、経営状況分析に必要な事実を証する書類として国土交通省令で定める書類を添付しなければならない。
4　登録経営状況分析機関は、経営状況分析のため必要があると認めるときは、経営状況分析の申請をした建設業者に報告又は資料の提出を求めることができる。
　　（注）　1項の「登録」＝施行規則21条の5
　　　　　　2項・3項の「経営状況分析申請書」＝施行規則19条の2
　　　　　　2項の「申請書の記載事項」＝施行規則19条の3
　　　　　　3項の「国土交通省令で定める書類」＝施行規則19条の4
　　　　　　「罰則」＝50条四号・52条四号
　（経営状況分析の結果の通知）
第27条の25　登録経営状況分析機関は、経営状況分析を行つたときは、遅滞なく、国土交通省令で定めるところにより、当該経営状況分析の申請をした建設業者に対して、当該経営状況分析の結果に係る数値を通知しなければならない。
　　（注）「国土交通省令」＝施行規則19条の5
　（経営規模等評価）
第27条の26　第27条の23第2項第二号に掲げる事項の評価（以下「経営規模等評価」という。）については、国土交通大臣又は都道府県知事が行うものとする。
2　経営規模等評価の申請は、国土交通省令で定める事項を記載した申請書を建設業の許可をした国土交通大臣又は都道府県知事に提出してしなければならない。
3　前項の申請書には、経営規模等評価に必要な事実を証する書面として国土交通省令で定める書類を添付しなければならない。

4　国土交通大臣又は都道府県知事は、経営規模等評価のため必要があると認めるときは、経営規模等評価の申請をした建設業者に報告又は資料の提出を求めることができる。

　　（注）　2項・3項の「国土交通省令」＝施行規則19条の6

　　　　　　2項の「国土交通省令で定める事項」＝施行規則19条の7

　　　　　　3項の「国土交通省令で定める書類」＝施行規則19条の8

　　　　　　「罰則」＝50条四号・52条四号

（経営規模等評価の結果の通知）

第27条の27　国土交通大臣又は都道府県知事は、経営規模等評価を行ったときは、遅滞なく、国土交通省令で定めるところにより、当該経営規模等評価の申請をした建設業者に対して、当該経営規模等評価の結果に係る数値を通知しなければならない。

　　（注）　「国土交通省令」＝施行規則19条の9

（再審査の申立）

第27条の28　経営規模等評価の結果について異議のある建設業者は、経営規模等評価を行つた国土交通大臣又は都道府県知事に対して、再審査を申し立てることができる。

　　（注）　「再審査の申立」＝施行規則20条・21条

（総合評定値の通知）

第27条の29　国土交通大臣又は都道府県知事は、経営規模等評価の申請をした建設業者から請求があつたときは、遅滞なく、国土交通省令で定めるところにより、当該建設業者に対して、総合評定値（経営状況分析の結果に係る数値及び経営規模等評価の結果に係る数値を用いて国土交通省令で定めるところにより算出した客観的事項の全体についての総合的な評定の結果に係る数値をいう。以下同じ。）を通知しなければならない。

2　前項の請求は、第27条の25の規定により登録経営状況分析機関から通知を受けた経営状況分析の結果に係る数値を当該建設業者の許可をした国土交通大臣又は都道府県知事に提出してしなければならない。

3　国土交通大臣又は都道府県知事は、第27条の23第1項の建設工事の発注者から請求があつたときは、遅滞なく、国土交通省令で定めるところにより、当該発注者に対して、同項の建設業者に係る経営状況分析の結果に係る数値及び経営規模等評価の結果に係る数値の請求があつた場合にあつては、これらの数値を含む。）を通知しなければならない。ただし、第1項の規定による請求をしていない建設業者に係る当該発注者からの請求にあつては、当該建設業者に係る経営規模等評価の結果に係る数値のみを通知すれば足りる。

　　（注）　1項の「総合評定の請求」＝施行規則21条の2

　　　　　　1項の「総合評定値」＝施行規則21条の3

　　　　　　1項・3項の「通知」＝施行規則21条・21条の4

　　第5章　監督

（指示及び営業の停止）

第28条　（以下省略）

（許可の取消）

第29条　（以下省略）

　　第8章　罰則

第47条　次の各号の一に該当する者は、3年以下の懲役又は300万円以下の罰金に処する。

　　一　第3条第1項の規定に違反して許可を受けないで建設業を営んだ者

　　一の二　第16条の規定に違反して下請契約を締結した者

　　二　第28条第3項又は第5項の規定による営業停止の処分に違反して建設業を営んだ者

二の二　第29条の4第1項の規定による営業の禁止の処分に違反して建設業を営んだ者
　　三　虚偽又は不正の事実に基づいて第3条第1項の許可（同条第3項の許可の更新を含む。）を受けた者
2　前項の罪を犯した者には、情状により、懲役及び罰金を併科することができる。

第50条　次の各号のいずれかに該当する者は、6月以下の懲役又は100万円以下の罰金に処する。
　　一　第5条（第17条において準用する場合を含む。）の規定による許可申請書又は第6条第1項（第17条において準用する場合を含む。）の規定による書類に虚偽の記載をしてこれを提出した者
　　二　第11条第1項から第4項まで（第17条において準用する場合を含む。）の規定による書類を提出せず、又は虚偽の記載をしてこれを提出した者
　　三　第11条第5項（第17条において準用する場合を含む。）の規定による届出をしなかつた者
　　四　第27条の24第2項若しくは第27条の26第2項の申請書又は第27条の24第3項若しくは第27条の26第3項の書類に虚偽の記載をしてこれを提出した者
2　前項の罪を犯した者には、情状により、懲役及び罰金を併科することができる。

第52条　次の各号のいずれかに該当する者は、100万円以下の罰金に処する。
　　一　第26条第1項から第3項までの規定による主任技術者又は監理技術者を置かなかつた者
　　二　第26条の2の規定に違反した者
　　三　第29条の3第1項後段の規定による通知をしなかつた者
　　四　第27条の24第4項又は第27条の26第4項の規定による報告をせず、若しくは資料の提出をせず、又は虚偽の報告をし、若しくは虚偽の資料を提出した者
　　五　第31条第1項又は第42条の2第1項の規定による報告をせず、又は虚偽の報告をした者
　　六　第31条第1項又は第42条の2第1項の規定による検査を拒み、妨げ、又は忌避した者

第53条　法人の代表者又は法人若しくは人の代理人、使用人、その他の従業者が、その法人又は人の業務又は財産に関し、次の各号に掲げる規定の違反行為をしたときは、その行為者を罰するほか、その法人に対して当該各号に定める罰金刑を、その人に対して各本条の罰金刑を科する。
　　一　第47条　1億円以下の罰金刑
　　二　第50条又は前条　各本条の罰金刑

第55条　次の各号の一に該当する者は、10万円以下の過料に処する。
　　一　第12条（第17条において準用する場合を含む。）の規定による届出を怠つた者
　　二　正当な理由がなくて第25条の13第3項の規定による出頭の要求に応じなかつた者
　　三　第40条の規定による標識を掲げない者
　　四　第40条の2の規定に違反した者
　　五　第40条の3の規定に違反して、帳簿を備えず、帳簿に記載せず、若しくは帳簿に虚偽の記載をし、又は帳簿を保存しなかつた者

○建設業法施行令（抄）

$$\left[\begin{array}{l}昭和31年\ 8月29日政令第273号\\最終改正平成18年9月26日政令第320号\end{array}\right]$$

（支店に準ずる営業所）
第1条 建設業法（以下「法」という。）第3条第1項の政令で定める支店に準ずる営業所は、常時建設工事の請負契約を締結する事務所とする。

（法第3条第1項ただし書きの軽微な建設工事）
第1条の2 法第3条第1項ただし書きの政令で定める軽微な建設工事は、工事1件の請負代金の額が建築一式工事にあって1千5百万円に満たない工事又は延べ面積が150平方メートルに満たない木造住宅工事、建築一式工事以外の建設工事にあっては5百万円に満たない工事とする。

2　前項の請負代金の額は、同一の建設業を営む者が工事の完成を2以上の契約に分割して請け負うときは、各請負契約の額の合計額とする。ただし、正当な理由に基づいて契約を分割したときは、この限りでない。

3　注文者が材料を提供する場合においては、その市場価格又は市場価格及び運送費を当該請負契約の請負代金の額に加えたものを第1項の請負代金の額とする。

（法第3条第1項第二号の金額）
第2条 法第3条第1項第二号の政令で定める金額は、3千万円とする。ただし、同項の許可を受けようとする建設業が建築工事である場合においては、4千5百万円とする。

（使用人）
第3条 法第6条第1項第四号（法第17条において準用する場合を含む。）、法第7条第三号、法第8条第四号、第十号及び第十一号（法第17条においてこれらの規定を準用する場合を含む。）、法第28条第1項第三号並びに法第29条の4の政令で定める使用人は、支配人及び支店又は第1条に規定する営業所の代表者（支配人である者を除く。）であるものとする。

◯建設業法施行規則(抄)

〔昭和24年7月28日建設省令第14号〕
〔最終改正平成20年1月31日国土交通省令第3号〕

(許可申請書及び添付書類の様式)
第2条　法第6条第1項の許可申請書添付書類のうち同条第1項第一号から第四号までに掲げるものの様式は、次に掲げるものとする。
　一　許可申請書　　　　　　　　　　　別記様式第1号
　二　法第6条第1項第一号に掲げる書面　別記様式第2号
　三　法第6条第1項第二号に掲げる書面　別記様式第3号
　四　法第6条第1項第三号に掲げる書面　別記様式第4号
　五　削除
　六　法第6条第1項第四号に掲げる書面　別記様式第6号

(法第6条第1項第五号の書面)
第3条　法第6条第1項第五号の書面のうち法第7条第一号に掲げる基準を満たしていることを証する書面は、別記様式第7号による証明書及び第1号又は第2号に掲げる証明書その他当該事項を証するに足りる書面とする。
　一　経営業務の監理責任者としての経験を有することを証する別記様式第7号による使用者の証明書
　二　法第7条第一号ロの規定により能力を有すると認定された者であることを証する証明書
2　法第6条第1項第五号の書面のうち法第7条第二号に掲げる基準を満たしていることを証する書面は、別記様式第8号による証明書及び第1号、第2号又は第3号に掲げる証明書その他当該事項を証するに足りる書面とする。
　一　学校を卒業したこと及び学科を修めたことを証する学校の証明書
　二　実務の経験を証する別記様式第9号による使用者の証明書
　三　法第7条第二号ハの規定により知識及び技術又は技能を有すると認定された者であることを証する証明書
3　許可の更新を申請する者は、前項の規定にかかわらず、法第7条第二号に掲げる基準を満たしていることを証する書面のうち別記様式第8号による証明書以外の書面の提出を省略することができる。

(法第6条第1項第六号の書類)
第4条　法第6条第1項第六号の国土交通省令で定める書類は、次に掲げるものとする。
　一　別記様式第11号による建設業法施行令(以下「令」という。)第3条に規定する使用人の一覧表
　二　別記様式第11号の2による法第7条第二号ハに該当する者及び同号ハの規定により国土交通大臣が同号イに掲げる者と同等以上の能力を有する者と認定した者の一覧表
　三　別記様式第12号による許可申請者(法人である場合においてはその役員をいい、営業に関し成年者と同一の行為能力を有しない未成年者である場合においてはその法定代理人を含む。以下この条において同じ。)の略歴書
　四　別記様式第13号による令第3条に規定する使用人(当該使用人に許可申請者が含まれる場合には、当該許可申請者を除く。)の略歴書
　五　許可申請者及び令第3条に規定する使用人が、成年被後見人及び被保佐人に該当しない旨の登記事項証明書(後見登記等に関する法律(平成11年法律第152号)第10条第1項に規定す

る登記事項証明書をいう。）
六　許可申請者及び令第3条に規定する使用人が、民法の一部を改正する法律（平成11年法律第149号）附則第3条第1項又は第2項の規定により成年被後見人及び被保佐人とみなされる者に該当せず、また、破産者で復権を得ないものに該当しない旨の市町村の長の証明書
七　法人である場合においては、定款
八　法人である場合においては、別記様式第14号による総株主の議決権の100分の5以上を有する株主又は出資の総額の100分の5以上に相当する出資をしている者の氏名又は名称、住所及びその有する株式の数又はその者のなした出資の価額を記載した書面
九　株式会社（会社法の施行に伴う関係法律の整備等に関する法律（平成17年法律第87号）第3条第2項に規定する特例有限会社を除く。以下同じ。）以外の法人又は小会社（資本金の額が1億円以下であり、かつ、最終事業年度に係る貸借対照表の負債の部に計上した額の合計額が200億円以上でない株式会社をいう。以下同じ。）である場合においては別記様式第15号から第17号の2までによる直前1年の各事業年度の貸借対照表、損益計算書、株主資本等変動計算書及び注記表、株式会社（小会社を除く。）である場合においてはこれらの書類及び別記様式第17号の3による附属明細表
十　個人である場合においては、別記様式第18号及び第19号による直前1年の各事業年度の貸借対照表及び損益計算書
十一　商業登記がなされている場合においては、登記事項証明書
十二　別記様式第20号による営業の沿革を記載した書面
十三　法第27条の37に規定する建設業者団体に所属する場合においては、別記様式第20号の2による当該建設業者団体の名称及び当該建設業者団体に所属した年月日を記載した書面
十四　国土交通大臣の許可を申請する者については、法人にあっては法人税、個人にあっては所得税のそれぞれ直前1年の各年度における納付すべき額及び納付済額を証する書面
十五　都道府県知事の許可を申請する者については、事業税の直前1年の各年度における納付すべき額及び納付済額を証する書面
十六　別記様式第20号の3による主要取引金融機関名を記載した書面
2　一般建設業の許可を申請する者（一般建設業の許可の更新を申請する者を除く。）が、特定建設業の許可又は当該申請に係る建設業以外の建設業の一般建設業の許可を受けているときは、前項の規定にかかわらず、同項第二号及び第七号から第十六号までに掲げる書類の提出を省略することができる。ただし、法第9条第1項各号の一に該当して新たに一般建設業の許可を申請する場合は、この限りでない。
3　許可の更新を申請する者は、第1項の規定にかかわらず、同項第二号、第七号から第十六号まで及び第十三号から第十六号までに掲げる書類の提出を省略することができる。ただし、同項第七号、第八号、第十一号、第十三号及び第十六号に掲げる書類については、その記載事項に変更がない場合に限る。

（許可の更新の申請）
第5条　法第3条第3項の規定により、許可の更新を受けようとする者は、有効期間満了の日前30日までに許可申請書を提出しなければならない。

（許可申請書の提出）
第6条　法第5条の規定により国土交通大臣に提出すべき許可申請書及びその添付書類は、その主たる営業所の所在地を管轄する都道府県知事を経由しなければならない。

（提出すべき書類の部数）
第7条　法第5条の規定により提出すべき許可申請書及びその添付書類の部数は、次のとおりとす

る。
　一　国土交通大臣の許可を受けようとする者にあつては、正本1通及び営業所のある都道府県の数と同一部数のその写し
　二　都道府県知事の許可を受けようとする者にあつては、当該都道府県知事の定める数
　（氏名の変更の届出）
第7条の2　建設業者は、法第7条第一号イ若しくはロに該当するものとして証明された者又は営業所に置く同条第二号イ、ロ若しくはハに該当する者として証明された者が氏名を変更したときは、2週間以内に、国土交通大臣又は都道府県知事にその旨を届け出なければならない。
2　（省略）
　（使用人の変更の届出）
第8条　建設業者は、新たに令第3条に規定する使用人になつた者がある場合には、2週間以内に、当該使用人に係る法第6条第1項第四号及び第4条第四号から第六号までに掲げる書面を添付した別記様式第22号の2による変更届出書により、国土交通大臣又は都道府県知事にその旨を届け出なければならない。
　（法第11条の第1項の変更の届出）
第9条　法第11条第1項の規定による変更届出書は、別記様式第22号の2によるものとする。
2　法第11条第1項の規定により変更届出書を提出する場合において当該変更が次に掲げるものであるときは、当該各号に掲げる書面を添付しなければならない。

一　法第5条第一号から第四号までに掲げる事項の変更（商業登記の変更を必要とする場合に限る。）	当該変更に係る登記事項を記載した登記事項証明書
二　法第5条第二号に掲げる事項のうち営業所の新設に係る変更	当該営業所に係る法第6条第1項第四号及び第六号の書面並びに許可申請書、変更届出書及びこれらの添付書類の写し
三　法第5条第三号に掲げる事項のうち役員の新任に係る変更及び同条第四号に掲げる事項のうち支配人の新任に係る事項	当該役員又は支配人に係る法第6条第1項第四号の書面及び第4条第三号又は第四号に掲げる書面

　（毎事業年度経過後に届出を必要とする書類）
第10条　法第11条第2項の国土交通省令で定める書類は、次に掲げるものとする。
　一　株式会社以外の法人である場合においては別記様式第15号から第17号の2までによる貸借対照表、損益計算書、株主資本等変動計算書及び注記表、小会社である場合においてはこれらの書類及び事業報告書、株式会社（小会社を除く。）である場合においては別記様式第15号から第17号の3までによる貸借対照表、損益計算書、株主資本等変動計算書、注記表及び附属明細表並びに事業報告書
　二　個人である場合においては、別記様式第18号及び第19号による貸借対照表及び損益計算書
　三　国土交通大臣の許可を受けている者については、法人にあつては法人税、個人にあつては所得税の納付すべき額及び納付済額を証する書面
　四　都道府県知事の許可を受けている者については、事業税の納付すべき額及び納付済額を証する書面
2　法第11条第3項の国土交通省令で定める書類は、第4条第1項第一号、第二号及び第五号に掲げる書面とする。
3　法第11条第3項の規定による届出のうち第4条第1項第二号に掲げる書面に係るものは、別記様式第11号の2による一覧表により行うものとする。

(法第11条第5項の書面の様式)
第10条の2　法第11条第5項の規定による届出は、別記様式第22号の3による届出書により行うものとする。

(届出書の提出)
第11条　法第11条若しくは法第12条又は第7条の2若しくは第8条の規定により国土交通大臣に提出すべき届出書及びその添付書類は、その主たる営業所の所在地を管轄する都道府県知事を経由しなければならない。

(届出書の部数)
第12条　法第11条又は第7条の2若しくは第8条の規定により提出すべき届出書及びその添付書類の部数については、第7条の規定を準用する。ただし第9条第2項第二号に掲げる書類のうち許可申請書、変更届出書及びこれらの添付書類の写しの部数は、当該新設に係る営業所の数とする。

(特定建設業についての準用)
第13条　前各条(第3条第2項及び第3項を除く。)の規定は、特定建設業の許可及び特定建設業者について準用する。(以下省略)
2　(以下省略)

(経営事項審査の受審)
第18条の2　法第27条の23第1項の建設業者は、同項の建設工事について発注者と請負契約を締結する日の1年7月前の日の直後の事業年度終了の日以降に経営事項審査を受けていなければならない。

(経営事項審査の客観的事項)
第18条の3　法第27条の23第2項第二号に規定する客観的事項は、経営規模、技術的能力及び次の各号に掲げる事項とする。
　一　労働福祉の状況
　二　建設業の営業年数
　三　法令遵守の状況
　四　建設業の経理に関する状況
　五　研究開発の状況
　六　防災活動への貢献の状況
2　前項に規定する技術的能力は、次の各号に掲げる事項により評価することにより審査するものとする。
　一　法第7条第二号イ、ロ若しくはハ又は法第15条第二号イ、ロ若しくはハに該当する者の数
　二　工事現場において基幹的な役割を担うために必要な技能に関する講習であつて、次条から第18条の3の4までの規定により国土交通大臣の登録を受けたもの(以下「登録基幹技能者講習」という。)を修了した者の数
　三　元請完成工事高
3　第1項第四号に規定する事項は、次の各号に掲げる事項により評価することにより審査するものとする。
　一　会計監査人又は会計参与の設置の有無
　二　建設業の経理に関する業務の責任者のうち次に掲げる者による建設業の経理が適正に行われたことの確認の有無
　　イ　公認会計士、会計士補、税理士及びこれらとなる資格を有する者
　　ロ　建設業の経理に必要な知識を確認するための試験であつて、第18条の4、第18条の5及び

第18条の7において準用する第7条の5の規定により国土交通大臣の登録を受けたもの（以下「登録経理試験」という。）に合格した者
　三　建設業に従事する職員のうち前号イ又はロに掲げる者で建設業の経理に関する業務を遂行する能力を有するものと認められる者の数
　（経営状況分析の申請）
第19条の2　登録経営状況分析機関は、経営状況分析の申請の時期及び方法等を定め、その内容を公示するものとする。
2　法第27条の24第2項及び第3項の規定により提出すべき経営状況分析申請書及びその添付書類は、前項の規定に基づき公示されたところにより、提出しなければならない。
　（経営状況分析申請書の記載事項及び様式）
第19条の3　法第27条の24第2項の国土交通省令で定める事項は、次のとおりとする。
　一　商号又は名称
　二　主たる営業所の所在地
　三　許可番号
2　経営状況分析申請書の様式は、別記様式第25号の8によるものとする。
　（経営状況分析申請書の添付書類）
第19条の4　法第27条の24第3項の国土交通省令で定める書類は、次のとおりとする。
　一　会社法第2条第六号に規定する大会社であって有価証券報告書提出会社（金融商品取引法（昭和23年法律第25号）第24条第1項の規定による有価証券報告書を内閣総理大臣に提出しなければならない株式会社をいう。）である場合においては、一般に公正妥当と認められる企業会計の基準に準拠して作成された連結会社の直前3年の各事業年度の連結貸借対照表、連結損益計算書、連結株主資本等変動計算書及び連結キャッシュ・フロー計算書
　二　前号の会社以外の法人である場合においては、別記様式第15号から第17号の2までによる直前3年の各事業年度の貸借対照表、損益計算書、株主資本等変動計算書及び注記表
　三　個人である場合においては、別記様式第18号及び第19号による直前3年の各事業年度の貸借対照表及び損益計算書
　四　建設業以外の事業を併せて営む者にあつては、別記様式第25号の9による直前3年の各事業年度の当該建設業以外の事業に係る売上原価報告書
　五　その他経営状況分析に必要な書類
2　前項第一号から第三号までに掲げる書類のうち、既に提出され、かつ、その内容に変更がないものについては、同項の規定にかかわらず、その添付を省略することができる。
　（経営状況分析の結果の通知）
第19条の5　法第27条の25の通知は、別記様式第25号の10による通知書により行うものとする。
　（経営規模等評価の申請）
第19条の6　国土交通大臣又は都道府県知事は、経営規模等評価の申請の時期及び方法等を定め、その内容を公示するものとする。
2　法第27条の26第2項及び第3項の規定により提出すべき経営規模等評価申請書及びその添付書類は、前項の規定に基づき公示されたところにより、国土交通大臣の許可を受けた者にあつてはその主たる営業所の所在地を管轄する都道府県知事を経由して国土交通大臣に、都道府県知事の許可を受けた者にあつては当該都道府県知事に提出しなければならない。
　（注）1項の「経営規模等の評価の申請の時期及び方法等」＝平成16年国土交通省告示170号
　（経営規模等評価申請書の記載事項及び様式）
第19条の7　法第27条の26第2項の国土交通省令で定める事項は、第19条の3第1項各号に掲げる

事項及び審査の対象とする建設業の種類とする。

2　経営規模等評価申請書の様式は、別記様式第25号の11によるものとする。

（経営規模等評価申請書の添付書類）

第19条の8　法第27条の26第3項の国土交通省令で定める書類は、別記様式第2号による工事経歴書とする。

2　法第6条第1項又は第11条第2項（法第17条において準用する場合を含む。）の規定により、経営規模等評価の申請をする日の属する事業年度の開始の日の直前1年間についての別記様式第2号による工事経歴書を国土交通大臣又は都道府県知事に既に提出している者は、前項の規定にかかわらず、その添付を省略することができる。

（経営規模等評価申請の結果の通知）

第19条の9　法第27条の27の通知は、別記様式第25号の12による通知書により行うものとする。

（再審査の申立て）

第20条　法第27条の28に規定する再審査（以下「再審査」という。）の申立ては、法第27条の27の規定による審査の結果の通知を受けた日から30日以内にしなければならない。

2　法第27条の23第3項の経営事項審査の基準その他の評価方法（経営規模等評価に係るものに限る。）が改正された場合において、当該改正前の評価方法に基づく法第27条の27の規定による審査の結果の通知を受けた者は、前項の規定にかかわらず、当該完成の日から120日以内に限り、再審査（当該改正に係る事項についての再審査に限る。）を申し立てることができる。

3　再審査の申立ては、別記様式第25号の11による申立書を経営規模等評価を行った国土交通大臣又は都道府県知事に提出してしなければならない。

4　第2項の規定による再審査の申立てにおいては、前項の申立書に、再審査のために必要な書類を添付するものとする。

5　第2項の規定により再審査の申立てをする場合において提出する第3項の申立書及びその添付書類は、同項の規定にかかわらず、国土交通大臣の許可を受けた者にあってはその主たる営業所の所在地を管轄する都道府県知事を経由して国土交通大臣に、都道府県知事の許可を受けた者にあっては当該都道府県知事に提出しなければならない。

（再審査の結果の通知）

第21条　国土交通大臣又は都道府県知事は、法第27条の28の規定による再審査を行ったときは、再審査をした者に、再審査の結果を通知するものとし、再審査の結果が法第27条の26第1項の規定による評価の結果と異なることとなった場合において、法第27条の29第3項の規定による通知を受けた発注者があるときは、当該発注者に、再審査の結果を通知するものとする。

（総合評定値の請求）

第21条の2　国土交通大臣又は都道府県知事は、総合評定値の請求（建設業者からの請求に限る。次項において同じ。）の時期及び方法等を定め、その内容を公示するものとする。

2　総合評定値の請求は、別記様式第25号の11による請求書により行うものとし、当該請求書には、第19条の5に規定する通知書を添付するものとする。

3　前項の規定により提出すべき請求書及び通知書は、第1項の規定に基づき公示されたところにより、国土交通大臣の許可を受けた者にあってはその主たる営業所の所在地を管轄する都道府県知事を経由して国土交通大臣に、都道府県知事の許可を受けた者にあっては当該都道府県知事に提出しなければならない。

　　（注）　1項の「総合評定値の請求の時期及び方法等」＝平成16年国土交通省告示170号

（総合評定値の算出）

第21条の3　法第27条の29第1項の総合評定値は、次の式によって算出するものとする。

$$P=0.25X_1+0.15X_2+0.2Y+0.25Z+0.15W$$

　この式において、P、X_1、X_2、Y、Z及びWは、それぞれ次の数値を表すものとする。
　　P　　総合評定値
　　X_1　経営規模等評価の結果に係る数値のうち、完成工事高に係るもの
　　X_2　経営規模等評価の結果に係る数値のうち、自己資本額及び利益額に係るもの
　　Y　　経営状況分析の結果に係る数値
　　Z　　経営規模等評価の結果に係る数値のうち、技術職員数及び元請完成工事高に係るもの
　　W　　経営規模等評価の結果に係る数値のうち、X_1、X_2、Y及びZ以外に係るもの

　（総合評定値の通知）
第21条の４　法第27条の29第１項及び第３項の規定による通知は、別記様式第25号の12による通知書により行うものとする。

　（経営状況分析の実施基準）
第21条の６　法第27条の32において準用する法第26条の８の国土交通省令で定める基準は、次に掲げるとおりとする。
　一　法第27条の23第３項の規定により国土交通大臣が定める経営事項審査の項目及び基準に従い、電子計算機及びプログラムを用いて経営状況分析を行い、数値を算出すること。
　二　経営状況分析申請書及び第19条の４第１項各号に掲げる書類（次号、第四号及び第21条の８第４項において「経営状況分析申請書等」という。）に記載された内容が、国土交通大臣が定めて通知する各勘定科目間の関係、各勘定科目に計上された金額等に関する基準に照らし、真正なものでない疑いがあると認める場合においては、国土交通大臣が定めて通知する方法によりその内容を確認すること。
　三　経営状況分析申請書等に記載された内容が、適正でないと認める場合においては、申請をした建設業者から理由を聴取し、又はその補正を求めること。
　四　登録経営状況分析機関が経営状況分析の申請を自ら行った場合、申請に係る経営状況分析申請書等の作成に関与した場合その他の場合であって、経営状況分析の公正な実施に支障を及ぼすおそれがあるものとして国土交通大臣が定める場合においては、これらの申請に係る経営状況分析を行わないこと。
　（注）四号の「経営状況分析の公正な実施に支障を及ぼすおそれがあるもの」＝平成16年国土交通省告示67号

○平成20年1月31日国土交通省令第3号による建設業法施行規則の一部改正後の建設業法施行規則
　　（抄）
　　　　　　　　　　　　　　　　　　　　　　　　　　　　　　　傍線部分は改正部分

　　（許可申請書及び添付書類の様式）
第2条　法第5条の許可申請書及び法第6条第1項の許可申請書の添付書類のうち同条第1項第一号から第四号までに掲げるものの様式は、次に掲げるものとする。
　一　許可申請書　　　　　　　　　　　　別記様式第1号
　二　法第6条第1項第一号に掲げる書面　別記様式第2号
　三　法第6条第1項第二号に掲げる書面　別記様式第3号
　四　法第6条第1項第三号に掲げる書面　別記様式第4号
　五　削除
　六　法第6条第1項第四号に掲げる書面　別記様式第6号

　　（法第6条第1項第五号の書面）
第3条　（以下省略）

　　（法第6条第1項第六号の書類）
第4条　法第6条第1項第六号の国土交通省令で定める書類は、次に掲げるものとする。
　一　別記様式第11号による建設業法施行令（以下「令」という。）第3条に規定する使用人の一覧表
　二　別記様式第11号の2による法第7条第二号ハに該当する者、法第15条第二号イに該当する者及び同号ハの規定により国土交通大臣が同号イに掲げる者と同等以上の能力を有するものと認定した者の一覧表
　三　別記様式第12号による許可申請者（法人である場合においてはその役員をいい、営業に関し成年者と同一の行為能力を有しない未成年者である場合においてはその法定代理人を含む。以下この条において同じ。）の略歴書
　四　別記様式第13号による令第3条に規定する使用人（当該使用人に許可申請者が含まれる場合には、当該許可申請者を除く。）の略歴書
　五　許可申請者及び令第3条に規定する使用人が、成年被後見人及び被保佐人に該当しない旨の登記事項証明書（後見登記等に関する法律（平成11年法律第152号）第10条第1項に規定する登記事項証明書をいう。）
　六　許可申請者及び令第3条に規定する使用人が、民法の一部を改正する法律（平成11年法律第149号）附則第3条第1項又は第2項の規定により成年被後見人又は被保佐人とみなされる者に該当せず、また、破産者で復権を得ないものに該当しない旨の市町村の長の証明書
　七　法人である場合においては、定款
　八　法人である場合においては、別記様式第14号による総株主の議決権の100分の5以上を有する株主又は出資の総額の100分の5以上に相当する出資をしている者の氏名又は名称、住所及びその有する株式の数又はその者のなした出資の価額を記載した書面
　九　株式会社（会社法の施行に伴う関係法律の整備等に関する法律（平成17年法律第87号）第3条第2項に規定する特例有限会社を除く。以下同じ。）以外の法人又は小会社（資本金の額が1億円以下であり、かつ、最終事業年度に係る貸借対照表の負債の部に計上した額の合計額が200億円以上でない株式会社をいう。以下同じ。）である場合においては、別記様式第15号から第17号の2までによる直前1年の各事業年度の貸借対照表、損益計算書、株主資本等変動計算書及び注記表、株式会社（小会社を除く。）である場合においてはこれらの書類及び別記様式第17号の3による附属明細表

十　個人である場合においては、別記様式第18号及び第19号による直前1年の各事業年度の貸借対照表及び損益計算書
十一　商業登記がなされていない場合においては、登記事項証明書
十二　別記様式第20号による営業の沿革を記載した書面
十三　法第27条の37に規定する建設業者団体に所属する場合においては、別記様式第20号の2による当該建設業者団体の名称及び当該建設業者団体に所属した年月日を記載した書面
十四　国土交通大臣の許可を申請する者については、法人にあっては法人税、個人にあっては所得税のそれぞれ直前1年の各年度における納付すべき額及び納付済額を証する書面
十五　都道府県知事の許可を申請する者については、事業税の直前1年の各年度における納付すべき額及び納付済額を証する書面
十六　別記様式第20号の3による主要取引金融機関名を記載した書面

2　一般建設業の許可を申請する者（一般建設業の許可の更新を申請する者を除く。）が、特定建設業の許可又は当該申請に係る建設業以外の建設業の一般建設業の許可を受けているときは、前項の規定にかかわらず、同項第二号及び第七号から第十六号までに掲げる書類の提出を省略することができる。ただし、法第9条第1項各号の一に該当して新たに一般建設業の許可を申請する場合は、この限りでない。

3　許可の更新を申請する者は、第1項の規定にかかわらず、同項第二号、第七号から第十六号まで及び第十三号から第十六号までに掲げる書類の提出を省略できる。ただし、同項第七号、第八号、第十一号、第十三号及び第十六号に掲げる書類については、その記載事項に変更がない場合に限る。

（経営事項審査の客観的事項）

第18条の3　法第27条の23第2項第二号に規定する客観的事項は、経営規模、技術的能力及び次の各号に掲げる事項とする。
一　労働福祉の状況
二　建設業の営業年数
三　法令遵守の状況
四　建設業の経理に関する状況
五　研究開発の状況
六　防災活動への貢献の状況

2　前項に規定する技術的能力は、次の各号に掲げる事項により評価することにより審査するものとする。
一　法第7条第二号イ、ロ若しくはハ又は法第15条第二号イ、ロ若しくはハに該当する者の数
二　工事現場において基幹的な役割を担うために必要な技能に関する講習であつて、次条から第18条の3の4までの規定により国土交通大臣の登録を受けたもの（以下「登録基幹技能者講習」という。）を修了した者の数
三　元請完成工事高

3　第1項第四号に規定する事項は、次の各号に掲げる事項により評価することにより審査するものとする。
一　会計監査人又は会計参与の設置の有無
二　建設業の経理に関する業務の責任者のうち次に掲げる者による建設業の経理が適正に行われたことの確認の有無
　イ　公認会計士、会計士補、税理士及びこれらとなる資格を有する者
　ロ　建設業の経理に必要な知識を確認するための試験であつて、第18条の4、第18条の5及び

第18条の7において準用する第7条の5の規定により国土交通大臣の登録を受けたもの(以下「登録経理試験」という。)に合格した者
　三　建設業に従事する職員のうち前号イ又はロに掲げる者で建設業の経理に関する業務を遂行する能力を有するものと認められる者の数

（経営状況分析申請書の添付書類）

第19条の4　法第27条の24第3項の国土交通省令で定める書類は、次のとおりとする。
　一　会社法第2条第六号に規定する大会社であつて有価証券報告書提出会社（金融商品取引法（昭和23年法律第25号）第24条第1項の規定による有価証券報告書を内閣総理大臣に提出しなければならない株式会社をいう。）である場合においては、一般に公正妥当と認められる企業会計の基準に準拠して作成された連結会社の直前3年の各事業年度の連結貸借対照表、連結損益計算書、連結株主資本等変動計算書及び連結キャッシュ・フロー計算書
　二　前号の会社以外の法人である場合においては、別記様式第15号から第17号の2までによる直前3年の各事業年度の貸借対照表、損益計算書、株主資本等変動計算書及び注記表
　三　個人である場合においては、別記様式第18号及び第19号による直前3年の各事業年度の貸借対照表及び損益計算書
　四　建設業以外の事業を併せて営む者にあつては、別記様式第25号の9による直前3年の各事業年度の当該建設業以外の事業に係る売上原価報告書
　五　その他経営状況分析に必要な書類
2　前項第一号から第三号までに掲げる書類のうち、既に提出され、かつ、その内容に変更がないものについては、同項の規定にかかわらず、その添付を省略することができる。

（総合評定値の算出）

第21条の3　法第27条の29第1項の総合評定値は、次の式によって算出するものとする。
$$P = 0.25X_1 + 0.15X_2 + 0.2Y + 0.25Z + 0.15W$$

この式において、P、X_1、X_2、Y、Z及びWは、それぞれ次の数値を表すものとする。
　P　総合評定値
　X_1　経営規模等評価の結果に係る数値のうち、完成工事高に係るもの
　X_2　経営規模等評価の結果に係る数値のうち、自己資本額及び利益額に係るもの
　Y　経営状況分析の結果に係る数値
　Z　経営規模等評価の結果に係る数値のうち、技術職員数及び元請完成工事高に係るもの
　W　経営規模等評価の結果に係る数値のうち、X_1、X_2、Y及びZ以外に係るもの

　　　附　則
1　この省令は、平成20年4月1日から施行する。
2　この省令による改正後の建設業法施行規則別記様式第15号から別記様式第17号の3までは、平成18年9月1日以後に決算期の到来した事業年度に係る書類について適用する。ただし、平成20年3月31日までに決算期の到来した事業年度に係るものについては、なお従前の例によることができる。

建設業法施行規則別記様式第15号及び第16号の国土交通大臣の定める勘定科目の分類を定める件

（昭和57年10月12日
建設省告示第1660号）

最終改正　平成20年1月31日国土交通省告示第87号

建設業法施行規則（昭和24年建設省令第14号）別記様式第15号及び第16号の国土交通大臣の定める勘定科目の分類を次のとおり定める。

なお、昭和50年建設省告示第788号は、廃止する。

貸　借　対　照　表

科　　　目	摘　　　　　要
〔資産の部〕	
Ⅰ　流　動　資　産	
現　金　預　金	現金 　現金、小切手、送金小切手、送金為替手形、郵便為替証書、振替貯金払出証書等 預金 　金融機関に対する預金、郵便貯金、郵便振替貯金、金銭信託等で決算期後1年以内に現金化できると認められるもの。ただし、当初の履行期が1年を超え、又は超えると認められたものは、投資その他の資産に記載することができる。
受　取　手　形	営業取引に基づいて発生した手形債権（割引に付した受取手形及び裏書譲渡した受取手形の金額は、控除して別に注記する。）。ただし、このうち破産債権、再生債権、更生債権その他これらに準ずる債権で決算期後1年以内に弁済を受けられないことが明らかなものは、投資その他の資産に記載する。
完成工事未収入金	完成工事高に計上した工事に係る請負代金（税抜方式を採用する場合も取引に係る消費税額及び地方消費税額を含む。以下同じ。）の未収額。ただし、このうち破産債権、再生債権、更生債権その他これらに準ずる債権で決算期後1年以内に弁済を受けられないことが明らかなものは、投資その他の資産に記載する。
有　価　証　券	時価の変動により利益を得ることを目的として保有する有価証券及び決算期後1年以内に満期の到来する有価証券
未成工事支出金	引渡しを完了していない工事に要した工事費並びに材料購入、外注のための前渡金、手付金等。ただし、長期の未成工事に要した工事費で工事進行基準によって完成工事原価に含めたものを除く。
材　料　貯　蔵　品	手持ちの工事用材料及び消耗工具器具等並びに事務用消耗品等のうち未成工事支出金、完成工事原価又は販売費及び一般管理費として処理されなかつたもの
短　期　貸　付　金	決算期後1年以内に返済されると認められるもの。ただし、当初の返済期が1年を超え、又は超えると認められたものは、投資その他の資産（長期貸付金）に記載することができる。
前　払　費　用	未経過保険料、未経過支払利息、前払賃借料等の費用の前払で決算期後

		１年以内に費用となるもの。ただし、当初１年を超えた後に費用となるものとして支出されたものは、投資その他の資産（長期前払費用）に記載することができる。
	繰 延 税 金 資 産	税効果会計の適用により資産として計上される金額のうち、次の各号に掲げるものをいう。 １　流動資産に属する資産又は流動負債に属する負債に関連するもの ２　特定の資産又は負債に関連しないもので決算期後１年以内に取り崩されると認められるもの
	そ　　の　　他	完成工事未収入金以外の未収入金及び営業取引以外の取引によつて生じた未収入金、営業外受取手形その他決算期後１年以内に現金化できると認められるもので他の流動資産科目に属さないもの。ただし、営業取引以外の取引によって生じたものについては、当初の履行期が１年を超え、又は超えると認められたものは、投資その他の資産に記載することができる。
	貸 倒 引 当 金	受取手形、完成工事未収入金等流動資産に属する債権に対する貸倒見込額を一括して記載する。
II　固 定 資 産		
(1)　有形固定資産		
	建物・構築物	次の建物及び構築物をいう。
	⎡建　　　　物	社屋、倉庫、車庫、工場、住宅その他の建物及びこれらの付属設備
	⎣構　築　物	土地に定着する土木設備又は工作物
	機械・運搬具	次の機械装置、船舶、航空機及び車両運搬具をいう。
	⎡機　械　装　置	建設機械その他の各種機械及び装置
	｜船　　　　舶	船舶及び水上運搬具
	｜航　空　機	飛行機及びヘリコプター
	⎣車 両 運 搬 具	鉄道車両、自動車その他の陸上運搬具
	工具器具・備品	次の工具器具及び備品をいう。
	⎡工　器　具	各種の工具又は器具で耐用年数が１年以上かつ取得価額が相当額以上であるもの（移動性仮設建物を含む。）
	⎣備　　　　品	各種の備品で耐用年数が１年以上かつ取得価額が相当額以上であるもの
	土　　　　地	自家用の土地
	建 設 仮 勘 定	建設中の自家用固定資産の新設又は増設のために要した支出
	そ　　の　　他	他の有形固定資産科目に属さないもの
(2)　無形固定資産		
	特　許　権	有償取得又は有償創設したもの
	借　地　権	有償取得したもの（地上権を含む。）
	の　れ　ん	合併、事業譲渡等により取得した事業の取得原価が、取得した資産及び引き受けた負債に配分された純額を上回る場合の超過額
	そ　　の　　他	有償取得又は有償創設したもので他の無形固定資産科目に属さないもの
(3)　投資その他の資産		
	投 資 有 価 証 券	流動資産に記載された有価証券以外の有価証券。ただし、関係会社株式

	関係会社株式・関係会社出資金	に属するものを除く。 次の関係会社株式及び関係会社出資金をいう。
	⎧ 関係会社株式	会社計算規則（平成18年法務省令第13号）第2条第3項第23号に定める関係会社の株式
	⎩ 関係会社出資金	会社計算規則第2条第3項第23号に定める関係会社に対する出資金
	長 期 貸 付 金	流動資産に記載された短期貸付金以外の貸付金
	破産債権、更生債権等	完成工事未収入金、受取手形等の営業債権及び貸付金、立替金等のその他の債権のうち破産債権、再生債権、更生債権その他これらに準ずる債権で決算期後1年以内に弁済を受けられないことが明らかなもの
	長 期 前 払 費 用	未経過保険料、未経過支払利息、前払賃貸料等の費用の前払で流動資産に記載された前払費用以外のもの
	繰 延 税 金 資 産	税効果会計の適用により資産として計上される金額のうち、流動資産の繰延税金資産として記載されたもの以外のもの
	そ の 他	長期保証金等1年を超える債権、出資金（関係会社に対するものを除く。）等他の投資その他の資産科目に属さないもの
	貸 倒 引 当 金	長期貸付金等投資等に属する債権に対する貸倒見込額を一括して記載する。
III	繰 延 資 産	
	創 立 費	定款等の作成費、株式募集のための広告費等の会社設立費用
	開 業 費	土地、建物等の賃借料等の会社成立後営業開始までに支出した開業準備のための費用
	株 式 交 付 費	株式募集のための広告費、金融機関の取扱手数料等の新株発行又は自己株式の処分のために直接支出した費用
	社 債 発 行 費	社債募集のための広告費、金融機関の取扱手数料等の社債発行のために直接支出した費用
	開 発 費	新技術の採用、市場の開拓等のために支出した費用（ただし、経常費の性格をもつものは含まれない。）
	〔負債の部〕	
I	流 動 負 債	
	支 払 手 形	営業取引に基づいて発生した手形債務
	工 事 未 払 金	工事費の未払額（工事原価に算入されるべき材料貯蔵品購入代金等を含む。）。ただし、税抜方式を採用する場合も取引に係る消費税額及び地方消費税額を含む。
	短 期 借 入 金	決算期後1年以内に返済されると認められる借入金（金融手形を含む。）
	未 払 金	固定資産購入代金未払金、未払配当金及びその他の未払金で決算期後1年以内に支払われると認められるもの
	未 払 費 用	未払給料手当、未払利息等継続的な役務の給付を内容とする契約に基づいて決算期までに提供された役務に対する未払額
	未 払 法 人 税 等	法人税、住民税及び事業税の未払額
	繰 延 税 金 負 債	税効果会計の適用により負債として計上される金額のうち、次の各号に掲げるものをいう。 1　流動資産に属する資産又は流動負債に属する負債に関連するもの

		2　特定の資産又は負債に関連しないもので決算期後1年以内に取り崩されると認められるもの
	未成工事受入金	引渡しを完了していない工事についての請負代金の受入高。ただし、長期の未成工事の受入金で工事進行基準によって完成工事高に含めたものを除く。
	預　り　金	営業取引に基づいて発生した預り金及び営業外取引に基づいて発生した預り金で決算期後1年以内に返済されるもの又は返済されると認められるもの
	前　受　収　益	前受利息、前受賃貸料等
	・・・引　当　金	修繕引当金、完成工事補償引当金等の引当金（その設定目的を示す名称を付した科目をもって記載すること。）
	修繕引当金	完成工事高として計上した工事に係る機械等の修繕に対する引当金
	完成工事補償引当金	引渡しを完了した工事に係るかし担保に対する引当金
	役員賞与引当金	決算日後の株主総会において支給が決定される役員賞与に対する引当金（実質的に確定債務である場合を除く。）
	そ　の　他	営業外支払手形等決算期後1年以内に支払又は返済されると認められるもので他の流動負債科目に属さないもの
II	固　定　負　債	
	社　　　　　債	会社法（平成18年法律第86号）第2条第23号の規定によるもの（償還期限が1年以内に到来するものは、流動負債の部に記載すること。）
	長　期　借　入　金	流動負債に記載された短期借入金以外の借入金
	繰　延　税　金　負　債	税効果会計の適用により負債として計上される金額のうち、流動負債の繰延税金負債として記載されたもの以外のもの
	・・・引　当　金	退職給付引当金等の引当金（その設定目的を示す名称を付した科目をもって記載すること。）
	退職給付引当金	役員及び従業員の退職給付に対する引当金
	負　の　の　れ　ん	合併、事業譲渡等により取得した事業の取得原価が、取得した資産及び引き受けた負債に配分された純額を下回る場合の不足額
	そ　の　他	長期未払金等1年を超える負債で他の固定負債科目に属さないもの

〔純資産の部〕

I	株　主　資　本	
	資　本　金	会社法第445条第1項及び第2項、第448条並びに第450条の規定によるもの
	新株式申込証拠金	申込期日経過後における新株式の申込証拠金
	資　本　剰　余　金	
	資　本　準　備　金	会社法第445条第3項及び第4項、第447条並びに第451条の規定によるもの
	その他資本剰余金	資本剰余金のうち、資本金及び資本準備金の取崩しによって生ずる剰余金や自己株式の処分差益など資本準備金以外のもの
	利　益　剰　余　金	
	利　益　準　備　金	会社法第445条第4項及び第451条の規定によるもの
	その他利益剰	

	余金	
	・・・積立金（準備金）	株主総会又は取締役会の決議により設定されるもの
	繰越利益剰余金	利益剰余金のうち、利益準備金及び・・・積立金（準備金）以外のもの
	自　己　株　式	会社が所有する自社の発行済株式
	自己株式申込証拠金	申込期日経過後における自己株式の申込証拠金
II	評価・換算差額	
	その他有価証券評価差額金	時価のあるその他有価証券を期日末時価により評価替えすることにより生じた差額から税効果相当額を控除した残額
	繰延ヘッジ損益	繰延ヘッジ処理が適用されるデリバティブ等を評価替えすることにより生じた差額から税効果相当額を控除した残額
	土地再評価差額金	土地の再評価に関する法律（平成10年法律第34号）に基づき事業用土地の再評価を行つたことにより生じた差額から税効果相当額を控除した残額
III	新株予約権	会社法第2条第21号の規定によるものから同法第255条第1項に定める自己新株予約権の額を控除した残額

損　益　計　算　書

科　　　　　目	摘　　　　　　　　　要
Ⅰ　売　上　高	
完　成　工　事　高	工事が完成し、その引渡しが完了したものについての最終総請負高（請負高の全部又は一部が確定しないものについては、見積計上による請負高）及び長期の未成工事を工事進行基準により収益に計上する場合における期中出来高相当額。ただし、税抜方式を採用する場合は取引に係る消費税額及び地方消費税額を除く。 なお、共同企業体により施工した工事については、共同企業体全体の完成工事高に出資の割合を乗じた額又は分担した工事額を計上する。
兼業事業売上高	建設業以外の事業（以下「兼業事業」という。）を併せて営む場合における当該事業の売上高
Ⅱ　売　上　原　価	
完　成　工　事　原　価	完成工事高として計上したものに対応する工事原価
兼業事業売上原価	兼業事業売上高として計上したものに対応する兼業事業の売上原価
売　上　総　利　益 　　（売上総損失）	売上高から売上原価を控除した額
完　成　工　事　総　利　益 　　（完成工事総損失）	完成工事高から完成工事原価を控除した額
兼業事業総利益 　　（兼業事業総損失）	兼業事業売上高から兼業事業売上原価を控除した額
Ⅲ　販売費及び一般管理費	
役　員　報　酬	取締役、執行役、会計参与又は監査役に対する報酬（役員賞与引当金繰入額を含む。）
従業員給料手当	本店及び支店の従業員等に対する給料、諸手当及び賞与（賞与引当金繰入額を含む。）
退　職　金	役員及び従業員に対する退職金（退職年金掛金を含む。）。ただし、退職給付に係る会計基準を適用する場合には、退職金以外の退職給付費用等の適当な科目により記載すること。なお、いずれの場合においても異常なものを除く。
法　定　福　利　費	健康保険、厚生年金保険、労働保険等の保険料の事業主負担額及び児童手当拠出金
福　利　厚　生　費	慰安娯楽、貸与被服、医療、慶弔見舞等福利厚生等に要する費用
修　繕　維　持　費	建物、機械、装置等の修繕維持費及び倉庫物品の管理費等
事　務　用　品　費	事務用消耗品費、固定資産に計上しない事務用備品費、新聞、参考図書等の購入費
通　信　交　通　費	通信費、交通費及び旅費
動力用水光熱費	電力、水道、ガス等の費用
調　査　研　究　費	技術研究、開発等の費用
広　告　宣　伝　費	広告、公告又は宣伝に要する費用
貸倒引当金繰入額	営業取引に基づいて発生した受取手形、完成工事未収入金等の債権に対

	貸 倒 損 失	する貸倒引当金繰入額。ただし、異常なものを除く。 営業取引に基づいて発生した受取手形、完成工事未収入金等の債権に対する貸倒損失。ただし、異常なものを除く。
	交 際 費	得意先、来客等の接待費、慶弔見舞及び中元歳暮品代等
	寄 付 金	社会福祉団体等に対する寄付
	地 代 家 賃	事務所、寮、社宅等の借地借家料
	減 価 償 却 費	減価償却資産に対する償却額
	開 発 費 償 却	繰延資産に計上した開発費の償却額
	租 税 公 課	事業税（利益に関連する金額を課税標準として課されるものを除く。）、事業所税、不動産取得税、固定資産税等の租税及び道路占用料、身体障害者雇用納付金等の公課
	保 険 料	火災保険その他の損害保険料
	雑 費	社内打合せ等の費用、諸団体会費並びに他の販売費及び一般管理費の科目に属さない費用
	営 業 利 益 （営業損失）	売上総利益（売上総損失）から販売費及び一般管理費を控除した額
Ⅳ	営 業 外 収 益	
	受取利息配当金	次の受取利息、有価証券利息及び受取配当金をいう。
	⎧ 受 取 利 息	預金利息及び未収入金、貸付金等に対する利息。ただし、有価証券利息に属するものを除く。
	｜ 有価証券利息	公社債等の利息及びこれに準ずるもの
	⎩ 受 取 配 当 金	株式利益配当金（投資信託収益分配金、みなし配当を含む。）
	そ の 他	受取利息配当金以外の営業外収益で次のものをいう。
	⎧ 有価証券売却益	売買目的の株式、公社債等の売却による利益
	⎩ 雑 収 入	他の営業外収益科目に属さないもの
Ⅴ	営 業 外 費 用	
	支 払 利 息	次の支払利息及び社債利息をいう。
	⎧ 支 払 利 息	借入金利息等
	⎩ 社 債 利 息	社債及び新株予約権付社債の支払利息
	貸倒引当金繰入額	営業取引以外の取引に基づいて発生した貸付金等の債権に対する貸倒引当金繰入額。ただし、異常なものを除く。
	貸 倒 損 失	営業取引以外の取引に基づいて発生した貸付金等の債権に対する貸倒損失。ただし、異常なものを除く。
	そ の 他	支払利息、貸倒引当金繰入額及び貸倒損失以外の営業外費用で次のものをいう。
	⎧ 創 立 費 償 却	繰延資産に計上した創立費の償却額
	｜ 開 業 費 償 却	繰延資産に計上した開業費の償却額
	｜ 株式交付費償却	繰延資産に計上した株式交付費の償却額
	｜ 社債発行費償却	繰延資産に計上した社債発行費の償却額
	｜ 有価証券売却損	売買目的の株式、公社債等の売却による損失
	｜ 有価証券評価損	会社計算規則第5条第3項第1号及び同条第6項の規定により時価を付した場合に生ずる有価証券の評価損
	⎩ 雑 支 出	他の営業外費用科目に属さないもの

	経 常 利 益 （経 常 損 失）	営業利益（営業損失）に営業外収益の合計額と営業外費用の合計額を加減した額
Ⅵ	特 別 利 益	
	前期損益修正益	前期以前に計上された損益の修正による利益。ただし、金額が重要でないもの又は毎期経常的に発生するものは、経常利益（経常損失）に含めることができる。
	そ の 他	固定資産売却益、投資有価証券売却益、財産受贈益等異常な利益。ただし、金額が重要でないもの又は毎期経常的に発生するものは、経常利益（経常損失）に含めることができる。
Ⅶ	特 別 損 失	
	前期損益修正損	前期以前に計上された損益の修正による損失。ただし、金額が重要でないもの又は毎期経常的に発生するものは、経常利益（経常損失）に含めることができる。
	そ の 他	固定資産売却損、減損損失、災害による損失、投資有価証券売却損、固定資産圧縮記帳損、異常な原因によるたな卸資産評価損、損害賠償金等異常な損失。ただし、金額が重要でないもの又は毎期経常的に発生するものは、経常利益（経常損失）に含めることができる。
	税引前当期純利益 （税引前当期純損失）	経常利益（経常損失）に特別利益の合計額と特別損失の合計額を加減した額
	法人税、住民税及び事業税	当該事業年度の税引前当期純利益に対する法人税等（法人税、住民税及び利益に関する金額を課税標準として課される事業税をいう。以下同じ。）の額並びに法人税等の更正、決定等による納付税額及び還付税額
	法人税等調整額	税効果会計の適用により計上される法人税、住民税及び事業税の調整額
	当 期 純 利 益 （当 期 純 損 失）	税引前当期純利益（税引前当期純損失）から法人税、住民税及び事業税を控除し、法人税等調整額を加減した額とする。

完成工事原価報告書

科　　　目	摘　　　　　要
材　料　費	工事のために直接購入した素材、半製品、製品、材料貯蔵品勘定等から振り替えられた材料費（仮設材料の損耗額等を含む。）
労　務　費	工事に従事した直接雇用の作業員に対する賃金、給料及び手当等。工種・工程別等の工事の完成を約する契約でその大部分が労務費であるものは、労務費に含めて記載することができる。
（うち労務外注費）	労務費のうち、工種・工程別等の工事の完成を約する契約でその大部分が労務費であるものに基づく支払額
外　注　費	工種・工程別等の工事について素材、半製品、製品等を作業とともに提供し、これを完成することを約する契約に基づく支払額。ただし、労務費に含めたものを除く。
経　　　費	完成工事について発生し、又は負担すべき材料費、労務費及び外注費以外の費用で、動力用水光熱費、機械等経費、設計費、労務管理費、租税公課、地代家賃、保険料、従業員給料手当、退職金、法定福利費、福利厚生費、事務用品費、通信交通費、交際費、補償費、雑費、出張所等経費配賦額等のもの
（うち人件費）	経費のうち従業員給料手当、退職金、法定福利費及び福利厚生費

第5編　付　　　録

建設業更新№1　　　　　　　　　　　　　　　　　　許可更新案内・法人
　　　　　　　　　　　　　　　　　　　　　　　　平成　　年　　月　　日
_____御中

> 企業の安全と発展を共に考える
> 各種許認可手続の専門家
> 埼玉県越谷市東越谷７丁目134番地１
> 行政書士後藤紘和事務所
> 　TEL　048（965）5154
> 　FAX　048（965）5158
>
> 　担当者_____

　　　　　　建設業許可更新のお知らせと更新準備についてのご依頼
　拝啓　ますますご隆盛のこととお慶び申し上げます。日ごろは格別のご愛顧を賜り、ありがたく厚く御礼申し上げます。
　さて、前回、当事務所が貴社からご依頼された建設業許可の有効期間は、来る　　年　　月　　日をもって満了いたします。
　つきましては、許可更新手続のために、さしあたり下記事項についてお手配をいただきたく存じます。
　なお、有効期限までに更新手続をしないと、後日許可が必要になったときに、申請手続がかなり面倒になり、手数料等も相当高額になる場合がありますので、念のために申し添えます。
　　　　　　　　　　　　　　　　　　　　　　　　　　　　　　　　　　敬具
　　　　　　　　　　　　　　　記
□１　各業種毎に、直前____年度分の完成工事と未成工事を、各年度毎に約10件ずつ同封の「工事経歴書」にエンピツ等で記入するか、パソコン等で出力したものをご用意してください。
□２　直前____年度分の確定申告決算書類の中の
　　　⎰決　算　報　告　書　の　写　し　１部⎱
　　　｜固定資産減価償却内訳明細書の写し　１部｜
　　　⎱役員報酬及び人件費の内訳書の写し　１部⎰
□３　前回までの（事業年度終了報告書を含む）建設業の許可申請書類の控え全部
□４　建設業許可更新手数料（収入証紙代等）　５万円
□５　貴社の横ゴム印、前回使用した貴社の代表取締役印
□６　監査役を除く役員全員のみとめ印

[お願い]　前回の許可更新時から現在までに、「経営業務の管理責任者」及び「専任技術者」並びに「会社の登記事項（役員等）」等に変更があったときには、その旨をお知らせください。

※　上記書類等の中でご不明な点がありましたら、お気軽にお問い合わせください。
※　なお、準備が済み次第、お電話くださるようお願い申し上げます。

建設業更新No.2　　　　　　　　　　　　　　　　　　　　許可更新案内・個人
　　　　　　　　　　　　　　　　　　　　　　　　　　　平成　　年　　月　　日

_____御中

　　　　　　　　　　　　　　　　　　┌─────────────────────┐
　　　　　　　　　　　　　　　　　　│　企業の安全と発展を共に考える　　　　│
　　　　　　　　　　　　　　　　　　│　営業許認可手続の専門家　　　　　　　│
　　　　　　　　　　　　　　　　　　│　埼玉県越谷市東越谷７丁目134番地１　│
　　　　　　　　　　　　　　　　　　│　行政書士後藤紘和事務所　　　　　　　│
　　　　　　　　　　　　　　　　　　│　　TEL　048（965）5154　　　　　　　│
　　　　　　　　　　　　　　　　　　│　　FAX　048（965）5158　　　　　　　│
　　　　　　　　　　　　　　　　　　│　　　　　　　　　　　　　　　　　　　│
　　　　　　　　　　　　　　　　　　│　担当者　_____　　　　　　　　　│
　　　　　　　　　　　　　　　　　　└─────────────────────┘

　　　　　　　　建設業許可更新のお知らせと更新準備についてのご依頼

　拝啓　ますますご隆盛のこととお慶び申し上げます。日ごろは格別のご愛顧を賜り、ありがたく厚く御礼申し上げます。
　さて、前回、当事務所が貴店からご依頼された建設業許可の有効期間は、来る　　年　　月　　日をもって満了いたします。
　つきましては、許可更新手続のために、さしあたり下記事項についてお手配をいただきたく存じます。
　なお、有効期限までに更新手続をしないと、後日許可が必要になったときに、申請手続がかなり面倒になり、手数料等も相当高額になる場合がありますので、念のために申し添えます。

　　　　　　　　　　　　　　　　　　　　　　　　　　　　　　　　　　敬具

　　　　　　　　　　　　　　　　　　記

☐１　各業種毎に、直前＿＿年度分の完成工事と未成工事を、各年度毎に約10件ずつ同封の「工事経歴書」にエンピツ等で記入するか、パソコン等で出力したものをご用意してください。
☐２　直前＿＿年度分所得税青色申告決算書類の４面全部の写し１部
☐３　前回までの（事業年度終了報告書を含む）建設業の許可申請書類の控え全部
☐４　建設業許可更新手数料（収入証紙代等）　　５万円
☐５　貴店の横ゴム印、前回使用した貴店の代表者印

┌─────┐　　前回の許可更新時から現在までに、「経営業務の管理責任者」及び「専任技術者」
│　お願い　│　並びに「名称・住所」等に変更があったときには、その旨をお知らせください。
└─────┘

※　上記書類等の中でご不明な点がありましたら、お気軽にお問い合わせください。
※　なお、準備が済み次第、お電話くださるようお願い申し上げます。

建設業事業年度No.1　　　　　　　　　　　　　　　　　　　報告案内・法人
　　　　　　　　　　　　　　　　　　　　　　　　　平成　　年　　月　　日
_____御中

　　　　　　　　　　　　　　　　　｜企業の安全と発展を共に考える
　　　　　　　　　　　　　　　　　｜営業許認可手続の専門家
　貴社の建設業許可の更新はH　年　月です　｜埼玉県越谷市東越谷7丁目134番地1
が、それまでにこの手続きをしておく必要があります。｜行政書士後藤紘和事務所
準備ができ次第ご返送ください。　　　　　｜　TEL　048（965）5154
　　　　　　　　　　　　　　　　　｜　FAX　048（965）5158
　　　　　　　　　　　　　　　　　｜
　　　　　　　　　　　　　　　　　｜　担当者_____

　　　　　　建設業法の事業年度終了報告書の提出についてのお願い
　いつも当事務所をご利用頂き誠にありがとうございます。
　さて、5年毎の建設業の許可更新手続きがかなり面倒になりますので、毎事業年度毎に事業年度終了報告手続きをなさるようお勧め致します。
　ご多忙のところ恐縮ですが、その手続きのために下記書類等を取りそろえていただきたく、よろしくお願い申し上げます。
　同封した書類の必要箇所にご捺印の上、他の書類と一緒にご返送願います。
　　　　　　　　　　　　　　記
☐1　事業年度終了報告書（2通）に横ゴム印と代表取締役印を捺印。
☐2　別紙に直前＿＿年分の工事経歴をエンピツ等でご記入ください。
☐3　直前＿＿年分の確定申告決算書類のうち下記書類：原本又はコピー
　　　　　　　　　｛決　算　報　告　書
　　　　　内訳　　｛固定資産減価償却内訳明細書
　　　　　　　　　｛役員報酬及び人件費の内訳書
☐4　直前＿＿年分の別紙「法人事業税の納税証明書」に横ゴム印と代表取締役印を捺印して頂ければ、当事務所でお取り致します。
☐5　前回までの（営業年度終了報告書を含む）許可申請書類の控え全部
☐6　手数料_____円×____年分＝

※　会社の定款又は登記事項を変更された場合は、その旨をお知らせください。
※　なお、上記書類等の中でご不明な点がありましたら、お気軽にお問い合わせください。

建設業事業年度№2　　　　　　　　　　　　　　　　　　報告案内・個人
　　　　　　　　　　　　　　　　　　　　　　　　　平成　　年　　月　　日

　　　　　　　　　御中

企業の安全と発展を共に考える 営業許認可手続の専門家 埼玉県越谷市東越谷7丁目134番地1 行政書士後藤紘和事務所 　TEL　048（965）5154 　FAX　048（965）5158 　　　　担当者

　貴殿の建設業許可の更新はH　　年　　月ですが、それまでにこの手続きをしておく必要があります。準備ができ次第ご返送ください。

　　　　　　　　　建設業法の事業年度終了報告書の提出についてのお願い
　いつも当事務所をご利用頂き誠にありがとうございます。
　さて、5年毎の建設業の許可更新手続きがかなり面倒になりますので、毎事業年度毎に事業年度終了報告手続きをなさるようお勧め致します。
　ご多忙のところ恐縮ですが、その手続きのために下記書類等を取りそろえていただきたく、よろしくお願い申し上げます。
　同封した書類の必要箇所にご捺印の上、他の書類と一緒にご返送願います。
　　　　　　　　　　　　　　　　　記
□1　事業年度終了報告書（2通）に横ゴム印と代表者印を捺印。
□2　別紙に直前＿＿＿年分の工事経歴をエンピツ等でご記入ください。
□3　直前＿＿＿年分の確定申告決算書類全部：原本又はコピー
□4　直前＿＿＿年分の別紙「個人事業税の納税証明書」に横ゴム印と代表者印を捺印して頂ければ、当事務所でお取り致します。
□5　前回までの（営業年度終了報告書を含む）許可申請書類の控え全部
□6　手数料＿＿＿＿＿＿＿＿円×＿＿＿年分＝

※　なお、上記書類等の中でご不明な点がありましたら、お気軽にお問い合わせください。

○建設業経審・入札参加資格審査申請手続作業進行表

建設業経審・入札参加資格審査申請手続作業進行表

年度 _____

No.	01 会社名	02 電話/FAX	03 許可業種/経審業種	04 入札官庁名	05 準備送付	06 書類領受	07 分析提出	08 経審提出	09 入札提出	10 控え返却	11 報酬受領	12 備考
1												
2												
3												
4												
5												
6												
7												
8												
9												
10												
11												
12												
13												
14												
15												
16												

○建設業経営事項審査申請手続準備ご依頼書兼申請書類等チェックリスト

建設業経審・入札№2　　　　　　　　　　　　　　　　　　　　　　　個人・法人共通
_____御中

建設業経営事項審査申請手続準備ご依頼書兼申請書類等チェックリスト

　貴社にはできるだけご負担をおかけしないために、とりあえず下記✓印の書類のみを取りそろえてください。

☐　入札参加を希望する国、地方公共団体、公共企業体及び団体名等_____

_____

☐　受注希望工事名　……………………………………………_____

【経営分析申請の提出書類】

☐　1　経営状況分析申請書（様式第25号の8）
☐　2　郵便振替払込受付証明書原本
☐　3　建設業許可通知書の写し又は許可証明書の原本（審査基準日現在有効なもの）
☐　4　審査基準日（決算日）直前1年度分の財務諸表の写し
☐　5　経営状況分析の申請付表（労務費の内訳の「労務外注費」の額を記載した書面。個人業者のみ添付。）
☐　6　兼業事業売上原価報告書（様式第25号の9）
☐　7　当期減価償却実施額を確認する書類として、法人業者は、確定申告書別表16の(1)「定額法又はリース期間定額法による減価償却資産の償却額の計算に関する明細書」及び(2)「定率法による減価償却資産の償却額の計算に関する明細書」、個人業者は、青色申告決算書又は白色申告収支内訳書全部の写し
☐　8　受取手形割引高を確認する書類として、法人業者は、確定申告書別表11の（1の2）「一括評価金銭債権に係る貸倒引当金の損金算入に関する明細書」又は、取引金融機関発行の審査基準日現在の「全口座借入金残高証明書」
☐　9　証券取引法の規定に基づき有価証券報告書を作成する者にあっては、連結財務諸表の写し（連結会計方針及び注記事項（セグメント情報を含む。））

【経営事項審査申請の提出書類】

☐　10　経営事項審査受付日等連絡票（はがき）（埼玉県専用）
☐　11　経営事項審査手数料証紙（印紙）貼付書
☐　12　経営規模等評価申請書［20001帳票］
☐　13　工事種類別完成工事高［20002帳票］
☐　14　工事経歴書（24か月分又は36か月分）
☐　15　その他の審査項目（社会性等）［20004帳票］
☐　16　技術職員名簿［20005帳票］
☐　17　技術職員としての資格・経験が確認できる書類
☐　17-1　合格証明書、免許証、登録証、免状、合格証書、認定書等の写し

- ☐ 17-2　卒業証明書又は卒業証書の写し
- ☐ 17-3　技術職員略歴書（埼玉県専用）
- ☐ 18　労働条件等証明書（全職員の常勤を確認する書類で、埼玉県専用。）
- ☐ 19　消費税納税証明書（様式その１）

【経営事項審査申請の提示書類】

建設業の許可
- ☐ 20　最初に受けた建設業許可（登録）の通知書又は証明書、登録の告示が登載されている都道府県報
- ☐ 21　申請日現在有効な建設業許可の通知書又は証明書
- ☐ 22　上記21の建設業許可申請書の副本（許可行政庁の受理印のあるものであって、添付書類をすべて含むもの）
- ☐ 23　更新前の建設業許可の通知書又は証明書
- ☐ 24　建設業許可の更新申請書の副本（許可行政庁の受理印のあるものであって、添付書類をすべて含むもの）
- ☐ 25　建設業許可の変更届、廃業届の副本（許可行政庁の受理印のあるものであって、添付書類をすべて含むもの）
- ☐ 26　個人の事業廃業報告書の控え（事業所所在地の県税事務所の収受印のあるもの）
- ☐ 27　個人事業主と個人廃業時の法人の代表者が同一人であることが確認できる書類（商業登記簿謄本等）

- ☐経審　28　前回受けた経営事項審査の申請書の控え（許可行政庁の受理印があるもの）及び結果通知書

決算報告
- ☐ 29　審査基準日直前24か月分（又は36か月分）の確定申告書（税務署の受付印又は税理士の記名押印があり、付属明細書・決算報告書・勘定科目内訳書・法人の事業概況説明書等すべて含むもの）の控
- ☐ 30　審査基準日直前24か月分（又は36か月分）の事業年度終了報告書の副本（許可行政庁の受理印のあるものであって、添付書類をすべて含むもの）
- ☐ 31　審査基準日直前24か月分（又は36か月分）の消費税抜きの財務諸表
- ☐ 32　審査基準日直前12か月分の消費税確定申告書の控え
- ☐ 33　合併の事実を確認するための存続会社の商業登記簿謄本（消滅会社名、合併日が確認できるもの）
- ☐ 34　営業譲渡の事実を確認するための営業譲渡契約書及び公正取引委員会の届出受理書
- ☐ 35　個人の許可の取消通知書及び法人の最初の許可通知書又は証明書（個人のときと同一の許可番号のもの）

雇用保険
- ☐ 36-1　審査基準日を含む年度の雇用保険分の領収済通知書又は領収書
- ☐ 36-2　概算・確定保険料申告書の控え（審査基準日を含む年度の雇用保険分の保険料納付が確認できるもの）
- ☐ 36-3　労働保険事務組合発行の加入証明書・雇用保険分の納入通知書等（同上）
- ☐ 36-4　全出向社員が出向元で雇用保険に加入していることが確認できる「出向契約書等」

社会保険
- ☐ 37-1　被保険者標準報酬決定通知書（審査基準日が１～６月の場合は前年の、７～12月の場合はその年の定時決定分）
- ☐ 37-2　被保険者資格取得届（７月１日以降に被保険者となった職員分）
- ☐ 37-3　被保険者資格喪失届（定時決定後に資格喪失した場合）
- ☐ 37-4　審査基準日の属する年度分の住民税特別徴収税額を通知する書面の写し
- ☐ 37-5　保険料の納入に係る領収証書の写し又は納入証明書の写し

☐ 建退共38			経営事項審査申請用の建設業退職金共済事業加入・履行証明書（経営事項審査申請用）
☐	退職金	39-1	労働基準監督署の受付印がある、退職金規定のある労働協約又は就業規則（審査基準日現在有効なもの）
☐		39-2	中小企業退職金共済事業団の加入証明書又は掛金領収書（審査基準日現在有効なもの）
☐		39-3	特定退職金共済団体（市町村、商工会等）の加入証明書又は掛金領収書（審査基準日現在有効なもの）
☐	企業年金	40-1	厚生年金基金発行の加入証明書（審査基準日現在加入していることが確認できるもの）又は、被保険者標準報酬決定通知書
☐		40-2	保険会社等との適格退職年金契約書（審査基準日現在有効であること及び適格退職年金契約であることが確認できるもの）
☐		40-3	確定拠出年金運営管理機関発行の加入証明書（確定拠出年金）
☐		40-4	企業年金基金発行の加入証明書（基金型企業年金）
☐		40-5	資産管理運用機関発行の加入証明書（規約型企業年金）
☐	法定外労災	41-1	（財）建設業福祉共済団にあっては、建設業労災補償共済制度加入証明書
☐		41-2	（社）全国建設業労災互助会にあっては、全国建設業労災互助会加入証明書兼領収書
☐		41-3	全国中小企業共済協同組合連合会にあっては、労働災害補償共済契約加入者証書
☐		41-4	建設業者団体等（民法第34条の公益法人であるものに限る）発行の団体保険制度への加入を証明する書類
☐		41-5	保険会社の法定外労災補償制度と同等と認められる要件が確認できる保険証券及び約款
☐	経理	42-1	公認会計士、会計士補、税理士であること又はこれらになることができる者であることを証する書類
☐		42-2	建設業経理事務士の合格証書（1級（全科目）、2級、3級）（但し、3級建設業経理事務士は、平成16年4月1日以降評価の対象になりません。）

注　各都道府県によって、提出・提示書類が異なる場合がありますので、事前に所管行政庁にお問い合わせください。

○建設業決算報告手続等の行政書士報酬等

> 行政書士事務所ってどんなことをするところ？
> あなたの疑問にお答えします

＝企業の安全と発展を共に考える・営業許認可手続の専門家＝

　　　　　　　　　　　　　　　　2004．5.18 発信
　　　　　　　　　　　　　　　　行政書士後藤紘和法務事務所
　　　　　　　　　　　　　　　　埼玉県越谷市東越谷7－134－1
　　　　　　　　　　　　　　　　越谷警察署近〒343－0023
　　　　　　　　　　　　　　　　TEL　048（965）5154
　　　　　　　　　　　　　　　　FAX　048（965）5158
　　　　　　　　　　　　　　　　URL　http://www.tcat.ne.jp/~goto
　　　　　　　　　　　　　　　　EML　office@tcat.ne.jp

お客様へのメッセージ
　当事務所は、お客様に最高レベルの法務サービスを提供するために、最善を尽くします。
　この事務所を開設して32周年を迎えます。これからも、お客様に「ここへ来て本当に良かった」といわれるような事務所にしていきたいと思います。
　今までの許可取得件数
　　パチンコ店300店、麻雀店100店、ゲームセンター80店、
　　社交飲食店200店、建設業者400社、不動産業者100社
　当事務所の行政書士報酬は、お客様と協議の上で決定します。
　許認可手続に関することならどんな事でもお気軽にご相談ください。
　建設業経営事項審査の評点アップのためのご相談にも応じます。
　まずはお電話かメールでお問い合わせください。

併設センター
＊営業許認可手続センター
＊中小企業経営法務センター
＊市民生活法務相談センター
＊外国人法務相談センター
＊法務専門家情報センター

主要著書
『行政書士法の解説』　　　　　　　　　　　　　　　　　　　　　（昭57ぎょうせい）
『行政書士制度の成立過程』　　　　　　　　　　　　　　　　　　（平元ぎょうせい）
『行政書士開業マニュアル』　　　　　　　　　　　　　　　　　　（平元東京法経出版）
『建設業財務諸表作り方の手引き』　　　　　　　　　　　　　　　（平6大成出版社）
『行政書士のための許認可申請ハンドブック』　　　　　　　　　　（平11大成出版社）
　［建設業・経営審査・指名参加・宅建業・風俗営業・行政書士の職務と責任・行政手続法］
『最新・建設業財務諸表の作り方』　　　　　　　　　　　　　　　（平16大成出版社）
『新訂行政書士のための最新・許認可手続ガイドブック』　　　　　（平17大成出版社）
　［風俗営業等・宅地建物取引業・建設業・産業廃棄物処理業・行政手続法・行政書士の職務と責任］

取扱業務のご案内
＊パチンコ店、麻雀店、ゲームセンター、キャバクラ・ショーパブ・カラオケスナック等社交飲食

店の風俗営業許可取得手続
＊建設業許可、経営事項審査・入札資格審査、不動産業免許取得手続
＊古物営業、金融業、深夜飲食店営業等の営業許可取得手続
＊株式会社・有限会社等の法人設立手続、各種協同組合等の設立手続
＊自動車名義変更・ナンバー変更・廃車・車庫証明書等の車関係手続
＊不動産・金銭賃貸借契約書、交通事故等の示談書、各種民事上・商事上・刑事上の内容証明書の作成
＊遺産相続上の諸手続、離婚・離縁・養子縁組等の戸籍上の問題解決

許認可手続料金の一例

1．パチンコ店等の風俗営業許可申請手続
　　　条　　件　遊技機台数200～500台
　　　　　　　　1階　ホール、2階　事務室・倉庫・従業員控室
　　　　　　　　営業所面積　330㎡～990㎡
　　　　　　　　個人・法人問わず、役員4名以内
　　　報　　酬　2,000～3,000円／台
　　　　　　　　① 商業地域内（駐車場なし）　　50～70万円
　　　　　　　　② 郊外店（駐車場あり）　　　　70～100万円
　　　注1　県外店の場合は、別途日当を加算する場合があります。
　　　注2　平面図・照明設備図・音響設備図は、建築士や建築業者が作製したものをベースにします。それがない場合には、作図に要した時間を、日当で換算して、別途報酬を加算します。

2．遊技機変更承認申請手続（パチンコ台等の入替え）
　　　条　　件　入替え遊技機5機種以下50台以内
　　　報　　酬　2万円～3万5千円
　　　注1　申請書類作成のみ。提出手続は含みません。
　　　注2　平面図・照明設備図・音響設備図は、建築士や建築業者が作製したものをベースにします。それがない場合には、作図に要した時間を、日当で換算して、別途報酬を加算します。

3．麻雀店の風俗営業許可申請手続
　　　条　　件　個人・法人問わず、役員4名以内、商業地域内、県内店、営業所面積100㎡以内、麻雀卓10卓以内
　　　報　　酬　15,000～20,000円／台＝15～20万円
　　　注1　平面図・照明設備図・音響設備図は、建築士や建築業者が作製したものをベースにします。それがない場合には、作図に要した時間を、日当で換算して、別途報酬を加算します。

4．ゲームセンター等の風俗営業許可申請手続
　　　条　　件　個人・法人問わず、役員4名以内、商業地域内、県内店、営業所面積100㎡以内、ゲーム機50台以内
　　　報　　酬　4,000～6,000円／台＝20～30万円
　　　注1　平面図・照明設備図・音響設備図は、建築士や建築業者が作製したものをベースにします。それがない場合には、作図に要した時間を、日当で換算して、別途報酬を加算します。

5．キャバクラ・ショーパブ等社交飲食店の風俗営業許可申請手続
　　　条　　件　個人・法人問わず、役員4名以内、商業地域内、県内店、営業所面積100㎡以内
　　　報　　酬　8千円～1万5千円／3.3㎡＝16～30万円

注1　平面図・照明設備図・音響設備図は、建築士や建築業者が作製したものをベースにします。それがない場合には、作図に要した時間を、日当で換算して、別途報酬を加算します。

6．建設業許可新規申請手続
　　条　　件　知事、一般、一業種、一営業所、市区内業者、個人・法人問わず、取締役3名以内、建築工事高1億円以下、兼業なし
　　報　　酬　14～20万円（許可要件適合業者）
　　　　　　　18～24万円（許可要件構成業者）
　　注1　上記報酬は、私の時間給を1万円に、職員の日当を2万円にして、算出してあります。
　　注2　許可要件適合業者とは、既に建設業の許可要件に適合している業者をいい、許可要件構成業者とは、建設業の許可要件に適合するように事実を構成する業者をいいます。
　　注3　国土交通大臣許可申請・特定建設業許可申請の場合には、別途報酬を加算します。

7．建設業許可更新申請手続
　　条　　件　知事、一般、一業種、一営業所、市区内業者、個人・法人問わず、取締役3名以内、建築工事高1億円以下、兼業なし
　　報　　酬　4～8万円

8．建設業事業年度終了報告
　　条　　件　知事、一般、一業種、一営業所、市区内業者、個人・法人問わず、取締役3名以内、建築工事高1億円以下、兼業なし
　　報　　酬　2万5千円～5万円

9．経営事項審査・都道府県建設工事入札参加資格審査申請手続
　　条　　件　知事、一般、一業種、一営業所、市区内業者、個人・法人問わず、取締役3名以内、建築工事高1億円以下、兼業なし、技術者数3名以内、工事件数20件以内
　　報　　酬　10～20万円
　　注1　経営事項審査申請と都道府県建設工事入札参加資格審査申請を同時に行う場合。

10．市町村・その他公共機関の建設工事入札参加資格審査申請手続
　　条　　件　知事、一般、一業種、一営業所、市区内業者、個人・法人問わず、取締役3名以内、建築工事高1億円以下、兼業なし、技術者数3名以内、工事件数20件以内
　　報　　酬　2～6万円
　　注1　申請書類作成のみ。提出手続は含みません。

11．宅地建物取引業者免許新規申請手続
　　条　　件　知事、一営業所、市内業者、個人・法人問わず、役員数と従事者数の合計5名以内
　　報　　酬　7～12万円

12．宅地建物取引業者免許更新申請手続
　　条　　件　知事、一営業所、市内業者、個人・法人問わず、役員数と従事者数の合計5名以内、取引件数20件／年以内
　　報　　酬　10～15万円

13．合同会社設立手続
　　条　　件　本店所在地は市内、資本金860万円未満、事業目的は10業種以内、業務執行社員4名以内、支店なし
　　報　　酬　85,000～125,000円

14．株式会社設立手続
　　条　　件　本店所在地は市内、資本金2,143万円未満、事業目的は10業種以内、役員4名以内、支店なし
　　報　　酬　123,500～163,500円

15．その他の業務
　　他の有資格者（税理士、社会保険労務士、司法書士、土地家屋調査士、建築士等）の報酬を参考にして、お客様にあまり負担をかけない適正な料金で仕事をお引き受けいたします。

○**本書執筆にあたり参照した参考図書と文献**

1 『改訂19版建設業の許可の手びき』2007.9大成出版社
2 『改訂24版建設業関係法令集』2006.11大成出版社
3 『改訂10版〔逐条解説〕建設業法解説』2005.6大成出版社
4 『平成19年全訂版建設業会計提要』2007.11大成出版社
5 『全訂版わかりやすい建設業の会計実務』2008.5大成出版社
6 『こうなる！経営事項審査Q&A─2008年経審改正のポイント─』2007.10大成出版社
7 『改訂7版新しい建設業経営事項審査申請の手引』2008.5大成出版社
8 『Q&A建設業経理の実務』加除式2008.5大成出版社
9 「経営状況分析申請の手引き・平成18年12月改定」㈶建設業情報管理センター
10 「建設業許可申請の手引」平成20.3千葉県県土整備部建設・不動産業課
11 「許可後の注意事項」平成20.3千葉県県土整備部建設・不動産業課
12 「経営規模等評価申請・総合評定値請求に関する説明書」平成20.3千葉県県土整備部建設・不動産業課
13 「建設業許可申請・変更の手引」平成20年度東京都都市整備局市街地建築部建設業課
14 「経営規模等評価申請・総合評定値請求申請説明書」平成20年度東京都都市整備局市街地建築部建設業課
15 「建設業許可申請の手引き」平成20.4埼玉県県土整備部建設業課
16 「経営事項審査申請の手引」平成20.4埼玉県県土整備部建設業課
17 『確定版こうなる！現代化会社法』2005.7東京法令出版
18 『中小会社・有限会社の新・会社法』2006.3商事法務
19 『非公開会社のための新会社法』2005.7商事法務
20 『一問一答新・会社法』2005.7商事法務
21 『合同会社LLCの法律と登記』平成17.8日本法令
22 『有限責任事業組合LLPの法律と登記』平成18.7日本法令
23 『商業登記の手続』平成18.9日本法令
24 『取締役会の設置会社である株式会社の変更登記の手続き』平成18.7日本法令
25 『特例有限会社の登記の手続』平成18.6日本法令
26 『役員変更の登記マニュアル』2006.11中央経済社

表1　建設業許可事務・経営事項審査事務都道府県主管課一覧

都道府県名	主管課	郵便番号	所在地	電話番号	備考
北海道	建設部建設管理局建設情報課	060-8588	札幌市中央区北三条西6丁目	011(231)4111	各支庁
青森県	県土整備部監理課	030-8570	青森市長島1丁目1番1号	017(722)1111	○
岩手県	〃　建設技術振興課	020-8570	盛岡市内丸10番1号	019(651)3111	○
宮城県	土木部事業管理課	980-8570	仙台市青葉区本町3の8の1	022(211)3116	○
秋田県	建設交通部建設管理課	010-8570	秋田市山王4丁目1番1号	018(860)2425	○
山形県	土木部建設企画課	990-8570	山形市松波2の8の1	023(630)2572	○
福島県	〃　土木総務領域建設行政グループ	960-8670	福島市杉妻町2の16	024(521)7452	○
茨城県	〃　監理課	310-8555	水戸市笠原町978番6号	029(301)1111	○
栃木県	〃　〃	320-8501	宇都宮市塙田1の1の20	028(623)2390	○
群馬県	県土整備局監理課	371-8570	前橋市大手町1の1の1	027(223)1111	○
埼玉県	県土整備部建設業課	330-9301	さいたま市浦和区高砂3の15の1	048(824)2111	
千葉県	県土整備部建設・不動産業課建設業・契約室	260-8667	千葉市中央区市場町1番1号	043(223)3108	
東京都	都市整備局市街地建築部建設業課	163-8001	新宿区西新宿2の8の1第2本庁舎	03(5321)1111	
神奈川県	県土整備部建設業課	231-8588	横浜市中区日本大通1	045(210)1111	
新潟県	土木部監理課建設業室	950-8570	新潟市中央区新光町4番地1	025(285)5511	
山梨県	〃　土木総務課	400-8501	甲府市丸の内1の6の1	055(237)1111	
長野県	〃　土木政策課建設業係	380-8570	長野市大字南長野字幅下692の2	026(232)0111	○
富山県	土木部建設技術企画課	930-8501	富山市新総曲輪1の7	076(431)4111	○
石川県	〃　監理課	920-8580	金沢市鞍月1の1	076(225)1111	○
岐阜県	県土整備部建設政策課	500-8570	岐阜市藪田南2の1の1	058(272)1111	○
静岡県	土木部建設政策総室建設業室	420-8601	静岡市葵区追手町9の6	054(221)3058	
愛知県	建設部建設業不動産業課	460-8501	名古屋市中区三の丸3の1の2	052(961)2111	○
三重県	県土整備部建設業室	514-8570	津市広明町13	059(224)2660	○
福井県	土木部土木管理課	910-8580	福井市大手3の17の1	0776(21)1111	○
滋賀県	土木交通部監理課	520-8577	大津市京町4の1の1	077(524)1121	
京都府	土木建築部指導検査課	602-8570	京都市上京区下立売通新町西入薮の内町	075(451)8111	○
大阪府	住宅まちづくり部建築振興課	540-8570	大阪市中央区大手前2の1の22	06(6941)0351	
兵庫県	県土整備部県土企画局契約・建設業室	650-8567	神戸市中央区下山手通5の10の1	078(341)7711	○
奈良県	土木部監理課	630-8501	奈良市登大路町30	0742(22)1101	○
和歌山県	県土整備部県土整備政策局技術調査課	640-8585	和歌山市小松原通1の1	073(432)4111	○
鳥取県	県土整備部管理課	680-8570	鳥取市東町1の220	0857(26)7347	○
島根県	土木部土木総務課建設産業対策室	690-8501	松江市殿町1	0852(22)5185	○
岡山県	〃　監理課	700-8570	岡山市内山下2の4の6	086(224)2111	
広島県	〃　総務管理局建設産業室	730-8511	広島市中区基町10の52	082(228)2111	○
山口県	土木建築部監理課	753-8501	山口市滝町1番1号	083(922)3111	○
徳島県	県土整備部建設管理課入札管理室	770-8570	徳島市万代町1の1	088(621)2500	○
香川県	土木部土木監理課	760-8570	高松市番町4の1の10	087(831)1111	
愛媛県	〃　管理局土木管理課	790-8570	松山市一番町4の4の2	089(941)2111	○
高知県	〃　建設管理課	780-8570	高知市丸の内1の2の20	088(823)1111	
福岡県	建築都市部建築指導課	812-8577	福岡市博多区東公園7の7	092(651)1111	○
佐賀県	県土づくり本部建設・技術課	840-8570	佐賀市城内1の1の59	0952(24)2111	○
長崎県	土木部監理課	850-8570	長崎市江戸町2番13号	095(824)1111	○
熊本県	〃　〃	862-8570	熊本市水前寺6の18の1	096(383)1111	
大分県	土木建築部土木建築企画課	870-8501	大分市大手町3丁目1番1号	097(536)1111	○
宮崎県	土木部管理課	880-8501	宮崎市橘通東2の10の1	0985(24)1111	○
鹿児島県	〃　監理用地課	890-8577	鹿児島市鴨池新町10の1	099(286)2111	
沖縄県	土木建築部土木企画課	900-8570	那覇市泉崎1の2の2	098(866)2384	○

※「備考」欄の○印をつけた都道府県は、土木事務所等で申請書類の受付をしている場合を表す。

表2 　建設業許可事務・経営事項審査事務地方整備局等担当課一覧

地方整備局等名	担当課	郵便番号	所在地	電話番号	所管区域	登録免許税の納入税務署
北海道開発局	事業振興部建設産業課	060-8511	札幌市北区北8条西2丁目　札幌第一合同庁舎	011-709-2311	北海道	札幌北税務署
東北地方整備局	建政部計画・建設産業課	980-8602	仙台市青葉区二日町9－15	022-225-2171	青森・岩手　宮城・秋田　山形・福島	仙台北税務署
関東地方整備局	建政部建設産業第一課	330-9724	さいたま市中央区新都心2－1　さいたま新都心合同庁舎2号館	048-601-3151	茨城・栃木　群馬・埼玉　千葉・東京　神奈川・山梨　長野	浦和税務署
北陸地方整備局	建政部計画・建設産業課	950-8801	新潟市中央区美咲町1－1－1　新潟美咲合同庁舎1号館	025-280-8880	新潟・富山　石川	新潟税務署
中部地方整備局	建政部建設産業課	460-8514	名古屋市中区三の丸2－5－1　名古屋合同庁舎第2号館	052-953-8572	岐阜・静岡　愛知・三重	名古屋中税務署
近畿地方整備局	建政部建設産業課	540-8586	大阪市中央区大手前1－5－44　大阪合同庁舎第1号館	06-6942-1141	福井・滋賀　京都・大阪　兵庫・奈良　和歌山	東税務署
中国地方整備局	建政部計画・建設産業課	730-0013	広島市中区八丁堀2－15	082-221-9231	鳥取・島根　岡山・広島　山口	広島東税務署
四国地方整備局	建政部計画・建設産業課	760-8554	高松市サンポート3－33	087-851-8061	徳島・香川　愛媛・高知	高松税務署
九州地方整備局	建政部計画・建設産業課	812-0013	福岡市博多区博多駅東2－10－7　福岡第2合同庁舎別館	092-471-6331	福岡・佐賀　長崎・熊本　大分・宮崎　鹿児島	博多税務署
沖縄総合事務局	開発建設部建設産業・地方整備課	900-0006	那覇市おもろまち2－1－1　那覇第2地方合同庁舎2号館	098-866-0031	沖縄	那覇税務署

法定用紙の入手方法について
　法定用紙のうち、建設業法施行規則で定められている様式（表において様式番号の記載があるもの）については、国土交通省のホームページ（http://www.mlit.go.jp/onestop/137/137_.html）等からダウンロードすることが可能なほか、都道府県の建設業協会（表3）等で販売されています。

表3　（許可申請用紙の販売所）都道府県建設業協会一覧

販売機関名	郵便番号	所在地	電話番号 市外局番	番号
㈳北海道土木協会	060-0003	札幌市中央区北三条西七丁目1	011	(271) 3681
㈳青森県建設業協会	030-0803	青森市安方2－9－13	017	(722) 7611
㈳岩手県建設業協会	020-0873	盛岡市松尾町17-9	019	(653) 6111
㈳宮城県建設業協会	980-0824	仙台市青葉区支倉町2－48	022	(262) 2211
㈳秋田県建設業協会	010-0951	秋田市山王4－3－10	018	(823) 5495
㈳山形県建設業協会	990-0024	山形市あさひ町18－25	023	(641) 0328
㈳福島県建設業協会	960-8061	福島市五月町4・25	024	(521) 0244
㈳茨城県建設業協会	310-0062	水戸市大町3－1－22	029	(221) 5126
㈳栃木県建設業協会	321-0933	宇都宮市簗瀬町1958－1	028	(639) 2611
㈳群馬県建設業協会	371-0846	前橋市元総社町2－5－3	027	(252) 1666
㈳埼玉県建設業協会	336-8515	さいたま市南区鹿手袋4－1－7	048	(861) 5111
千葉県建設業協同組合連合会	260-0024	千葉市中央区中央港1－13－1	043	(247) 3239
㈳東京建設業協会	104-0032	東京都中央区八丁堀2－5－1	03	(3552) 5656
㈶神奈川県厚生福利振興会	231-0023	横浜市中区山下町75	045	(661) 0526
㈳山梨県建設業協会	400-0031	甲府市丸の内1－14－19	055	(235) 4421
㈳新潟県建設業協会	950-0965	新潟市中央区新光町7－5	025	(285) 7111
㈳長野県建設業協会	380-0824	長野市南石堂町1230－6	026	(228) 7200
㈳岐阜県建設業協会	500-8502	岐阜市藪田東1－2－2	058	(273) 3344
㈳静岡県建設業協会	420-0857	静岡市葵区御幸町9－9	054	(255) 0234
㈳愛知県建設業協会	460-0008	名古屋市中区栄3－28－21	052	(242) 4191
㈳三重県建設業協会	514-0003	津市桜橋2－177－2	059	(224) 4116
㈳富山県建設業協会	930-0094	富山市安住町3－14	076	(432) 5576
㈳石川県建設業協会	921-8036	金沢市弥生2－1－23	076	(242) 1161
㈳福井県建設業連合会	910-0854	福井市御幸3－10－15	0776	(24) 1184
㈳滋賀県建設業協会	520-0801	大津市におの浜1－1－18	077	(522) 3232
㈳京都府建設業協会	604-0944	京都市中京区押小路通柳馬場東入橘町645	075	(231) 4161
大阪府庁別館諸用紙販売店	540-0008	大阪市中央区大手前2	06	(6941) 4741
㈳兵庫県建設業協会	651-2277	神戸市西区美賀多台1－1－2	078	(997) 2300
㈳奈良県建設業協会	630-8241	奈良市高天町5－1	0742	(22) 3338
㈳和歌山県建設業協会	640-8262	和歌山市湊通り丁北1－1－8	073	(436) 5611
㈳鳥取県建設業協会	680-0022	鳥取市西町2－310	0857	(24) 2281
㈳島根県建設業協会	690-0048	松江市西嫁島1－3－17－101	0852	(21) 9004
㈳岡山県建設業協会	700-0827	岡山市平和町5－10	086	(225) 4131
㈳広島県建設工業協会	730-0012	広島市中区上八丁堀8－23	082	(511) 1430
㈳山口県建設業協会	753-0074	山口市中央4－5－16	083	(922) 0857
㈳香川県建設業協会	760-0026	高松市磨屋町6－4	087	(851) 7919
㈳徳島県建設業協会	770-0931	徳島市富田浜2－10	088	(622) 3113

販売機関名	郵便番号	所在地	電話番号 市外局番	番号
㈳愛媛県建設業協会	790-0002	松山市二番町4－4－4	089	(943) 5324
高知県建設業協同組合	780-0870	高知市本町4－2－15	088	(872) 8962
㈳福岡県建設業協会	812-0013	福岡市博多区博多駅東3－14－18	092	(477) 6731
㈳佐賀県建設業協会	840-0041	佐賀市城内2－2－37	0952	(23) 3117
㈳長崎県建設業協会	850-0874	長崎市魚の町3－33	095	(826) 2285
㈳熊本県建設業協会	862-0976	熊本市九品寺4－6－4	096	(366) 5111
㈳大分県建設業協会	870-0046	大分市荷揚町4－28	097	(536) 4800
㈳宮崎県建設業協会	880-0805	宮崎市橘通り東2－9－19	0985	(22) 7171
㈳鹿児島県建設業協会	890-8512	鹿児島市鴨池新町6－10	099	(257) 9211
㈳沖縄県建設業協会	901-2131	浦添市牧港5－6－8	098	(876) 5211

表4　全国都道府県行政書士会一覧

事務局	〒	住所	ビル名	TEL(上段) FAX(下段)
北海道行政書士会	060-0001	北海道札幌市中央区北1条西10－1－4	北1条サンマウンテンビル5F	011-221-1221 011-281-4138
秋田県行政書士会	010-0951	秋田県秋田市山王4－4－14	秋田県教育会館4F	018-864-3098 018-865-3771
岩手県行政書士会	020-0024	岩手県盛岡市菜園1－3－6	農林会館5F	019-623-1555 019-651-9655
青森県行政書士会	030-0966	青森県青森市花園1－7－16	－	017-742-1128 017-742-1422
福島県行政書士会	963-8005	福島県郡山市清水台1－3－8	郡山商工会館3F	024-932-3870 024-932-3080
宮城県行政書士会	980-0803	宮城県仙台市青葉区国分町3－3－5	リスズビル5F	022-261-6768 022-261-0610
山形県行政書士会	990-2432	山形県山形市荒楯町1－7－8	山形県行政書士会館	023-642-5487 023-622-7624
東京都行政書士会	153-0042	東京都目黒区青葉台3－1－6	行政書士会館1F	03-3477-2881 03-3463-0669
神奈川県行政書士会	231-0023	神奈川県横浜市中区山下町2	産業貿易センタービル7F	045-641-0739 045-664-5027
千葉県行政書士会	260-0013	千葉県千葉市中央区中央4－13－10	千葉県教育会館4F	043-227-8009 043-225-8634
茨城県行政書士会	310-0852	茨城県水戸市笠原町978－25	開発公社ビル5F	029-305-3731 029-305-3732
栃木県行政書士会	320-0046	栃木県宇都宮市西一の沢町1－22	栃木県行政書士会館	028-635-1411 028-635-1410
埼玉県行政書士会	330-0062	埼玉県さいたま市浦和区仲町3－11－11	埼玉県行政書士会館	048-833-0900 048-833-0777
群馬県行政書士会	371-0017	群馬県前橋市日吉町1－8－1	前橋商工会議所4F	027-234-3677 027-233-2943
長野県行政書士会	380-0836	長野県長野市南県町1009－3	長野県行政書士会館	026-224-1300 026-224-1305
山梨県行政書士会	400-0031	山梨県甲府市丸の内1－9－11	山梨県県民会館3F	055-237-2601 055-235-6837
静岡県行政書士会	420-0856	静岡県静岡市葵区駿府町2－113	静岡県行政書士会館	054-254-3003 054-254-9368
新潟県行政書士会	950-0911	新潟県新潟市中央区笹口3－4－8	－	025-255-5225 025-249-5311
愛知県行政書士会	461-0004	愛知県名古屋市東区葵1－15－30	愛知行政書士会館	052-931-4068 052-932-3647
岐阜県行政書士会	500-8113	岐阜県岐阜市金園町1－16	NCリンクビル3F	058-263-6580 058-264-9829
三重県行政書士会	514-0006	三重県津市広明町349－1	いけだビル2F	059-226-3137 059-226-4707

会名	郵便番号	住所	ビル名	電話/FAX
福井県行政書士会	910-0005	福井県福井市大手3－7－1	福井県繊協ビル6F－604	0776-27-7165 0776-26-6203
石川県行政書士会	920-8203	石川県金沢市鞍月2丁目2番地	石川県繊維会館3F	076-268-9555 076-268-9556
富山県行政書士会	930-0085	富山県富山市丸の内1－8－15	余川ビル2F	076-431-1526 076-431-0645
滋賀県行政書士会	520-0044	滋賀県大津市京町3－4－22	滋資会館3F	077-525-0360 077-528-5606
大阪府行政書士会	540-0024	大阪府大阪市中央区南新町1－3－7	大阪府行政書士会館	06-6943-7501 06-6941-5497
京都府行政書士会	600-8497	京都府京都市下京区醒ヶ井通四条下る高野堂町404	京都府行政書士会館	075-343-5050 075-344-6630
奈良県行政書士会	634-0006	奈良県橿原市新賀町200－5	古市第2ビル3F	0744-25-6339 0744-25-6340
和歌山県行政書士会	640-8155	和歌山県和歌山市九番丁1	中谷ビル2F	073-432-9775 073-432-9787
兵庫県行政書士会	650-0023	兵庫県神戸市中央区栄町通5－2－16	イトーピア栄町通ビル	078-371-6361 078-371-4715
鳥取県行政書士会	680-0845	鳥取県鳥取市富安2－159	久本ビル2F	0857-24-2744 0857-24-8502
島根県行政書士会	690-0887	島根県松江市殿町2番地	島根県第二分庁舎2F	0852-21-0670 0852-27-8244
岡山県行政書士会	700-0822	岡山県岡山市表町3－22－22	岡山県行政書士会館	086-222-9111 086-222-9150
広島県行政書士会	730-0037	広島県広島市中区中町8－18	広島クリスタルプラザ10F	082-249-2480 082-247-4927
山口県行政書士会	753-0048	山口県山口市駅通り2－4－17	山口県林業会館2F	083-924-5059 083-924-5197
香川県行政書士会	761-0301	香川県高松市林町2217－15	香川産業頭脳化センター4F409号	087-866-1121 087-866-1018
徳島県行政書士会	770-0939	徳島県徳島市かちどき橋1－41	徳島県林業センター4F	088-626-2083 088-626-1523
高知県行政書士会	780-0901	高知県高知市上町1丁目1番11号201	－	088-802-2343 088-873-4447
愛媛県行政書士会	790-0003	愛媛県松山市三番町4－10－1	愛媛県三番町ビル1F	089-946-1444 089-941-7051
福岡県行政書士会	812-0044	福岡県福岡市博多区千代4－29－46	アストール博多ビル2F	092-641-2501 092-641-2503
佐賀県行政書士会	849-0937	佐賀県佐賀市鍋島3－15－23	佐賀県行政書士会館	0952-36-6051 0952-32-0227
長崎県行政書士会	850-0031	長崎県長崎市桜町3－12	中尾ビル5F	095-826-5452 095-828-2182
熊本県行政書士会	862-0956	熊本県熊本市水前寺公園28－47	嘉悦ビル1F	096-385-7300 096-385-7333

大分県行政書士会	870-0045	大分県大分市城崎町1―2―3	大分県住宅供給公社ビル3F	097-537-7089 097-535-0622
宮崎県行政書士会	880-0803	宮崎県宮崎市旭2―2―32	岡崎ビル2F	0985-24-4356 0985-29-4195
鹿児島県行政書士会	890-0062	鹿児島県鹿児島市与次郎2―4―35	KSC鴨池ビル202	099-253-6500 099-213-7033
沖縄県行政書士会	901-2132	沖縄県浦添市伊祖4―6―2	沖縄県行政書士会館	098-870-1488 098-876-8411

【編著者紹介】

後藤　紘和（ごとう・ひろかず）

昭和20年　中国東北部（旧満州）に生まれる。
昭和47年　行政書士登録
　　　　　後藤紘和法務事務所開設
平成15年　行政書士制度の向上発展に貢献した功績により総務大臣表彰授賞

著　書　『行政書士法の解説』（昭57・ぎょうせい）
　　　　『行政書士制度の成立過程』（平元・ぎょうせい）
　　　　『行政書士開業マニュアル』（平2・東京法経学院出版）
　　　　『建設業財務諸表作り方の手引き』（平6・大成出版社）
　　　　『行政書士のための許認可申請ハンドブック』
　　　　　　　　　　　　　　　　　（平11・大成出版社）
　　　　『最新・建設業財務諸表の作り方』（平16・大成出版社）
　　　　『新訂・行政書士のための最新・許認可手続ガイドブック』
　　　　　　　　　　　　　　　　　（平17・大成出版社）

　開業以来31年間に手がけた業務件数は、建設業1,000件、風俗営業800件、宅建業400件に及ぶ。現在は、スタッフ4名で、建設業者200社、風俗営業店舗100店、宅建業者30社をクライアントに持ち、埼玉県、東京都、千葉県、茨城県、栃木県を業務エリアに活躍している。

埼玉事務所　〒343-0023　埼玉県越谷市東越谷7－134－1
　　　TEL　048（965）5154（代）
　　　FAX　048（965）5158
　　　URL http://www.tcat.ne.jp/~goto
　　　Eメール office@tcat.ne.jp

すぐわかる　よくわかる
全訂版
建設業財務諸表の作り方

1994年4月30日　第1版第1刷発行
1998年9月30日　第2版第1刷発行
2004年8月27日　第3版第1刷発行
2008年9月18日　第4版第1刷発行

編　著　後　藤　紘　和
発行者　松　林　久　行
発行所　株式会社大成出版社
　　　　東京都世田谷区羽根木1－7－11
　　　　〒156-0042　電話 03（3321）4131（代）

Ⓒ2008　後藤紘和　　　　　　　印刷　信教印刷
落丁・乱丁はお取り替えいたします。
ISBN978－4－8028－2843－7

――― 関連図書 ―――

〔新訂〕行政書士のための最新・許認可手続ガイドブック

営業許認可手続研究会代表　後藤紘和・編著　定価 4,830 円

〔改訂19版〕
建設業の許可の手びき

建設業許可行政研究会・編著　定価 2,205 円

〔改訂11版〕
建設業法解説

建設業法研究会・編著　定価 6,300 円

〔改訂7版〕
新しい建設業経営事項審査申請の手引

建設業許可行政研究会・編著　定価 1,575 円

〔平成19年全訂版〕
建設業会計提要

建設工業経営研究会・編集発行　定価 3,990 円

〔全訂版〕
わかりやすい建設業の会計実務

澤田保著　建設工業経営研究会編集協力　定価 3,150 円